U0830412

普通高等教育"十一五"国家级规划教材
2008年度普通高等教育精品教材
高等职业教育"十四五"规划教材

动物繁殖技术

（第2版）

（畜牧兽医类专业用）

徐相亭　秦豪荣　张长兴　主编

中国农业大学出版社
·北京·

内 容 简 介

此书为普通高等教育“十一五”国家级规划教材《动物繁殖》的修订教材，内容包括生殖激素及其应用，雄性动物生殖生理，发情与发情鉴定技术，人工授精技术，受精、妊娠与分娩，发情控制与胚胎生物工程，家禽繁殖技术，宠物繁殖技术和动物生殖保健技术等。书中附有大量插图，每章均有知识目标、技能目标、本章小结、复习思考题，最后有专项实训。

本书文字精练而流畅，内容深入浅出，理论紧密联系实际，适用于全国高等农业职业院校的畜牧、畜牧兽医类专业学生，亦可作为广大畜牧兽医工作者学习和工作时的参考用书。

图书在版编目(CIP)数据

动物繁殖技术/徐相亭，秦豪荣，张长兴主编. —2 版. —北京：中国农业大学出版社，2011.6(2024.1 重印)

ISBN 978-7-5655-0261-3

Ⅰ.①动　Ⅱ.①徐…②秦…③张…　Ⅲ.①动物-繁殖-农业院校-教材　Ⅳ.①S814

中国版本图书馆 CIP 数据核字(2011)第 076628 号

书　　名　动物繁殖技术(第 2 版)
作　　者　徐相亭　秦豪荣　张长兴　主编

策划编辑　康昊婷　　**责任编辑**　郭云雁
封面设计　李尘工作室　郑　川　　**责任校对**　陈　莹　王晓凤
出版发行　中国农业大学出版社
社　　址　北京市海淀区圆明园西路 2 号　　**邮政编码**　100193
电　　话　发行部 010-62818525，8625　　读者服务部 010-62732336
编辑部 010-62732617，2618　　出　版　部 010-62733440
网　　址　http://www.cau.edu.cn/caup　　**e-mail** cbsszs@cau.edu.cn
经　　销　新华书店
印　　刷　河北朗祥印刷有限公司
版　　次　2011 年 6 月第 2 版　2024 年 1 月第 8 次印刷
规　　格　787×980　16 开本　17.25 印张　314 千字
定　　价　39.00 元

图书如有质量问题本社发行部负责调换

第2版编写人员

主　编	徐相亭	山东畜牧兽医职业学院
	秦豪荣	江苏畜牧兽医职业技术学院
	张长兴	郑州牧业工程高等专科学校
副主编	李　刚	辽宁职业学院
	孙淑琴	辽宁农业职业技术学院
参　编	李来平	甘肃畜牧工程职业技术学院
	李彦猛	河北旅游职业学院
	孙秀娟	黑龙江农垦科技职业学院
	邓凯伟	信阳农业高等专科学校

第1版编审人员

主　编　徐相亭　山东畜牧兽医职业学院

　　　　秦豪荣　江苏畜牧兽医职业技术学院

副主编　阎慎飞　河南农业职业学院

　　　　吴忠良　沧州职业技术学院

编　者　张世卫　山东畜牧兽医职业学院

　　　　王利红　江苏畜牧兽医职业技术学院

　　　　林长水　黑龙江生物科技职业学院

　　　　刘谢荣　河北科技师范学院

主　审　张忠诚　中国农业大学

第 2 版前言

动物繁殖技术是现代畜禽生产中的重要技术，也是高等农业职业院校畜牧兽医类专业的一门主干课程。党的二十大报告指出，深入实施人才强国战略。培养造就大批德才兼备的高素质人才，是国家和民族长远发展大计。本教材根据《国家职业教育改革实施方案》（简称“职教二十条”）、《高等职业学校专业教学标准》等文件精神和要求，紧紧围绕高素质技术技能人才培养的目标进行编写，适用于 2～3 年学制的畜牧、畜牧兽医相关专业学生，也可作为自学者及生产一线畜牧生产者的参考用书。

本教材的特点可以用“先进、够用、实用”6 个字概括。“先进”即充分体现近年来本领域国内外繁殖技术的最新研究成果，创造该层次教学内容新体系；“够用”即理论够用，通俗易懂，理论联系实际，同时强化实践技能；“实用”即以提高学生实用技术能力为宗旨，在注重基础理论的同时，特别强调实际应用能力的提高，突出现代实用的繁殖技术，并重视学生自学能力的培养。

本教材共分 9 章。第一章由孙淑琴编写，第二章由邓凯伟编写，第三章由李来平编写，第四章由张长兴编写，第五章由李刚编写，第六章由孙秀娟编写，绪论、第七章由徐相亭编写，第八章由秦豪荣编写，第九章由李彦猛编写。徐相亭负责统稿、定稿。

本教材编写时，借鉴和参考了有关教材、论文、论著及最新资料，谨此向原作者表示诚挚的谢意！本教材得到中国农业大学出版社的大力支持，有关学校的领导、教师和生产单位的专业技术人员对教材编写提出了许多宝贵的意见和建议，在此一并谨表由衷的感谢！

在本教材编写中，我们力求做到内容新颖、结构紧凑、文字简练、图文并茂、通俗易懂、特色鲜明。但由于本教材涉及内容广泛，加之编者水平有限，错误和不当之处在所难免，欢迎广大读者提出宝贵的意见和建议。

编　者

2023 年 12 月

第1版前言

动物繁殖是高等农业职业院校畜牧、畜牧兽医类专业的一门主干课程。本教材是依据教育部《关于加强高职高专教育人才培养工作的意见》、《关于加强高职高专教育教材建设的若干意见》精神和21世纪农业部高职高专“动物繁殖”课程教学大纲编写的，适用于2～3年学制的畜牧、畜牧兽医类专业学生。

教材编写中，我们始终遵循高等职业教育“以能力为本位，以岗位为目标”的原则，基础理论以必需、够用为度，以强化应用为编写重点，突出现代实用的繁殖技术。在内容上，根据我国动物繁殖现状，结合生产中对人才的需求和国内外先进的技术和经验，以求设置最佳的内容。

本教材共分9章。其中绪论、第四章的第一节、第二节、第三节由徐相亭编写；第五章第一节、第七章、第八章由秦豪荣编写；第一章、第九章由阎慎飞编写；第五章的第二节、第三节由吴忠良编写；第四章的第四节、第五节、第六节由张世卫编写；第六章由王利红编写；第三章由林长水编写；第二章由刘谢荣编写。

我国幅员辽阔，动物资源十分丰富，各地对人才的需求也不尽相同。使用本教材时，可根据当地的生产实际，对教学内容进行适当调整。实验实习、技能训练、技能考核，既可在该章（节）理论知识讲解完后立即进行，也可在教学实习周集中完成。

本教材得到中国农业大学出版社的大力支持，得到中国农业大学张忠诚教授的精心指导，得到山东畜牧兽医职业学院苏成文老师和江苏畜牧兽医职业技术学院张力研究员的热情帮助，在此一并谨表由衷的感谢。

本教材编写时，我们力求做到结构紧凑、文字浅显精练、讲解通俗易懂、职业特色鲜明。但由于编者水平有限，错误和不当之处在所难免，欢迎广大师生和读者提出宝贵的意见和建议。

编　者

2007年11月

目　录

绪　论

一、学习动物繁殖技术的意义

我国是一个农业大国，畜牧业作为农业的一个重要组成部分，近些年来发展迅速，已由原来的“副业”跃居为主业。大力发展畜牧业，依靠畜牧业振兴农村经济，迅速提高畜牧业生产力，实现畜牧业现代化，加快社会主义新农村建设，是摆在畜牧工作者面前一项紧迫而重要的任务。

动物繁殖是畜牧生产中的关键环节，繁殖技术是畜牧生产中的重要技术。发展畜牧业的根本任务，一是不断增加畜禽数量，二是全面提高畜产品质量，以满足社会经济发展和人民生活水平逐步提高的需要。而畜禽数量的增加和质量的提高，都必须通过繁殖这一过程来实现。

所谓繁殖，就是指动物产生新个体的过程，即动物生长发育到一定年龄，雄性个体产生成熟的精子，雌性个体产生成熟的卵子，通过交配，两性配子结合成为受精卵，在母体内发育成为胎儿，经过一定时间的妊娠，分娩出一个或数个个体；家禽的卵子在体内受精后排出体外，在适宜的环境条件下，经一段时间发育成新个体。繁殖现象是生物界所有物种的普遍现象；繁殖过程是动物生存、繁衍的生命活动，也是保证人类获得生产资料、生活资料的重要途径。

学习动物繁殖技术的意义不仅在于了解动物繁殖过程、解释各种繁殖现象，更重要的是掌握动物繁殖的基本原理和自然规律，并采取相应的技术措施，保证动物正常的生殖机能和较高的繁殖力，进而调整并控制某些生殖过程，进一步挖掘繁殖潜力，充分发挥优良种群的遗传特性和繁殖能力，加速品种改良，为畜牧业发展奠定良好的基础。

二、本课程的主要内容

动物繁殖技术是畜牧兽医及相关专业的一门重要课程，其主要内容包括以下三大部分。

1. 生殖生理

生殖生理是动物繁殖课程的基础理论，主要阐明动物各种生殖活动（包括性机能发育、配子发生、性成熟、发情、受精、妊娠、分娩、泌乳和性行为等）的生理、内分泌调节机理和各种影响因素，并对生殖器官、生殖细胞的形态结构和生化特性进行描述和分析。

2. 繁殖技术

繁殖技术是在认识生殖规律的基础上，在畜牧生产中为提高动物繁殖力而采用的技术手段、措施，包括发情鉴定、人工授精、妊娠诊断、难产救助以及发情控制、胚胎移植、胚胎生物工程等技术。

3. 繁殖管理

繁殖管理主要讨论繁殖力的评价和影响因素，包括繁殖力的评价指标、动物繁殖障碍的诊治、影响繁殖力因素的分析及提高繁殖力的措施等。

三、动物繁殖技术的进展

动物繁殖技术是动物生产中的关键技术环节，在优质、高产、高效的现代畜牧业发展中占有十分重要的地位。

自1780年意大利生物学家Spallanzani用犬进行人工授精试验成功以来，人工授精技术在畜牧生产中逐渐得以推广和应用。至20世纪中期，人工授精技术就已成为动物改良的重要手段，并在畜牧业生产中发挥了重要的作用，产生了巨大的经济效益和社会效益。时至今日，人工授精技术仍然是动物生产领域应用最广、普及率最高的动物繁殖技术。因此有人把人工授精技术称为动物繁殖技术领域的"第一次革命"。

20世纪70年代后，胚胎移植技术也逐步发展到了实用化阶段，并在良种动物的快速繁育中发挥了重要作用。目前，在美国、加拿大、澳大利亚等畜牧业发达的国家，40%～50%的荷斯坦优秀种公牛是通过胚胎移植培育而成的。此外，胚胎移植技术也是其他繁殖先进技术（如转基因、克隆等）的操作平台，为这些繁殖新技术的产生和发展奠定了良好的基础。故有人将胚胎移植称之为动物繁殖技术领域的"第二次革命"。

1951年美籍华人张明觉和澳大利亚的Austin发现了精子的"获能"现象，使体外受精技术获得成功。1978年，人类首例"试管婴儿"诞生，1982年牛的体外受精获得成功，此后，山羊（1985年）、绵羊（1985年）和猪（1986年）等动物的体外受精均获得成功。目前，体外受精技术已相当成熟，它不仅能大幅度降低动物胚胎生产成本，而且是研究受精生理学的主要技术手段，有人把它称为动物繁殖技术领域的“第三次革命”。

1980 年，Gordon 采用显微注射法，将重组 DNA 导入小鼠受精卵原核中，首次获得了带有外源基因的转基因小鼠；1981 年，Evans 和 Kaufman 首次从延迟着床的小鼠囊胚中分离出胚胎干细胞；1997 年 2 月，Wilmut 又获得了世界上第一只体细胞克隆羊——“Dolly”。这些历史性突破预示着动物繁殖技术进入了又一崭新的发展阶段。

21 世纪，随着生物工程理论与技术的不断发展和创新，动物繁殖技术不但在充分挖掘动物生产潜力、加速品种改良、提高畜牧业生产力以及提升人民生活水平等方面起着巨大的促进作用，而且对于整个生命科学理论和技术的发展与创新，乃至对于人类的进步都将会起着重要的推动作用。

第一章　生殖激素及其应用

知识目标

- ◆ 了解生殖激素的化学性质及作用特点；
- ◆ 掌握生殖激素的名称、英文缩写和主要生理作用；
- ◆ 掌握生殖激素在生产中的应用。

技能目标

- ◆ 能在畜牧生产中正确使用生殖激素；
- ◆ 能使用生殖激素人为地控制家畜的繁殖活动并能治疗相关的繁殖疾病。

第一节　生殖激素概述

一、生殖激素的概念

家畜的生殖活动是一个复杂的过程，如母畜卵子的发生、卵泡的发育、卵子的排出以及发情的周期性变化；公畜精子的发生及交配活动；生殖细胞在生殖管道内的运行，胚胎的附植及其在子宫内的发育；母畜的分娩及泌乳活动；等等。这些机能必须相互协调，而且要按照严格的顺序，使有关的器官和组织产生相应的变化。所有这些生理机能都受内分泌激素的调控。通常把直接作用于生殖活动并以调节生殖过程为主要生理功能的激素叫做生殖激素。生殖激素作用的紊乱，常常是造成家畜不育的重要原因。

二、生殖激素的分类

1. 根据来源和功能

(1)神经激素　神经激素由下丘脑的神经细胞合成和分泌，具有控制垂体有关激素的释放和引起子宫收缩等作用。

(2)垂体促性腺激素　垂体促性腺激素由垂体前叶分泌，直接关系到配子的产生与成熟，可刺激性腺产生类固醇激素。

(3)胎盘促性腺激素　胎盘分泌多种激素，其中孕马血清促性腺激素和人绒毛膜促性腺激素的作用与垂体促性腺激素类似。

(4)性腺激素　性腺激素由睾丸和卵巢分泌，对两性行为、第二性征和生殖器官的发育和维持，妊娠维持，以及生殖周期的调节起重要作用。

此外，前列腺素 $F_{2\alpha}$ 对动物繁殖也起着重要的调节作用；"外激素"是动物不同个体间的"化学通信物质"，在动物繁殖活动中有重要的意义。因此，也将它们列为生殖激素。

2. 根据化学性质

(1)含氮激素　含氮激素包括蛋白质、多肽、氨基酸衍生物和胺类等，垂体分泌的所有生殖激素和下丘脑分泌的大部分生殖激素都属此类。此外，胎盘和性腺以及生殖器官外的其他组织器官也可分泌蛋白质类和多肽类激素。

(2)类固醇激素　类固醇激素主要由性腺和肾上腺分泌，对动物的性行为和生殖激素的分泌有直接或间接作用。

(3)脂肪酸激素　脂肪酸激素主要由子宫、前列腺、精囊腺(前列腺素)和某些外分泌腺体(外激素)所分泌。

主要生殖激素的名称、来源、化学性质和生理功能归纳于表 1-1。

三、生殖激素的作用特点

1. 生殖激素只调节反应的速度，不发动细胞内新反应

生殖激素只能加快或减慢细胞内的代谢过程，而不发动细胞内的新反应，类似化学反应中的催化剂。

2. 生殖激素在血液中消失很快，但常常有持续性和累积性作用

例如，将孕酮注射到家畜体内，在 10～20 min 内就有 90%从血液中消失。但其作用要在若干小时甚至数天内才能显示出来。

表 1-1 主要生殖激素的名称、简称、来源、化学性质及主要生理功能

种类	名称	简称	来源	化学性质	主要生理功能
神经激素	促性腺激素释放激素	GnRH	下丘脑	十肽	促进垂体前叶释放 FSH 和 LH
	催产素	OXT	下丘脑合成，垂体后叶释放	九肽	引起子宫收缩、排乳，加速配子运行
	松果腺激素		松果腺	小分子肽	在长日照繁殖动物抑制性腺活动，在短日照繁殖动物促进繁殖季节开始
垂体促性腺激素	促卵泡素	FSH	垂体前叶	糖蛋白	促进卵泡发育成熟，促进精子产生
	促黄体素	LH	垂体前叶	糖蛋白	促进卵泡排卵，形成黄体，促进孕酮、雄激素分泌
	促乳素	PRL	垂体前叶	糖蛋白	促进乳腺发育及泌乳，促进黄体分泌孕酮，诱导母性行为和鸟类就巢性
胎盘促性腺激素	孕马血清促性腺激素	PMSG	马属动物胎盘	糖蛋白	具有 FSH 和 LH 作用，以 FSH 为主
	人绒毛膜促性腺激素	HCG	灵长类动物胎盘绒毛膜	糖蛋白	具有 FSH 和 LH 作用，与 LH 类似
性腺激素	雄激素	A	睾丸	类固醇	维持雄性第二性征和性欲，促进副性器官发育及精子发生
	雌激素	E	卵巢、胎盘	类固醇	促进发情，维持第二性征，促进雌性生殖管道发育，增强子宫收缩力
	孕激素	P	黄体、胎盘	类固醇	低浓度时与雌激素协同引起发情行为，高浓度时抑制发情；维持妊娠，促进乳腺腺泡发育
	松弛素	RLX	妊娠黄体	多肽	分娩时促使子宫颈、耻骨联合、骨盆韧带松弛，妊娠后期保持子宫松弛
其他	前列腺素	PG	广泛分布，精液中最多	不饱和脂肪酸	多种生理作用，$PGF_{2\alpha}$ 溶解黄体、促进子宫收缩
	外激素		外分泌腺		促进性成熟，影响性行为

3. 微量的生殖激素就可以引起明显的生理变化

生理状态下，动物体内生殖激素的含量极低，但所引起的生理变化十分明显。例如，将 1 pg(10^{-12} g)雌二醇直接作用到阴道黏膜或子宫内膜上，就可以引起明显的变化。

4. 生殖激素的作用具有一定的选择性

各种生殖激素均有其一定的靶组织或靶器官，如促性腺激素作用于性腺(睾丸和卵巢)，雌激素作用于乳腺管道，而孕激素作用于乳腺腺泡等，它们均具有明显的选择性。

5. 生殖激素间具有协同和抗衡作用

某些生殖激素对某种生理现象有协同作用。例如，母畜的排卵现象就是促卵泡素和促黄体素协同作用的结果。又如，雌激素能引起子宫兴奋、蠕动增加，而孕酮可以抵消这种兴奋作用，减少孕酮或增加雌激素都可能引起妊娠家畜流产，这说明两者之间存在着抗衡作用。

第二节　生殖激素的功能与应用

一、神经激素

(一)神经激素的概念

研究发现下丘脑某些神经细胞具有双重性质，除保留着神经元的结构和功能外，还有内分泌功能。我们把神经细胞合成和分泌激素的生理现象，称之为神经内分泌，这类细胞称为神经内分泌细胞，其分泌产物则称为神经激素。目前发现的神经内分泌器官主要有下丘脑、松果腺、肾上腺髓质等。

(二)促性腺激素释放激素

1. 来源与特性

促性腺激素释放激素(GnRH)由下丘脑某些神经细胞所分泌，它由 10 个氨基酸组成。人工合成的 GnRH 类似物如促排卵 2 号和促排卵 3 号比天然的少 1 个氨基酸，但其活性大，有的比天然的高出 140 倍。

2. 生理功能

GnRH 的主要作用是促进垂体前叶促性腺激素的合成和释放，其中以促 LH 释放为主，也有促 FSH 释放的作用。然而，长时间或大剂量应用 GnRH 及其高活性类似物，会出现所谓抗生育作用，即抑制排卵、延缓胚胎附植、阻碍妊娠甚至引起性腺萎缩。这种作用与 GnRH 本来的作用相反，故称为 GnRH 的"异相作用"。

3. 应用

GnRH 及其类似物能促进垂体前叶合成和分泌 FSH、LH，可以用于发情和排卵的控制。母牛用 GnRH 和 $PGF_{2\alpha}$ 联合处理可提高超数排卵效果。在黄体期内大剂量或持续使用 GnRH，具有溶解黄体的作用，从而可控制同期发情效果。牛卵巢囊肿时，每天用 100 μg GnRH，可使垂体前叶分泌 LH，促进卵泡囊肿破裂，使牛恢复正常发情。用 150～300 mg GnRH 静脉注射可使母羊排卵。此外，GnRH 类似物可提高家禽的产蛋率和受精率，还可用于促进鱼类的排卵。

(三)催产素

1. 来源与特性

催产素(OXT)是由下丘脑视上核和室旁核分泌合成的含有一个二硫键的由 9 个氨基酸组成的多肽激素，贮存于垂体后叶，当动物机体受到刺激时释放。在卵巢、子宫等部位也能产生少量的催产素。

2. 生理功能

(1)可刺激哺乳动物乳腺导管肌上皮细胞收缩，导致排乳。在生理条件下，催产素的释放是引起排乳反射的重要环节。当幼畜吮乳时，生理刺激传入脑区，引起下丘脑活动，进一步促进神经垂体呈脉冲式释放催产素。给奶牛挤奶前按摩乳房，就是利用排乳反射引起催产素水平升高而促进乳汁排出。

(2)可强烈地刺激子宫平滑肌收缩，促进分娩完成。母畜分娩时，催产素水平升高，使子宫阵缩增强，迫使胎儿从产道产出。产后幼畜吮乳可加强子宫收缩，有利于胎衣排出和子宫复原。

(3)可刺激子宫分泌前列腺素($PGF_{2\alpha}$)，引起黄体溶解而诱导发情。

(4)能使输卵管收缩频率增加，有利于两性配子的运行。

此外，催产素还具有加压素的作用，即具有抗利尿和使血压升高的功能。

3. 应用

催产素常用于促进分娩，治疗胎衣不下、子宫脱出、子宫出血，以及子宫内容物(如恶露、子宫积脓或干尸化胎儿)的排出等。事先(48 h 前)用雌激素处理，可增强子宫对催产素的敏感性。应用催产素时必须注意用药时期，在产道未完全扩张前大量使用催产素，易引起子宫撕裂。催产素有抑制黄体发育的作用，可用于人工流产或阻止胚胎附植。分娩后母畜排乳发生问题时，可注射催产素促进排乳。在精液中加入催产素，可促进子宫收缩，有利于精子运行到受精部位，提高受精率。

（四）松果腺激素

松果腺又名松果体，因形似松果而得名，位于脑的上方，又称脑上腺。哺乳动物的松果腺已进化为腺体组织，是一个神经内分泌换能器。松果腺是一个具有多方面生理功能的神经内分泌器官，对哺乳动物最明显的生理功能是对生殖系统的抑制作用。

1. 松果腺激素分类

松果腺激素是松果腺分泌的多种激素的总称。它包括松果腺中目前已基本研究清楚的激素，也包括尚未研究明白的多种活性物质。已初步查明，松果腺能分泌吲哚类、肽类激素及其他一些物质。

(1)吲哚类激素　松果腺分泌的主要吲哚类激素是褪黑素。这一激素的分子结构为 N-乙酰-5-甲氧基色胺。

(2)肽类激素　松果腺分泌的肽类激素主要有 8-精(赖)加催素、GnRH、促甲状腺激素释放激素(TRH)和内皮素等。

2. 松果腺激素的生理功能

(1)褪黑素的作用

①对繁殖系统的作用。褪黑素是对生殖机能作用最强的松果腺吲哚类激素。对于长日照繁殖动物，褪黑素对生殖系统有明显的抑制作用。对于短日照繁殖动物如绵羊、山羊、红鹿等，褪黑素具有促进繁殖作用。

②对毛纤维生长的作用。貂、狐、绒山羊等毛皮动物的换毛具有明显的季节性，与光周期有密切关系，也与褪黑素的分泌有关。用外源褪黑素诱导毛皮动物在非生产季节生产毛皮(绒)已获成功。

③褪黑素使鱼类和蛙等动物的皮肤颜色变浅，这是褪黑素得名的缘由。

(2)8-精(赖)加催素　许多研究表明，分别来自牛和猪松果腺的这两种松果腺肽类激素对生殖系统有抑制作用。

二、垂体促性腺激素

垂体前叶分泌的促性腺激素主要包括促卵泡素、促黄体素和促乳素。

(一)促卵泡素

1. 来源与特性

促卵泡素(FSH)又名卵泡刺激素,由垂体前叶嗜碱性细胞分泌,是一种糖蛋白激素,能溶于水,分子质量约为 30 000 u,半衰期约为 5 h。

2. 生理功能

(1)对雄性动物　促卵泡素可促进精细管发育,使睾丸增大。促进生精上皮发育,刺激精原细胞增殖,在睾酮的协同下促进精子的形成。

(2)对雌性动物　促卵泡素可促进有腔卵泡生长和发育。FSH 能提高卵泡壁细胞的摄氧量,增加蛋白合成,促进卵泡内膜细胞分化,促进卵泡颗粒细胞增生和卵泡液的分泌。能够协同促黄体素,促使卵泡内膜细胞分泌雌激素,激发卵泡的最后成熟,诱发排卵并使颗粒细胞变成黄体细胞。

3. 应用

(1)提早动物的性成熟　对接近性成熟的雌性动物,将 FSH 和孕激素配合使用,可使小母畜初情期和性成熟提前。

(2)诱发泌乳乏情的母畜发情　对产后 4 周的泌乳母猪及产后 60 d 以后的母牛,应用 FSH 可提高发情率和排卵率,缩短其产犊间隔。

(3)超数排卵　为了获得大量的卵子和胚胎,应用 FSH 可使卵泡大量发育和成熟排卵,牛、羊应用 FSH 和 LH,平均排卵数可达 10 枚左右。

(4)治疗卵巢疾病　FSH 对卵巢机能不全或静止、卵泡发育停滞或交替发育及多卵泡发育均有较好疗效,如母畜不发情、安静发情、卵巢发育不全、卵巢萎缩、卵巢硬化、持久黄体等。若与 LH 合用,效果更好。

(5)治疗公畜精液品质不良　当公畜精子密度或精子活率低时,应用 FSH 和 LH 可提高精液品质。

(二)促黄体素

1. 来源与特性

促黄体素(LH)由垂体前叶的另一种嗜碱性细胞分泌,是糖蛋白激素,能溶于水,分子质量约为 30 000 u。在提取和纯化过程中比 FSH 稳定。

2. 生理功能

(1)对雄性动物　促黄体素可刺激睾丸间质细胞合成并分泌睾酮。这对副性腺的发育和精子的最后成熟起决定性作用。

(2)对雌性动物　促黄体素可促使卵巢血流加速;在促卵泡素作用的基础上引

起卵泡排卵和促进排卵后生成黄体。

垂体中 FSH 和 LH 的比例与不同家畜的生殖活动表现有着密切的关系。不同动物垂体中 FSH 和 LH 的比例和绝对值有所不同。例如母牛垂体中的 FSH 最低，母马的最高，绵羊和猪虽介于两者之间，但仅为母马 FSH 含量的 1/10。就两者比较而言，牛、羊的 FSH 显著低于 LH，马的正好相反，母猪则介于之间。这种差别关系到不同动物发情期的长短、排卵时间的早晚、发情表现的强弱以及安静发情出现的多少等(图 1-1)。

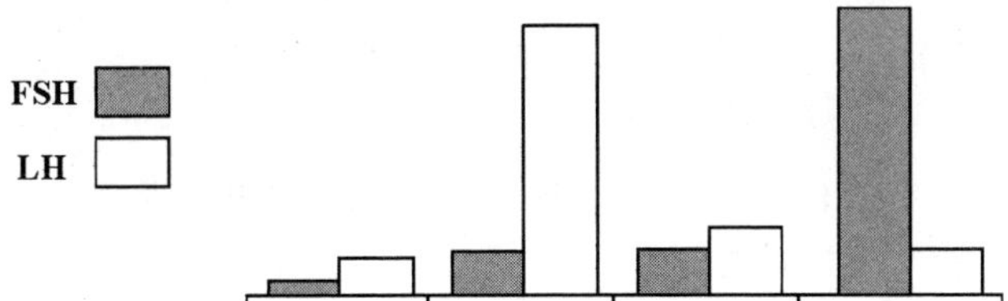

	牛	羊	猪	马
发情持续时间	17 h	35 h	48 h	144 h
排卵时间	发情终止后12 h	接近发情结束时	发情终止前8 h	发情终止前26 h
安静排卵情况	较多	较多	稀少	稀少

图 1-1　各种母畜垂体前叶 FSH 及 LH 含量比例与发情排卵的关系

（引自：张周．家畜繁殖．北京：中国农业出版社，2001）

由图 1-1 可以看出马垂体中的 FSH 含量最高，猪次之，羊居猪后，牛最低。这些动物的发情持续时间也和上述顺序相同，以马最长，牛最短，而 FSH 与 LH 的比例，则牛、羊显著低于猪、马。同时牛、羊出现安静发情的情况，也显著多于猪和马。

3．应用

LH 常用于诱导排卵、治疗黄体发育不全和卵巢囊肿等。一般先用 FSH 或 PMSG 促进卵泡生长发育，然后注射 LH 或 HCG 促进排卵。

LH 主要用于治疗排卵障碍、母畜发情期过短、屡配不孕、雄性动物性欲不强、精液和精子量少等症。在临床上常用 HCG 代替 LH，因其成本低且效果较好。

此外，FSH 和 LH 这两种激素制剂还可用于诱发非繁殖季节的母畜发情和排卵。在同期发情的处理中，配合使用这两种激素，可提高群体母畜发情和排卵的同期率。

(三)促乳素

1. 来源与特性

促乳素(PRL)又名催乳素,由垂体前叶嗜酸性细胞分泌,经垂体前叶门脉系统进入血液循环。哺乳动物妊娠和泌乳期间 PRL 的分泌显著增多。现已发现,除哺乳动物外,两栖类和硬骨鱼类中也存在 PRL。

2. 生理功能

(1)促进乳腺的机能　PRL 与雌激素协同作用于乳腺导管系统,与孕酮共同作用于乳腺腺泡系统,刺激乳腺的发育,与皮质类固醇激素一起激发和维持泌乳活动。

(2)促进和维持黄体分泌孕酮　这一点已在绵羊和鼠类中得到证实,因此促乳素又被称为促黄体分泌素(LTH)。

(3)增强雌性动物的母性行为　如鸟类的抱窝和反哺行为、家兔产前梳毛造窝行为等。

三、胎盘促性腺激素

(一)孕马血清促性腺激素

1. 来源与特性

孕马血清促性腺激素(PMSG)主要存在于孕马的血清中,它是由怀孕马、驴或斑马子宫内膜的“杯状”组织所分泌。马一般妊娠后 40 d 左右开始出现,60 d 达到高峰,可维持至 120 d,然后逐渐下降,到 170 d 时基本消失。血清中的 PMSG 含量因品种不同而异,轻型马最高,每毫升血液中含 100 IU,重型马最低,每毫升血液中仅含 20 IU,兼用品种居中,每毫升血液中约含 50 IU。此外,胎儿的基因型对其分泌量也有影响,如驴怀骡分泌量最高,马怀马次之,马怀骡再次之,驴怀驴最低。

PMSG 是一种糖蛋白激素,分子质量为 53 000 u。PMSG 的分子不稳定,高温和酸、碱条件以及蛋白分解酶均可使其失活。此外,冷冻干燥和反复冻融也可降低其生物活性。

2. 生理功能

PMSG 具有 FSH 和 LH 两种激素的生理作用,以 FSH 活性占优势,对促进卵泡发育和成熟作用较大。同时,由于它可能含有类似 LH 的成分,因此具有一定的促进排卵和形成黄体的功能。此外,对公畜具有促进精细管发育和性细胞分化的功能。

3. 应用

由于 PMSG 具有 FSH 和 LH 双重活性,在畜牧生产中被广泛应用。

(1)用于超数排卵。用 PMSG 代替价格较贵的 FSH 进行超排,取得了一定效果。但由于 PMSG 半衰期长,在体内不易被清除,一次注射后可在体内存留数天甚至 1 周以上,残存的 PMSG 影响卵泡的最后成熟和排卵,使胚胎回收率下降,所以,近年来在用 PMSG 进行超排处理时,补用 PMSG 抗体(或抗血清),以中和体内残存的 PMSG,明显改善了超排反应。

(2)治疗雌性动物乏情、安静发情或不排卵。用 PMSG 催情应避免大剂量使用,以免发生卵泡囊肿。

(3)提高母羊的双羔率。

(4)治疗雄性动物睾丸机能衰退,提高精液品质。

(二)人绒毛膜促性腺激素

1. 来源与特性

人绒毛膜促性腺激素(HCG)由孕妇胎盘绒毛的合胞体滋养层细胞合成和分泌,大量存在于孕妇尿中,血液中亦有。采用灵敏的放射免疫测定法,在受孕第 8 天的孕妇尿中即可检出 HCG,妊娠约 60 d 时达高峰,至第 150 天前后降至低浓度。其他灵长类动物的胎盘也有类似于 HCG 的促性腺激素产生。

HCG 为糖蛋白激素,分子质量为 36 700 u。HCG 的结构与 LH 极其相似,导致它们在靶细胞上有共同受体结合点,因而具有相似的生理功能。

2. 生理功能

HCG 与 LH 的生理功能相似,并含有少量的 FSH 活性,所以兼有 FSH 的作用。对雌性动物具有促进卵泡成熟、排卵和形成黄体并分泌孕酮的作用;对雄性动物具有刺激精子生成、睾丸间质细胞发育并分泌雄激素的功能。此外,HCG 还具有明显的免疫抑制作用,可防止母体对滋养层的攻击,使附植的胎儿免受排斥。

3. 应用

HCG 制品主要从孕妇尿液和刮宫液中提取,较 LH 来源广且成本低,又由于 HCG 兼具有一定的 FSH 作用,其临床效果往往优于单纯的 LH。其应用主要有:

(1)刺激母畜卵泡成熟和排卵,马和驴应用 HCG 诱发排卵和提高受胎率尤为明显;复合激素 PG600 含有 400 IU 的 PMSG 和 200 IU 的 HCG,用于治疗母猪乏情的效果稳定可靠。

(2)与 FSH 和 PMSG 结合应用,可以提高同期发情和超数排卵的效果。

(3)治疗雄性动物的睾丸发育不良、阳痿和雌性动物的排卵延迟、卵泡囊肿以及因孕酮水平降低所引起的习惯性流产等症。

四、性腺激素

(一)雄激素

1. 来源与特性

雄激素主要由睾丸间质细胞所分泌。肾上腺皮质部、卵巢、胎盘也能分泌少量雄激素。雄激素主要为睾酮、雄酮、雄烯二酮,其中最主要的形式为睾酮。睾酮一般不在体内存留,很快会被利用或分解,并通过尿液或胆汁、粪便排出体外。

睾酮是含有环戊烷多氢菲结构的类固醇激素。在血液循环中,98%的睾酮同类固醇激素结合球蛋白结合,只有约2%的部分游离,进入靶细胞。睾酮本身并不能与靶细胞膜上的受体结合,只有转化成具有生物活性的二氢睾酮后才能与受体结合。

2. 生理功能

(1)刺激精子发生,延长附睾中精子的寿命。

(2)促进雄性副性器官(如前列腺、精囊腺、尿道球腺、输精管、阴茎和阴囊等)的发育和分泌机能。

(3)促进雄性第二性征的表现,如骨骼粗大、肌肉发达、外表雄壮等。

(4)促进公畜的性行为和性欲表现。

(5)雄激素量过多时通过负反馈作用,抑制垂体分泌过多的促性腺激素,以保持体内激素的平衡状态。

3. 应用

人工合成的雄激素类似物主要有甲基睾酮和丙酸睾酮,其生物学效价远比睾酮高,并可以通过消化道淋巴系统直接被吸收。在临床上主要用于治疗雄性动物性欲不强和性功能减退等。但单独使用不如睾酮与雌二醇联合处理效果好。合成的雄激素制剂注射给母牛或阉牛,可使之作为试情牛。

(二)雌激素

1. 来源与特性

雌激素主要来源于卵巢,在卵泡发育过程中,由卵泡内膜和颗粒细胞分泌。卵巢分泌的雌激素主要是雌二醇和雌酮。此外,肾上腺皮质、胎盘和雄性动物的睾丸也可分泌少量雌激素。雌激素与雄激素一样,不在体内存留,而经降解后从尿、粪排出体外。

雌激素是一类化学结构类似，分子中含18个碳原子的类固醇激素。动物体内的雌激素主要有雌二醇、雌酮、雌三醇。动物体内雌激素的生物活性以雌二醇最高，主要为卵巢所分泌。

2. 生理功能

(1)在发情期促使母畜表现发情和生殖道的一系列生理变化。如初情期前雌激素可促进并维持母畜生殖道的发育，产生并维持雌性动物的第二性征；促使阴道上皮增生和角质化，以利交配；促使子宫颈管道松弛，并使黏液变稀，以利交配时精子通过；促使子宫内膜及肌层增长；刺激子宫肌层收缩，以利精子运行；促进输卵管增长和刺激其肌层活动，以利精子和卵子运行。可见，雌激素对配种、受精、胚胎附植等生殖生理过程都是不可缺少的。

(2)促进母畜第二性征的发育。

(3)妊娠期可促进乳腺管状系统发育，并对分娩启动具有一定作用；分娩期与催产素协同作用，刺激子宫平滑肌收缩，以利于分娩；泌乳期与促乳素协同作用，促进乳腺发育和乳汁分泌。

(4)促使长骨骺部骨化，抑制长骨生长。因此，一般成熟母畜的个体较公畜为小。

(5)大量的雌激素可使公畜睾丸萎缩，副性器官退化，最后造成不育，称为"化学去势"。

3. 应用

近年来，合成类雌激素物质在畜牧生产和兽医临床方面应用很广，此类物质虽然在结构上和天然雌激素很不相同，但其生物活性却很强。它们具有成本低、可口服吸收、排泄快等特点，同时还可以制成丸剂进行组织埋植。如己烯雌酚、苯甲酸雌二醇、己雌酚、二丙酸雌二醇、二丙酸己烯雌酚和双烯雌酚等。雌激素生产上常用于促进产后胎衣或干尸化胎儿排出；诱导发情；与孕激素配合可用于牛、羊的人工诱导泌乳；用于公畜的"化学去势"。合成类雌激素的剂量，因家畜种类和使用方法及目的不同而不同，使用时可根据厂商说明书进行。生产中常用的"三合激素"主要成分为苯甲酸雌二醇，另含少量的黄体酮和丙酸睾丸素，常用于治疗母畜不发情。

(三)孕激素

1. 来源与特性

孕酮为最主要的孕激素，主要由卵巢中黄体细胞分泌。多数家畜，尤其是绵羊和马，妊娠后期的胎盘为孕酮更重要的来源。此外，睾丸、肾上腺、卵泡颗粒层细胞也有少量分泌。在代谢过程中,孕酮最后降解为孕二醇而被排出体外。

孕激素是一类分子中含有21个碳原子的类固醇物质,它既是雄激素和雌激素生物合成的前体,又是具有独立生理功能的性腺类固醇激素。除孕酮外,天然的孕激素还有孕烯醇酮、孕烷二醇、脱氧皮质酮等,由于它们的生物学活性不及孕酮高,但可竞争性地结合孕酮受体,所以在体内有时对孕酮有拮抗作用。

2. 生理功能

在自然情况下孕酮和雌激素共同作用于母畜的生殖活动,通过协同和抗衡进行着复杂的调节作用。若单独使用孕酮,可见以下特异效应。

(1)促进子宫黏膜加厚,子宫腺体增大,分泌功能增强,有利于胚泡附植。

(2)抑制子宫的自发性活动,降低子宫肌层的兴奋作用,促进胎盘发育,维持正常妊娠。

(3)促使子宫颈和阴道收缩,子宫颈黏液变稠,以防异物侵入,有利于保胎。

(4)大量孕酮对雌激素有抗衡作用,可抑制发情活动,少量则与雌激素有协同作用,可促进发情表现。

3. 应用

孕激素本身口服无效,但现在已有若干种具有口服、注射效能的合成孕激素,其效能远远大于孕酮。如甲孕酮(MAP)、甲地孕酮(MA)、氯地孕酮(CAP)、氟孕酮(FGA)、炔诺酮(Norethindrone)、16-次甲基甲地孕酮(MGA)等。生产中常制成油剂用于肌肉注射,也可制成丸剂皮下埋藏或制成乳剂或粉剂用于制作阴道栓。在生产上主要应用于控制发情、防止功能性流产等。用于诱导发情和同期发情时,孕激素必须连续提供7 d以上,一般采用皮下埋植或用阴道栓给药的方法,终止提供孕激素后,雌性动物即可发情排卵。用于治疗功能性流产时,使用剂量不宜过大,且不能突然终止使用。

(四)松弛素

1. 来源与特性

松弛素主要来源于哺乳母畜妊娠期间的黄体,此外卵泡内膜、子宫内膜、胎盘、乳腺、前列腺都可产生。

松弛素是由α和β两个亚基通过二硫键连接而成的多肽类激素,其位置与胰岛素分子的二硫键相似。不同动物的松弛素分子结构略有差异,目前已从猪和鼠等动物中提取、纯化得到松弛素。

2. 生理功能

松弛素的主要作用是在妊娠期影响结缔组织,使耻骨间韧带扩张,抑制子宫肌的自发性收缩，从而防止未成熟的胎儿流产。在分娩前，松弛素分泌增加，在雌激素和孕激素预先作用下，使产道和子宫颈柔软并扩张，有利于分娩。此外，在雌激素的作用下，松弛素还可促进乳腺发育。

3. 应用

由于松弛素能使子宫肌纤维松弛、宫颈扩张，因此生产上可用于子宫镇痛、预防流产和早产以及诱导分娩等。

五、其他激素

(一)前列腺素

1. 来源与特性

早在20世纪30年代，科学家从人、猴、羊的精液中发现了能够引起平滑肌强烈收缩和降低血压的生物活性物质，当时设想此类物质来自前列腺，所以命名为前列腺素(PG)。后来研究发现，前列腺素并非由专一的内分泌腺产生，生殖系统、呼吸系统、心血管系统等多种组织均可产生前列腺素，其广泛存在于机体的各组织和体液中。

前列腺素是一类具有生物活性的类脂物质。其基本结构为含有20个碳原子的不饱和脂肪酸，由1个环戊烷和2个脂肪酸侧链组成。根据环戊烷和脂肪酸侧链中的不饱和程度与取代基的不同，将天然前列腺素分为A、B、C、D、E、F、G、H和I等9型，每一型根据烷上取代基的空间构型又分为α和β两种。

2. 生理功能

前列腺素的种类很多，不同类型的PG具有不同的生理功能。在动物繁殖上以PGF和PGE两种类型比较重要，这两类中又以$PGF_{2\alpha}$最为突出，其主要生理功能如下。

(1)溶解黄体　$PGF_{2\alpha}$对牛、羊、猪等动物卵巢上的黄体具有溶解作用，因此又称为子宫溶黄体素。由子宫内膜产生的$PGF_{2\alpha}$通过“逆流传递系统”由子宫静脉透入卵巢动脉而作用于黄体(图1-2)，促使黄体溶解，使孕酮分泌减少或停止，从而促进发情。对不同种动物的黄体，$PGF_{2\alpha}$产生溶黄体作用的时间有较大差异。

(2)促进排卵　$PGF_{2\alpha}$可触发卵泡壁降解酶的合成，同时也由于刺激卵泡外膜组织平滑肌纤维收缩增加了卵泡内压力，导致卵泡破裂和卵子排出。

(3)促进分娩　$PGF_{2\alpha}$对子宫肌有强烈的收缩作用，子宫收缩(如分娩)时血浆$PGF_{2\alpha}$的水平立即上升。$PGF_{2\alpha}$可促进催产素的分泌，并提高妊娠子宫对催产素的敏感性。

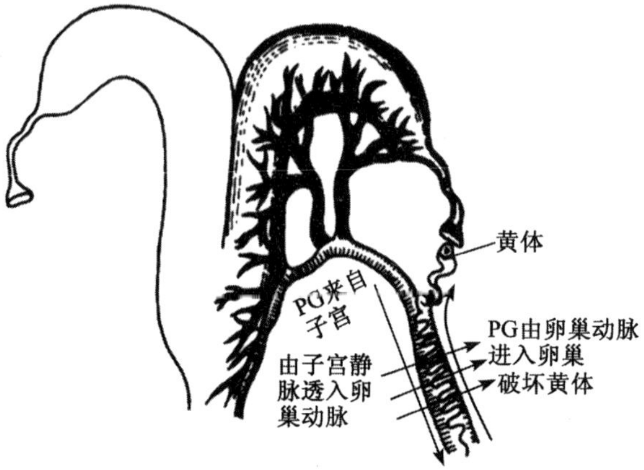

图 1-2 PG 逆流传递至卵巢

(引自:张周.家畜繁殖.北京:中国农业出版社,2001)

(4)促进精子运行　PG 在精液中含量最多,对子宫肌肉有局部刺激作用,使子宫颈舒张,有利于精子的运行通过。$PGF_{2\alpha}$ 能够增加精子的穿透力和驱使精子通过子宫颈黏液。

3. 应用

天然前列腺素提取较困难,价格昂贵,而且在动物体内半衰期短。而合成的前列腺素具有作用时间长、活性较高、副作用小、成本低等优点,目前应用较广的有氯前列烯醇、氟前列烯醇、15-甲基 $PGF_{2\alpha}$、$PGF_{1\alpha}$ 甲酯等。前列腺素在繁殖上主要应用于以下几个方面。

(1)调节发情周期　$PGF_{2\alpha}$ 及其类似物,能显著缩短黄体存在的时间,控制动物的发情周期,促进同期发情,促进排卵。$PGF_{2\alpha}$ 的剂量(肌肉注射或子宫内灌注):牛为 2～8 mg,猪、羊为 1～2 mg。

(2)人工引产　由于 $PGF_{2\alpha}$ 的溶黄体作用,对各种动物的引产都有明显效果,用于诱导分娩或同期分娩。$PGF_{2\alpha}$ 的用量:牛 15～30 mg,猪 2.5～10 mg,绵羊 25 mg,山羊 20 mg。

(3)治疗母畜卵巢囊肿与子宫疾病　可治疗子宫积脓、干尸化胎儿、无乳症等。剂量同人工引产。

(4)增加公畜射精量,提高受胎率　公牛在采精前 30 min 注射 $PGF_{2\alpha}$ 20～30 mg,既可提高公牛的性欲,又能提高射精量。在猪精液稀释液中添加 $PGF_{2\alpha}$ 2 mg/mL,绵羊精液稀释液中添加 $PGF_{2\alpha}$ 1 mg/mL,均可显著提高受胎率。

(二)外激素

外激素是由动物体释放至体外,并可引起同类动物行为和生理反应的一类生物活性物质。这些物质由于其来源的动物种类和个体不同,所产生的生物学效应也有较大差异。大部分动物释放的外激素可刺激异性交配,并影响同性别动物的生殖活动或生殖周期等。这些与性活动有关的外激素统称为性外激素。

1. 来源与特性

外激素是由某些特定腺体(一般为有管腺)释放的,这些腺体分布广泛,遍及身体各处,靠近体表,主要有皮脂腺、汗腺、唾液腺、下颌腺、泪腺、耳下腺、包皮腺、尾下腺、肛腺、会阴腺、腹腺等。有些家畜的尿液和粪便中亦含有外激素。外激素释放至体外后,主要通过空气和水(水生动物)进行传播。外激素的作用是靠嗅觉来传达和识别的。

外激素种类很多,常常是多种化学成分的混合物。如公猪的外激素有两种:一种是由睾丸合成的有特殊气味的类固醇物质,贮存于脂肪中,由包皮腺和唾液排出体外;另一种是由下颌腺合成的有麝香气味的物质,由唾液排出。羚羊的外激素含有戊酸,具有挥发性。昆虫的外激素有 40 多种,多为乙酸化合物。各种外激素都含有挥发性物质。

2. 应用

性外激素主要应用于以下几方面。

(1)用于母猪催情。试验表明,给断奶后第 2 和第 4 天的母猪鼻子上喷洒合成外激素两次,能促进其卵巢机能的恢复;青年母猪给以公猪刺激,则能使初情期提前到来。

(2)用于母猪的试情。母猪对公猪的性外激素反应非常明显。例如利用雄烯酮等合成的公猪性外激素,发情母猪则表现"静立反应",发情母猪的检出率在 90%以上,而且受胎率和产仔率均有明显提高。

(3)使用性外激素可加速公畜采精训练。

(4)其他性外激素可以促进牛、羊的性成熟,提高母牛的发情率和受胎率。外激素还可用于猪群的母性行为和识别行为,为小猪寄养提供了方便。

【本章小结】

本章主要内容包括生殖激素概述及生殖激素的功能和应用。生殖激素概述主要讲述了生殖激素的概念、生殖激素的分类及其作用特点。

生殖激素的功能与应用主要讲述了神经激素、促性腺激素、性腺激素、前列腺素和外激素的分类、化学性质、生理功能及其在生产中的应用。生殖激素的功能与应用是本章重点介绍的内容，也是学习和生产实践中的重点内容。所有的繁殖生理机能和生理变化，都与生殖激素的作用有密切的关系。生殖激素分泌紊乱，常常是造成动物不育的重要原因。

生殖激素及其类似物不但成功地应用于临床医学，而且也广泛应用于畜牧生产中，达到提高繁殖力的目的。在使用生殖激素前一定要了解该激素的化学性质、生理功能以及相互间的协同和抗衡作用。生产中如何正确使用生殖激素以及选择合适剂量是本章的难点。

【复习思考题】

1. 什么叫生殖激素？根据来源和功能分为哪几类？举例说明。
2. 促性腺激素释放激素的主要生理功能是什么？可应用于哪些方面？
3. 催产素的生理功能有哪些？在生产中可应用于哪些方面？
4. 简述 FSH、LH、PRL、PMSG、HCG 的生理功能以及在生产中的应用。
5. 雄激素、雌激素、孕激素的生理功能和应用如何？
6. 叙述前列腺素的来源和生理功能及在畜牧生产中的应用。
7. 什么是外激素？在生产中的应用如何？

第二章 雄性动物生殖生理

知识目标

- 了解雄性动物生殖器官的组成和形态结构，理解睾丸的组织结构，掌握睾丸、附睾、副性腺的生殖功能；
- 了解精子发生过程、精子发生周期和精子成熟过程中的主要变化，掌握精子的形态结构；
- 理解精子的代谢方式，掌握精子的运动形式和运动特性；
- 了解精清的组成、主要成分，理解精液的理化性质，掌握外界条件对精子的影响。

技能目标

- 根据标本或挂图能正确识别动物生殖器官的名称和位置。

第一节 雄性动物生殖器官

雄性动物生殖器官由睾丸、附睾、输精管、副性腺、尿生殖道和外生殖器官组成（图 2-1），分别完成精子的生成、成熟、排出和配种等功能。

一、睾丸

（一）形态和位置

睾丸是雄性动物的性腺，具有内外分泌的双重功能。正常家畜的睾丸成对存在，呈卵圆形或长卵圆形，位于阴囊的两个腔内。睾丸在胎儿发育的一定时期由腹腔通过腹股沟管下降到阴囊。睾丸的下降时间因动物种类不同而异。在睾丸的下降过程中，如果腹股沟管的内环或外环闭锁，睾丸就不能及时进入阴囊，出生后至

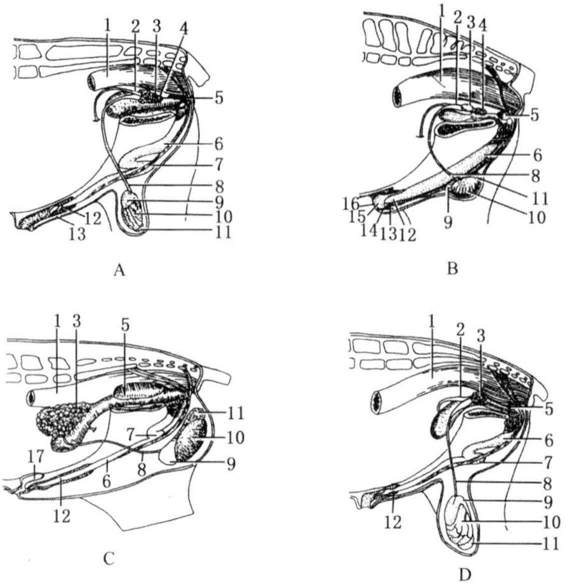

A. 公牛的生殖器官　B. 公马的生殖器官　C. 公猪的生殖器官　D. 公羊的生殖器官
1. 直肠　2. 输精管壶腹　3. 精囊腺　4. 前列腺　5. 尿道球腺　6. 阴茎
7. S 状弯曲　8. 输精管　9. 附睾头　10. 睾丸　11. 附睾尾　12. 阴茎游离端
13. 内包皮鞘　14. 外包皮鞘　15. 龟头　16. 尿道突起　17. 包皮憩室

图 2-1　公牛、公马、公猪、公羊生殖器官示意图

（引自：张忠诚. 家畜繁殖学. 第 4 版. 北京：中国农业出版社，2004）

成年滞留在腹腔内形成隐睾。一侧睾丸未进入阴囊称单侧隐睾；两侧睾丸均未进入阴囊称双侧隐睾。隐睾是公畜不育的原因之一，在选择种公畜时要注意检查。

牛、羊睾丸的长轴与地面垂直，悬垂于腹下，头向上，尾向下；猪睾丸的长轴与地面倾斜，位于肛门下方的会阴区，头向前下方，尾向后上方；马、驴的睾丸长轴与地面平行，紧贴腹壁腹股沟区，头向前，尾向后；猫、狗的睾丸位于肛门下方的会阴区。

（二）睾丸的组织结构

睾丸的表面被覆一层浆膜，即固有鞘膜，其下是由致密结缔组织构成的睾丸白膜。睾丸白膜在睾丸头处向睾丸实质内伸入结缔组织索，构成睾丸纵隔，其向四周发出许多放射状结缔组织小梁伸向白膜，将睾丸实质分成许多锥形的睾丸小叶。每个睾丸小叶内有 2～3 条相互盘曲的曲精细管，在各小叶尖端汇合成直精细管，进入睾丸纵隔结缔组织内，形成睾丸网（马无睾丸网）。在睾丸网的一端又汇成10～30条睾丸输出管，穿过白膜，形成附睾头（图2-2）。精细管为精子发生的场所，其管壁由基膜和多层上皮细胞组成。多层上皮细胞可分为产生精子的生精细胞和具有支持营养作用的支持细胞（足细胞）两种类型。

（三）睾丸的生理功能

1. 生精功能

精细管的生精细胞经过4次有丝分裂和两次减数分裂形成精子细胞，最后经过形态学变化生成精子。

2. 分泌雄激素

位于精细管之间的间质细胞分泌雄激素——睾丸酮。公畜在性成熟前去势会使生殖道的发育受到抑制，成年后去势可使生殖器官结构和性行为发生退化性变化。

3. 产生睾丸液

精细管和睾丸网产生的大量睾丸液内含有较高浓度的钙、钠等离子成分和少量的蛋白质成分，可起到维持精子生存和促进精子向睾丸头部移动的作用。

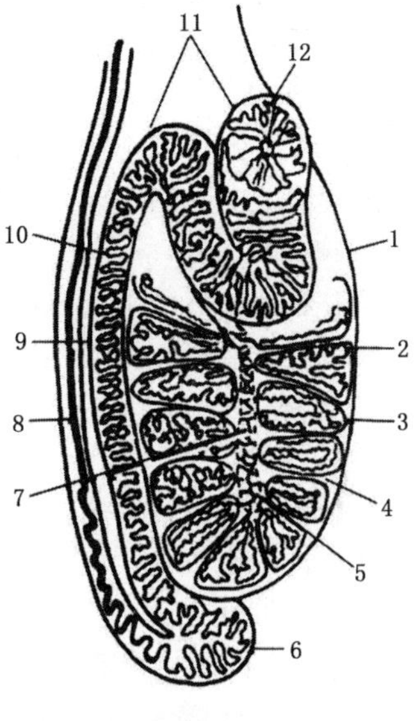

1. 睾丸　2. 精细管　3. 小叶　4. 中隔　5. 纵隔　6. 附睾尾　7. 睾丸网　8. 输精管　9. 附睾体　10. 附睾管　11. 附睾头　12. 输出管

图2-2　睾丸和附睾的组织结构

（引自：张忠诚. 家畜繁殖学. 第4版. 北京：中国农业出版社，2004）

二、附睾

（一）形态和位置

附睾位于睾丸的附着缘，因各种动物睾丸的位置不同而异。牛、羊附睾位于睾丸的后外缘；马、驴、猪、狗和猫的附睾位于睾丸的背外缘。附睾可分为头、体和尾三部分。附睾头膨大，主要由睾丸输出管和附睾管组成。附睾管是一条长而高度弯曲的小管，构成附睾体和附睾尾，在附睾尾处管径增大过渡为输精管。

（二）附睾的组织结构

附睾管壁由环形肌纤维和假复层柱状纤毛上皮构成。附睾管大体可分为三部分。起始部管腔狭窄，具有长而高直的静纤毛，管内精子数较少；中段的静纤毛稍短，且管腔变宽，管内有大量精子存在；末段静纤毛较短，管腔很宽，充满精子。

(三)附睾的机能

1. 促进精子成熟

由睾丸精细管生成的精子,刚进入附睾头时,颈部常有原生质小滴,活动微弱,没有受精能力或受精能力很低,说明精子尚未发育成熟。精子在通过附睾的过程中,原生质小滴向尾部末端移动并脱离精子,精子逐渐成熟,并获得受精能力。

2. 吸收作用

附睾头和附睾体的上皮细胞具有吸收功能,可将来自睾丸较稀薄精液中的水分和电解质经上皮细胞吸收,使精子到达附睾尾时成为极浓的精子悬浮液。

3. 运输作用

附睾主要通过管壁平滑肌的收缩及上皮细胞纤毛的摆动,将来自睾丸输出管的精子悬浮液自附睾头运送至附睾尾。精子通过附睾管的时间分别为:牛 10 d,绵羊 13～15 d,猪 9～12 d,马 8～11 d,兔 9～10 d。

4. 贮存作用

精子主要贮存在附睾尾。由于附睾管上皮的分泌作用可供给精子发育的养分和附睾内的弱酸性环境(pH 为 6.2～6.8)、高渗透压、较低温度和厌氧的内环境,使精子的代谢和活动能力维持在很低的水平,可使精子在附睾内贮存较长时间。一般认为精子在附睾内贮存 60 d 后仍具有受精能力,但贮存时间过久精子活力就会降低,畸形精子和死精子数会增多,所以长期不采精的公畜,第一次采集的精液中死精子、畸形精子较多。

三、输精管

(一)形态和结构

输精管由附睾管延续而来,与通往睾丸的神经、进出血管、淋巴管、提睾内肌组成的精索一起通过腹股沟管进入腹腔,转向后进入骨盆腔,在膀胱背侧的尿生殖褶内继续向后延伸,开口于骨盆部尿生殖道起始部背侧的精阜。在接近开口处输精管变粗,形成膨大的壶腹部,壶腹壁内含有丰富的分支管状腺体,具有副性腺的性质,其分泌物也是精液的组成成分。马、驴壶腹部最发达,其次是牛、羊,猪没有壶腹部。输精管管壁由内向外分别为黏膜层、肌层及浆膜层。输精管管壁厚而口径小,具有发达的平滑肌纤维,当射精时凭借其强有力的收缩而将精子排出。

(二)输精管的机能

输精管是生殖道的一部分,在配种时,催产素和神经系统共同支配输精管肌肉层发生规律性收缩,使输精管内和附睾尾部贮存的精子排入尿生殖道内。同时,输精管对死亡和老化的精子具有分解吸收的作用。

四、副性腺

副性腺是精囊腺、前列腺和尿道球腺的总称。射精时副性腺分泌物和输精管壶腹部的分泌物混合形成精清,与精子共同组成精液。

(一)形态和位置

1. 精囊腺

精囊腺成对存在,位于输精管末端的外侧,呈蝴蝶状覆盖于尿生殖道骨盆部前端。精囊腺的分泌液为白色或黄色的黏稠液体,含有丰富的果糖、柠檬酸和无机磷,这些物质既有缓冲作用,又能刺激精子运动。

2. 前列腺

牛、猪的前列腺分为体部和扩散部。体部较小,位于尿生殖道起始部的背侧;扩散部较为发达,位于尿生殖道骨盆部。家畜的前列腺分泌物无色透明,偏碱性,具有增强精子活力和冲洗尿道的作用。

3. 尿道球腺

尿道球腺成对存在,位于坐骨弓背侧,尿生殖道骨盆部的外侧。猪的尿道球腺体积最大,呈棒状,表面有尿道肌覆盖;牛、羊的较小,并埋藏在球海绵体肌内。

(二)副性腺的机能

1. 冲洗尿生殖道

在动物配种前阴茎勃起时,所排出的液体主要是尿道球腺所分泌,它可以冲洗尿生殖道中残留的尿液,为精液通过创造适宜的环境,避免精子在通过尿生殖道时受到尿液的危害。

2. 精子的天然稀释液

从附睾排出的精子,其周围只有少量的液体,与副性腺液混合后,精子即被稀释,从而扩大了精液容量。

3. 活化精子

精子在附睾内贮存时处于弱酸性的休眠状态,而副性腺的分泌物偏碱性,在弱碱性的环境中可增强精子的运动能力。此外,副性腺的分泌物渗透压低于附睾液,可使精子吸收适量的水分而得以运动。

4. 提供精子能量物质

副性腺的分泌物中含有果糖，当其与精子混合后，果糖可以很快地扩散到精子细胞内，果糖的酵解是精子能量的主要来源。

5. 延长精子的存活时间

副性腺的分泌物中含有磷酸盐和柠檬酸盐，这些物质具有缓冲作用，可抵抗阴道酸性环境，为精子创造良好的外部条件，从而达到延长精子存活时间，维持受精能力的作用。

6. 形成阴道栓，防止精液倒流

马的精囊腺分泌物和猪的尿道球腺分泌物，具有凝固作用，有利于阴道栓的形成，可防止精液倒流。在人工授精中，需要将这些胶状物过滤掉，以便精子体外存活。

五、尿生殖道

公畜的尿液和精液的共同通道称尿生殖道，可分为骨盆部和阴茎部。骨盆部由膀胱颈直达坐骨弓，位于骨盆底壁，是一个长的圆柱形管，外部包有尿道海绵体和球海绵体。射精时，从壶腹部聚集的精子，在尿道骨盆部与副性腺的分泌物混合。在膀胱颈的后方有一个小的隆起即为精阜，其顶点有壶腹和精囊腺导管的共同开口。精阜主要由海绵组织构成，它在射精前关闭膀胱颈，从而阻止精液进入膀胱。

六、外生殖器官

(一)阴囊

阴囊是腹壁皮肤形成的囊袋，由皮肤、肉膜、睾丸提肌、筋膜和总鞘膜构成。阴囊内由中隔分成两个腔，两个睾丸分别位于其中。阴囊的皮肤较薄，被毛稀少，具有丰富的汗腺，对调整睾丸的生精温度至关重要。阴囊肉膜能调整阴囊壁的厚薄及其表面积，并可改变睾丸和腹壁之间的距离。当外界温度较低时，阴囊肉膜收缩，散热面积缩小，睾丸提肌收缩，使睾丸距离腹腔较近，使散热减少；当外界温度较高时，阴囊肉膜松弛，睾丸位置下降，同时汗腺分泌，使散热增加，使睾丸的温度始终保持在低于体温 3～4℃，以利于正常生成精子。

(二)阴茎

阴茎是公畜的交配器官，主要由勃起组织和尿生殖道阴茎部组成。附着于两侧的坐骨结节上，经左、右股部之间向前延伸到脐部的后方。不同动物的阴茎形态各异。马的阴茎较粗大，呈两侧稍扁的圆柱形；牛、羊的阴茎较细，在阴囊后形成“S”状弯曲；猪的阴茎也较细，在阴囊前形成“S”状弯曲，龟头呈螺旋状，并有一较浅的螺旋沟。

(三)包皮

包皮是由游离的皮肤凹陷而发育成的阴茎套，在阴茎疲软时，阴茎头位于包皮囊内，包皮具有保护阴茎头的作用。在阴茎勃起时，包皮皮肤展开包在阴茎表面，保证阴茎伸出包皮外。猪的包皮腔很长，背侧壁有一圆孔通入包皮憩室，其内常常聚集带有异味的浓稠液体。

第二节 精子的发生和形态结构

一、精子的发生

精子是雄性动物的生殖细胞，是以睾丸曲精细管上皮的精原细胞为发育起点，精原细胞经过精母细胞、精细胞分化的全过程称为精子的发生。

(一)精子发生过程

精子发生过程包括精细管上皮精原细胞的分裂、增殖、形态结构变化和向管腔释放等过程，同时也存在空间和时间的变化，精子的发生过程可分为以下四个阶段。

1. 初级精母细胞的形成

精原细胞是睾丸内最幼稚的生精细胞，按照精原细胞的形态、大小、染色质的染色、核仁的位置和数量等特征，分为A型精原细胞、中间型精原细胞和B型精原细胞三种类型。

A型精原细胞是生精细胞的干细胞。一个生精干细胞通过第一次有丝分裂，产生两个A型精原细胞，其中的一个A型精原细胞再分裂产生两个A型精原细胞，而另一个进行有丝分裂并分化成B型精原细胞及初级精母细胞。所以在精原细胞的增殖过程中，有一部分的A型精原细胞不再继续分裂，而是保留下来，成为新的精原干细胞，使得精原细胞能够在不断更新的同时还能使精子的发生不断持续地进行。

2. 次级精母细胞的形成

初级精母细胞形成后发生细胞核的变化和染色体的复制，进入第一次减数分裂期，由一个初级精母细胞分裂成2个次级精母细胞，次级精母细胞含有体细胞一半的染色体。

3. 精细胞的形成

次级精母细胞形成后存在时间很短，不再进行DNA的复制，然后很快进行第二次减数分裂形成2个精细胞。因此，一个初级精母细胞最终形成4个精细胞。

4. 精子的形成

圆的精细胞形成后不再分裂，而是附着在靠近精细管管腔支持细胞的顶端，经过复杂的形态学变化形成蝌蚪状的精子。精细胞在变形的过程中，细胞核成为精子头部的主要成分，高尔基体发育成精子的顶体，细胞内的中心小体生成精子的尾部，线粒体聚集在尾部中段的周围形成线粒体鞘膜，最后精子从支持细胞的顶端脱离，进入曲精细管管腔内。在此，精细胞完成了精子发生的全过程。

(二)精子发生周期

精子发生周期是指从A型精原细胞开始，经过增殖、生长、减数分裂及变形等阶段形成精子的全过程所需要的时间。哺乳动物的精子发生周期为45～60 d。在畜牧生产实践中，内、外环境条件的改变对公畜生精机能和精液品质的影响，只有在2个月以后才能在精液中得以反映。同样，公畜生精机能和精液品质的突然变化，需要追溯2个月前的某些影响因素。

二、精子的成熟

睾丸内生成的精子不具备运动和受精的能力，需要在附睾内贮存的过程中发生某些形态学和机能的变化，才能获得受精的潜能和运动能力，这种变化称为精子的成熟。精子在成熟过程中的变化主要包括以下几个方面：

1. 精子形态学的变化

精子成熟过程中形态学的变化主要是附着在精子颈部的原生质滴在成熟过程中脱水浓缩，向精子尾部移动和脱离精子尾部。如果在精子尾部还附着有原生质滴，说明精子尚未完成成熟过程。

2. 精子运动方式的变化

在睾丸液中的精子具有活动能力，但精子进入到附睾头后便失去活动能力。精子在附睾内运行过程中，其运动方式发生有规律的变化，先是原地摆动，然后转圈运动,最后才具有螺旋式前进运动的能力。

3. 精子膜的变化

精子膜的主要变化是膜表面电荷的变化、膜通透性的变化、膜的凝集素受体的变化和精子表面附睾分泌物的变化。精子质膜的变化对于精子获得受精潜能、防止精子过早发生超激活和顶体反应均具有重要的作用。

三、精子的形态和结构

精子是具有运动能力和含有遗传物质的雄性生殖细胞,其表面为脂蛋白性质的薄膜。各种动物的精子形状类似蝌蚪形,长为 50～90 μm。精子的结构主要由头部、颈部和尾部组成(图 2-3)。

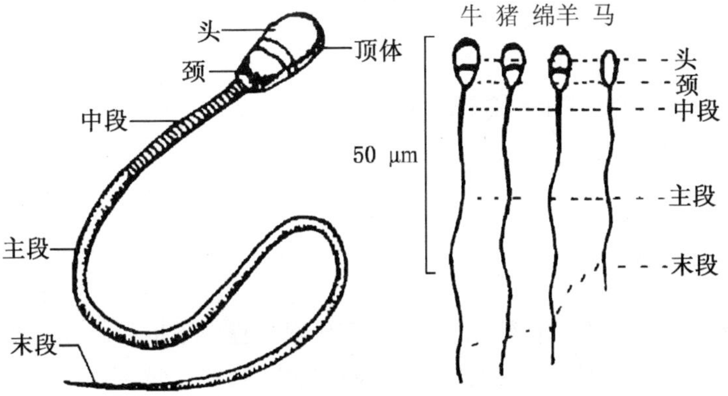

图 2-3 几种动物精子的结构图

(引自:张忠诚.家畜繁殖学.第 4 版.北京:中国农业出版社,2004)

1. 头部

精子的头部一般呈扁卵圆形,主要由核、顶体和核后帽组成,核内含有单倍的染色体。核的前面被顶体覆盖,顶体是一双层膜囊结构,顶体内含有中性蛋白酶、透明质酸酶、放射冠溶解酶、酸性磷酸酶等多种酶类,它们在精子受精过程中起着重要的作用。顶体是一个不稳定的特殊结构,在精子衰老时容易变性、出现异常或从头部脱落。因此精子顶体异常率是评定精液品质的一个重要指标。核后帽是包在核后部的一层薄膜,顶体和核后帽相重叠的部分称为核环或赤道段。

2. 颈部

精子的颈部位于头部和尾部之间,起到连接作用。精子颈部是精子最脆弱的部分,在精子成熟过程中,或者在精液稀释、保存过程中受到内外环境的不良影响,会出现精子颈部断裂，形成头尾分离的畸形精子。

3. 尾部

尾部是精子的运动和代谢器官，根据其结构的不同可分为中段、主段和末段三部分。

(1)中段　中段是由颈部延伸而成，位于颈部和终环之间，其内部为轴丝，外部是螺旋状的线粒体鞘，在线粒体内含有多种酶类，是精子能量合成的部位，可以为精子运动提供能量。

(2)主段　主段是位于终环之后尾部最长的部分，是精子尾部的主要组成部分，由中央的 20 条纤丝和 9 条粗纤维组成，外部没有线粒体鞘膜环绕。

(3)末段　末段是精子尾部最短的部分，只有 3～5 μm，末段的纤维鞘已消失，其结构主要是由纤丝和包在外面的精子质膜构成。

第三节　精子的代谢和运动

一、精子的代谢

精子是具有生命力的特殊细胞，精子在代谢过程中不进行合成代谢，只进行分解代谢。精子的代谢方式主要是糖酵解和呼吸代谢。

1. 精子的糖酵解

精子的糖酵解是指精子处于无氧条件下，利用糖激酶将精液中的果糖分解成乳酸并释放能量的过程。

精子的糖酵解代谢主要是利用精液中的果糖，也可利用乳糖、葡萄糖等。而蔗糖和半乳糖等双糖不能被精子直接利用，需要将双糖分解成单糖后才能被精子利用。

精子对糖的分解能力与精子密度、精子活力和精液温度有关。

2. 精子的呼吸代谢

精子的呼吸代谢是指精子处于有氧条件下将精子的糖酵解产生的乳酸或丙酮酸氧化成二氧化碳和水并释放能量的代谢方式。精子的呼吸代谢与精子的糖酵解是密切相关的，精子的呼吸能将精子糖酵解物质彻底氧化，产生比糖酵解多 20 倍的能量。同时也会使精液中的营养物质消耗过快，造成精子的早衰，对精子存活产生不利的影响。精子的呼吸代谢主要受精液的营养物质、保存温度、精液 pH、精子密度和精子活力等因素的影响。因此,在精液保存过程中常采用隔绝空气、降低保存温度、充入 CO_2 和降低 pH 等方法,减少精子的能量消耗,达到延长精子的体外存活时间,以提高受精能力的目的。

二、精子的运动

精子在代谢过程中,由于能量的不断释放,可使精子的尾部发生摆动,从而推动精子的运动。精子的运动和精子的代谢密切相关,是活精子的主要特征。

(一)精子的运动形式

1. 直线前进运动

精子的直线前进运动指精子运动的大方向是直线的,但局部或某一点的方向不一定是直线的。只有呈直线前进运动的精子进入雌性动物生殖道内才能运行到输卵管的壶腹部与卵子结合,因此称为有效精子。

2. 转圈运动

精子的转圈运动指精子的运动轨迹为由一点出发向左或向右的圆圈,这种运动方式是一种异常的运动,这种运动的精子是无效精子。

3. 原地摆动

精子的原地摆动是指精子的头部发生摆动,但不发生位移,这种精子也是无效精子。精子在较低温度下、酸性环境中或者精子接近衰老死亡时,由于其代谢水平很低,才会出现原地摆动。

(二)精子的运动特性

精子在液体状态下或在雌性动物的生殖道内运动时具有独特的运动特性。

1. 逆流性

精子的逆流性是指精子在流动的液体中向逆流方向运动。精子在雌性动物生殖道内,由于发情母畜的分泌物向外流动,因此精子是逆流向输卵管方向运行的。

2. 趋物性

精子的趋物性是指当精液中有异物时,精子有向异物边缘运动的趋向,表现为精子头部顶住异物进行摆动运动。因此,在精液稀释过程中应尽量减少异物的产生,以免降低精子的活力,造成精液品质的下降。

3. 趋化性

精子的趋化性是指精子有向某些化学物质运动的特性。雌性动物生殖道内存在的化学物质(如激素)、卵母细胞分泌的化学物质等均可吸引精子向其运动。

第四节 精液的组成和理化特性

一、精液的组成

精液由精子和精清组成。精子所占精液的比例很小。精清由附睾液、副性腺及输精管壶腹部所分泌的液体组成，占精液的绝大部分。猪、马、牛、羊精液中的精清成分所占比例分别为93%、92%、85%和70%。精清中水分占90%～98%，干物质仅占2%～10%。精清具有稀释精液、活化精子、减少或缓冲不良因素对精子的危害、保护精子和提供精子所需能量等作用。

家畜精液量的多少取决于其副性腺是否发达，牛、羊的副性腺不发达，精液量较少，猪、马的副性腺发达，故精液量较多(表2-1)。

表2-1 家畜精液的组成 %

动物种类	精子	附睾	精囊腺	前列腺	尿道球腺
牛	10～14	—	40	—	—
羊	20～40	50～60	10～20	极少	极少
猪	2～5	2	15～20	55～70	10～25
马	2～3		97～98		

注：表中数据为各组成部分占精液的百分比。

二、精清的主要化学成分

1. 糖类

大多数哺乳动物的精清中都含有糖类物质。其中最主要的糖类是果糖，果糖是精子可以利用的主要能源，主要来源于精囊腺。果糖的分解产物丙酮酸在射精时瞬间给予精子能量，射精后很快从精清中消失。牛、绵羊的精清中果糖含量较高，而马、猪、犬的精清中含量很少。此外，精清中还有山梨醇和肌醇等糖醇，也是由精囊腺所分泌的。其中山梨醇可氧化为果糖供精子利用，肌醇在猪的精清中含量很高，但不能被精子利用。

2. 脂类

精清中的脂类物质主要是磷脂(磷脂酰胆碱、乙胺醇),其在精子中含量较高。脂类主要存在于精子质膜和线粒体内,并且大多以脂蛋白和磷脂的结合态而存在。当精子质膜破损时,精子的磷脂很快渗透到精清内。精液的磷脂有10%存在于精清中,精清中的卵磷脂具有延长精子的寿命和抗低温打击的重要作用。

3. 蛋白质和氨基酸

精清中的蛋白质含量很低,一般为3%~7%。精清中的蛋白质主要是组蛋白,其主要在精子头部和DNA结合构成核蛋白,并在精子尾部形成脂蛋白和角质蛋白。精清中的蛋白质成分,射精后在蛋白酶的作用下很快发生变化,使非透析性氮的浓度降低,同时使非蛋白氮和氨基酸的含量增加。精清中游离的氨基酸成为精子氧化代谢中用以氧化的基质。精液中的氨基酸主要影响精子的存活时间。精子有氧代谢时可利用精清中的氨基酸作为基质合成蛋白质。

4. 酶类

精液中有多种酶类,大部分来自副性腺,少量由精子渗出。这些酶对精子的活动、代谢及受精具有重要作用。精清中的酶大致可分为以下3类。

(1)水解酶　水解酶主要有透明质酸酶、磷酸酶、糖苷酶、脱氧核糖核酸酶等。例如,透明质酸酶主要存在于精子的顶体内,在精子受精过程中具有重要作用。磷酸酶和糖苷酶参与精子的呼吸和糖酵解代谢活动。

(2)氧化还原酶　氧化还原酶主要有乳酸脱氢酶、过氧化氢酶和细胞色素等。例如,乳酸脱氢酶分别存在于精子的头部和尾部,使精子具有受精能力。

(3)转氨酶　转氨酶主要有谷丙转氨酶、谷草转氨酶和甘油激酶。例如,谷草转氨酶是分解氨基酸的酶类,当其在精子内含量减少,而在精清中的含量增加时,会导致精子的物质代谢障碍,造成精子的活力下降。

5. 维生素

精清中维生素的种类和含量与动物本身的营养和饲料有关。精清中的维生素主要有维生素 B_1、维生素 B_2、维生素C、泛酸和烟酸等。这些维生素可以影响精子的活力和密度,并使精液呈现某种色泽。

6. 有机酸

动物精液中还有多种有机酸及相关物质,主要包括柠檬酸和乳酸。此外,还有少量的甲酸、草酸、苹果酸和琥珀酸等。

7. 无机成分

动物的精液中无机离子主要有 Na^+、K^+、Mg^{2+}、Ca^{2+}、Cl^- 和 PO_4^{3-} 等，对于维持精液渗透压具有重要的调节作用。

三、精液的理化性质

精液的理化性质主要包括精子的外观、气味、精液量、精子密度、渗透压、pH、比重、黏度、导电性和光学特性等。

1. 外观

动物的精液外观与动物种类、个体、饲料性质等因素相关，一般为不透明的乳白色或灰白色。精子密度越大，颜色越深；反之，精子密度越小，颜色越淡。

2. 气味

精液一般为无味或略带腥味，牛、羊的精液往往略带汗脂味。

3. 精液量

由于动物种类不同，生殖器官特别是副性腺的发达程度不同，采精量差异很大。牛、羊等动物的采精量少，而猪、马等动物的采精量多。

4. 精子密度

精子密度是指每毫升精液中所含精子的数量。精液量大的动物（如猪）则精子密度小，而精液量小的动物（如羊）则精子密度大。

5. 渗透压

精液在一定条件下保持一定的渗透压。新鲜精液的渗透压与其体液相近。

6. pH

精液 pH 的种间差异不大，刚采集的精液 pH 一般为 7.0 左右。牛精液的 pH 为 6.6～7.8，绵羊的为 5.9～7.3，猪的为 7.3～7.8。

7. 导电性

精液中含有各种盐类或离子，其含量大，精液的导电性也就强。所以可以通过测定导电性的高低，判断精液中所含电解质的多少及其性质。

8. 光学特性

精液中的精子及化学物质，对光线的吸收和通过性不同。精子密度大的精液透光性差；精子密度小的精液透光性就强。因而在生产实践中可以利用这一特性，采用分光光度计进行光电比色，测定精子的密度。

第五节 外界条件对精子的影响

一、温度

温度是精子接触的主要环境,也是影响精子代谢、运动和精子存活时间的重要因素。精子运动和代谢最适宜的温度是动物的体温,哺乳动物精子运动的最适温度为 37～38℃,禽类是 40℃,在此温度下精子的代谢和运动正常,但由于精子对能量的不断消耗,使精子的体外存活时间减少,不利于精子的保存。外界环境温度的升高和降低都会对精子的代谢和运动产生不利的影响。

1. 高温

在 40～44℃的高温条件下,精子的代谢增强、运动加快、能量消耗增加,促使精子在短时间内衰老和死亡。精子能忍耐的最高温度一般为 45℃,当超过这一温度,精子经过短促的热僵直后立即死亡。

2. 低温

在低温条件下,精子的代谢和运动能力下降。精液温度降低到 0～5℃时,精子的代谢和运动能力被暂时抑制,精子处于休眠状态,精子存活时间延长,当温度回升后精子又恢复正常的代谢和运动能力。

未经任何处理的精液,当精液从 37℃急剧下降到 10℃时,精子会不可逆地丧失生存的能力,不能复苏,这种现象称为冷休克。为防止这一现象的出现,在精液处理的过程中,应采用缓慢降温的处理方式,同时在精液稀释液中添加卵黄或奶类等防冷物质。

3. 超低温

在加入保护剂的情况下,精液在－79℃以下的超低温环境下进行冷冻保存时,精子的代谢和运动基本停止,精子处于休眠状态,可以进行长期的保存。

二、光照

直射阳光、红外线、紫外线和其他射线均会对精子的活力产生不利影响。直射阳光含有红外线和紫外线,其中红外线可刺激精子的摄氧能力,激发精子的代谢和运动能力,不利于精子存活,会降低精子受精能力。紫外线对精子的危害较大,经其照射后的精子出现运动和受精能力降低,同时还会影响受精卵的发育。大剂量

X射线会对精子的细胞染色体造成严重损害，危害精子的受精和早期胚胎的发育。因此，在精液采集、保存和运输时，应避免阳光直射，尽量减少光的照射。盛装精液的玻璃容器最好选择棕色瓶，以避免光线的影响。

三、酸碱度

新鲜精液的pH一般为7.0左右，精液在体外保存过程中，随着精子所处的环境温度、精子密度、精子代谢等因素的影响，引起精液pH不同程度的降低，造成精子代谢和运动能力的减弱。

在pH下降的弱酸性环境下（pH为6.0～7.0），精子代谢和运动受到抑制，能量消耗减少，存活时间延长。在pH升高的弱碱性环境下（pH为7.0～8.0），精子的呼吸和代谢增强，能量消耗加快，精子存活时间缩短。在强酸（pH＜6.0）或强碱（pH＞8.0）的环境下，精子发生酸、碱中毒，会迅速死亡。因此，在pH降低的弱酸性环境中有利于精子的保存，在生产中可以利用酸抑制的原理，延长精子的存活时间。

四、渗透压

渗透压是指精子膜内外溶液浓度不同，而出现的膜内外压力差。精子处于不同的渗透压环境下，会引起精子细胞内外水分的渗透现象。

在等渗环境下，精子细胞的水分不会发生渗出，精子细胞的形态、代谢和运动不会发生改变；在低渗环境下，精子细胞外的水分向细胞内渗入引起细胞内含水量增加，使精子体积膨胀，严重时精子细胞崩解死亡；在高渗环境下，精子细胞内的水分向细胞外渗出，使精子失水皱缩，原生质滴变干，精子内部的结构发生变化，造成精子的运动异常或死亡。

精子对不同的渗透压环境具有逐渐适应的能力，但适应的能力有一定的限度，低渗对精子的危害最大。

五、离子浓度

精液中含有一定量的离子浓度，其对维持精液品质是必要的，它不仅起到刺激精子活力和代谢的作用，还可起到维持相对稳定的渗透压及pH的作用。精液中的一些弱酸性盐类（磷酸盐、柠檬酸盐等）具有良好的缓冲作用，对维持精子的代谢和运动具有重要的作用。高离子浓度容易破坏精子和精清的等渗环境，造成精子的损伤。精液中的离子浓度越高，精子的存活时间就越短。

对精子代谢和运动影响最大的离子有K^+、Na^+、Ca^{2+}和Cl^-，其浓度的改变会引起精子代谢和运动的改变。某些重金属离子对精子有毒害作用，会引起精子死亡。

六、稀释

哺乳动物新鲜精液中的精子运动较活跃，不利于精子存活时间的延长。精液经过适当地稀释后，可为精子提供适宜的生存环境，延长精子的存活时间和提高精子的利用率。但精液进行高倍稀释时，特别是快速高倍稀释时，精子表面的膜发生变化，使细胞的通透性增大，使精子内 K^+、Ca^{2+} 和 Mg^{2+} 等离子外渗及体液外的 Na^+ 向精子内渗入，造成精子活力和受精能力的降低。因此，稀释液的倍数高低要根据稀释前精液品质（密度、活力）、稀释液的性质和每个输精剂量的精子数目而定。同时，精液在进行高倍稀释时，应该分步进行，首先应对精液做低倍稀释，以减少高倍稀释对精子的损害。

七、药物

常用的消毒药品（酒精、新洁尔灭、高锰酸钾等）对精子有毒害作用，即使其浓度极低也足以杀死精子，应避免其与精子接触。因此，在精液稀释、保存过程中，既要保持所用器械清洁无菌，又要避免消毒药品混入精液中。

精液稀释液中添加的抗生素（磺胺类、抗生素等）可以抑制精液中病原微生物的繁殖，从而延长精子的存活时间。添加抗冻保护剂（甘油、二甲基亚砜等）对精子有防冷冻保护作用，可避免精子的冷冻受损。

【本章小结】

本章讲述了雄性动物生殖器官的组成、形态结构、生理功能和各组成部分的相互关系。雄性动物生殖器官由睾丸、附睾、输精管、副性腺、尿生殖道和外生殖器官组成，其中睾丸是性腺，也是雄性动物最重要的生殖器官之一，其主要功能是产生精子和分泌雄激素。

本章也讲述了精子的发生和形态、精子的代谢和运动、精液的组成和理化特性等内容。精液由精子和精清两部分组成。精子是具有运动能力和含有遗传物质的雄性生殖细胞，其主要由头部、颈部和尾部组成；精清由附睾液、副性腺及输精管壶腹部所分泌的液体组成，精清具有稀释精液、活化精子、减少或缓冲不良因素对精子的危害、保护精子和提供精子所需能量等作用。

本章内容还包括外界条件对精子存活、运动和代谢的影响，其中温度、酸碱度、渗透压是影响精子存活的重要因素。在生产中，要注意防止有害因素的影响，充分利用有利因素，不断提高人工授精技术的应用效果。

【复习思考题】

1. 简述公畜生殖器官的组成及生殖功能。
2. 简述精子的组成和理化特性。
3. 精子的代谢方式有哪几种？
4. 精子的运动方式和运动特性是什么？
5. 简述外界条件对精子的影响。

第三章　发情与发情鉴定技术

知识目标

- ◆ 了解雌性动物生殖器官的结构，掌握其生理功能；
- ◆ 了解影响动物初情期的因素，理解性成熟的概念和特点，掌握各种动物的初配适龄；
- ◆ 理解发情、发情周期、发情持续期的概念，掌握发情季节和产后发情的内容；
- ◆ 了解动物卵泡发育的过程，理解排卵的概念和排卵类型，掌握动物的排卵时间；
- ◆ 了解发情鉴定的意义，掌握发情鉴定的常用方法。

技能目标

- ◆ 能准确地进行牛、羊和猪的发情鉴定。

第一节　雌性动物生殖器官

雌性动物的生殖器官由卵巢、输卵管、子宫、阴道和外生殖器组成。母牛、母马、母猪、母羊的生殖器官见图 3-1。

一、卵巢

(一)卵巢的形态和位置

卵巢是雌性动物的性腺，其大小、形态和位置因畜种、年龄及雌性动物所处的不同生理繁殖阶段而异。

1. 牛、羊卵巢的形态和位置

牛卵巢为较扁的卵圆形，位于子宫角尖端的两侧。初产或胎次少的母牛，卵巢

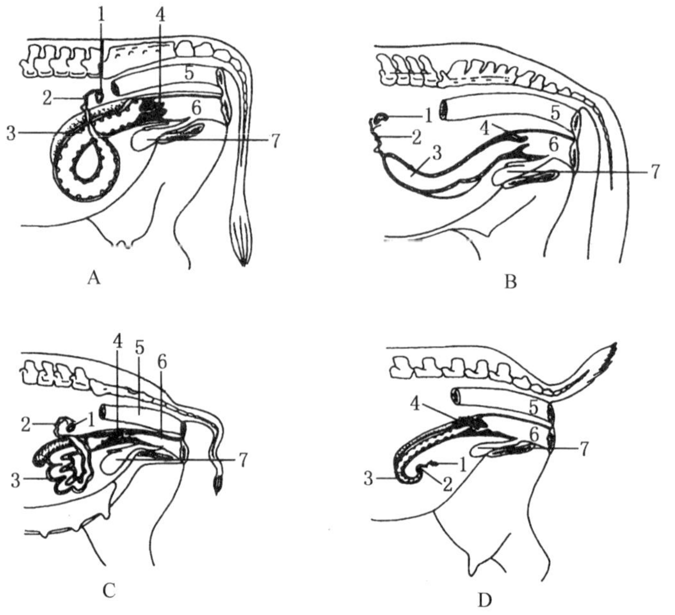

A. 母牛的生殖器官　B. 母马的生殖器官　C. 母猪的生殖器官　D. 母羊的生殖器官

1. 卵巢　2. 输卵管　3. 子宫角　4. 子宫颈　5. 直肠　6. 阴道　7. 膀胱

图 3-1　母牛、母马、母猪、母羊生殖器官示意图

(引自:张忠诚.家畜繁殖学.第 4 版.北京:中国农业出版社,2004)

均位于耻骨前缘之后;经产胎次多的母牛,卵巢随多次妊娠移至耻骨前缘的前下方。羊的卵巢比牛的圆而小,位置与牛相同。牛、羊的卵巢表面除卵巢系膜附着外,其余表面都被覆有生殖上皮,因此,这些部位都可以排卵。

2. 猪卵巢的形态和位置

猪初生时卵巢呈肾形,色淡红,位于荐骨岬两旁稍后方或在骨盆腔前口两侧的上部;接近性成熟时(4～5 月龄),由于许多卵泡发育而呈桑葚形,其位置下垂前移,约位于髋结节前端的横断面上;性成熟后,有大小不等的卵泡、红体和黄体突出于卵巢表面,凹凸不平,似串状葡萄。经产母猪卵巢的位置移向前下方,在膀胱之前,达髋结节前约 4 cm 的横断面上或在髋结节与膝关节之间中点水平位置。

3. 马卵巢的形态和位置

马卵巢呈蚕豆形,较长,附着缘宽大,游离缘上有凹陷的排卵窝,卵泡均在此凹陷内破裂排出卵子。卵巢由卵巢系膜吊在腹腔腰区肾脏后方,左侧卵巢位于第 4、5 腰椎左侧横突末端下方,而右侧卵巢位于第 3、4 腰椎横突之下,比左侧卵巢稍向前，位置较高。

(二)组织结构

卵巢表面为生殖上皮，其下是白膜(图 3-2)。白膜下为卵巢实质，分为皮质和髓质两个部分。皮质部包在髓质部的外面，内含许多发育不同阶段的卵泡、红体、白体和黄体，其形状结构因发育阶段不同而有很大变化。皮质的结缔组织含有许多胶原纤维、网状纤维、血管、神经等。髓质部内含有丰富的弹性纤维、小血管、神经、淋巴管等，它们经卵巢门出入，所以卵巢门上没有皮质。

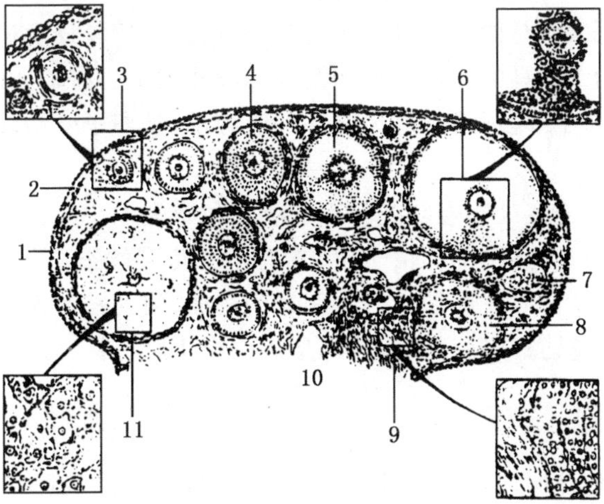

1. 生殖上皮　2. 白膜　3. 初级卵泡　4. 次级卵泡　5. 三级卵泡　6. 成熟卵泡
7. 白体　8. 闭锁卵泡　9. 间质细胞　10. 卵巢门　11. 黄体

图 3-2　卵巢的组织结构

(引自：张周. 动物繁殖. 北京：中国农业出版社，2001)

(三)卵巢的生理机能

1. 卵泡发育和排卵

卵巢皮质部分布着许多原始卵泡，它经过初级卵泡、次级卵泡、三级卵泡、成熟卵泡等几个发育阶段，最后有部分卵泡发育成熟并排出卵子，在原卵泡腔处形成黄体。不能发育成熟而退化的卵泡，萎缩成为闭锁卵泡。

2. 分泌雌激素和孕激素

卵泡发育过程中，包围在卵泡细胞外的两层卵巢皮质基质细胞形成卵泡膜。卵泡膜分为内膜和外膜，其中的内膜细胞可分泌雌激素，雌激素可促进母畜发情。

排卵后形成的黄体，可分泌孕激素，它是维持母畜怀孕所必需的激素之一。

二、输卵管

(一)形态和位置

输卵管位于卵巢和子宫角之间，是一对长而弯曲的细管，是卵子进入子宫必经的通道，由子宫阔韧带外缘形成的输卵管系膜固定。

动物的输卵管可分为漏斗部、壶腹部和峡部 3 个部分。输卵管的前端(卵巢端)扩大成漏斗状，称为漏斗。漏斗的边缘不整齐，形似花边，称为输卵管伞。牛、羊的输卵管伞不发达，马的输卵管伞较发达，猪的输卵管伞最发达。输卵管伞的一端附着于卵巢的上端(马的附着于排卵窝处)，漏斗的中心有输卵管腹腔口，与腹腔相通。输卵管的前 1/3 段较粗，称为输卵管壶腹部，是卵子受精的地方。壶腹后段变细，称为峡部。

壶腹部和峡部连接处叫壶峡连接部。峡部的末端以小的输卵管子宫口与子宫角相通，此处称为宫管连接部。由于牛、羊的子宫角尖端细，所以输卵管与子宫角之间无明显界线，发情时在此形成一个明显的弯曲；猪的宫管连接部周围具有长的指状突起，括约肌发达；马的宫管连接部形成一个小乳头。

(二)组织结构

输卵管管壁从外向内由浆膜、肌层和黏膜构成。肌层从卵巢端到子宫端逐渐增厚，黏膜上有许多纵褶，其大多数上皮细胞表面有纤毛，能向子宫端蠕动，有助于卵子的运行。

(三)生理机能

1. 运送卵子和精子

以输卵管纤毛的摆动、管壁的分节蠕动和逆蠕动以及纤毛摆动引起的液体流动为动力，将卵子由输卵管伞向壶腹部运送，将精子由峡部向壶腹部运送。

2. 精子获能、卵子受精和受精卵卵裂的场所

精子在受精前必须在输卵管内停留一段时间，以获得受精能力；输卵管壶腹部为卵子受精的部位；受精卵边卵裂边向子宫角方向运行。

3. 分泌机能

输卵管的分泌物主要是黏多糖和黏蛋白，是精子和卵子运行的运载工具，也是精子、卵子和受精卵的培养液，其分泌受激素的控制，发情时分泌增多。

三、子宫

(一)形态和位置

子宫大部分在腹腔,小部分在骨盆腔,前接输卵管,后接阴道,背侧为直肠,腹侧为膀胱,借子宫阔韧带附着于骨盆的两侧。多数动物的子宫都是由子宫角、子宫体和子宫颈三部分组成,但兔的子宫属于双子宫型,两个完全分离的子宫分别开口于阴道,仅有子宫角而无子宫体。

牛两侧子宫角基部内有纵隔将两子宫角分开,称为对分子宫,也称双间子宫。青年及胎次少的母牛,子宫角弯曲如绵羊角,位于骨盆腔内。经产胎次多的母牛子宫有不同程度地展开,垂入腹腔。两角基部之间纵隔处有一纵沟,称角间沟,子宫体较短。子宫黏膜上有 70～120 个突出于表面的半圆形子宫阜,子宫阜上没有子宫腺,但深部含有丰富的血管,妊娠时子宫阜发育为母体胎盘。子宫颈口突出于阴道,颈管发达,壁厚而硬,直肠检查时容易摸到(图 3-3)。

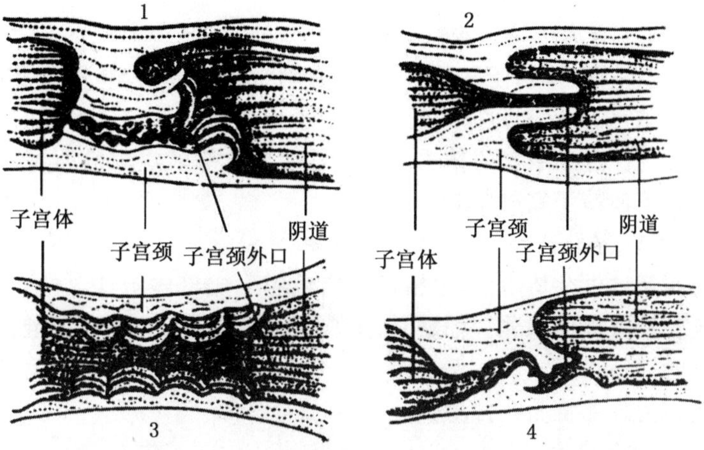

1. 母牛的子宫颈 2. 母马的子宫颈 3. 母猪的子宫颈 4. 母羊的子宫颈

图 3-3 母牛、母马、母猪、母羊的子宫颈(正中矢状剖面)

(引自:张周.动物繁殖.北京:中国农业出版社,2001)

羊的子宫与牛的基本相同,只是小些,绵羊的子宫黏膜有时有黑斑,山羊的子宫阜较绵羊多。羊的子宫阜中央有一凹陷,胎儿胎盘子叶上的绒毛嵌入此凹陷,形成子叶型胎盘。羊的子宫颈为极不规则的弯曲管道。

猪的子宫有两个长而弯曲的子宫角,经产母猪可长达 1.2～1.5 m,宽 1.5～

3 cm,形似小肠。两角基部之间的纵隔不明显,为双角子宫。猪的子宫体短,子宫颈较长,管腔中有若干个断面为半圆形突起的环形皱襞,后端逐渐过渡为阴道,没有明显的子宫颈阴道部。

马的子宫为双角子宫,无纵隔,似"Y"字形。子宫角为扁圆形,前端钝,中部稍向下垂,大弯在下,小弯在上。子宫体呈扁圆形,特别发达,其前端与两子宫角交界处称为子宫底。子宫颈较牛的细,壁薄而软,黏膜上有纵行皱褶。

(二)组织构造

子宫的组织构造从外向里为浆膜、肌层和黏膜三层。浆膜与子宫阔韧带的浆膜相连;肌层由较薄的外纵行肌和较厚的内环行肌构成,肌层间有血管网和神经;黏膜层又称子宫内膜,其上皮为柱状细胞,膜内有分支盘曲的管状腺(子宫腺),子宫腺以子宫角最为发达,子宫体较少,子宫颈则在皱襞之间的深处有腺状结构,其余部分为柱状细胞,能分泌黏液。

(三)生理机能

1. 筛选、贮存和运送精子及精子获能

雌性动物发情配种时,子宫颈口开张,有利于精子进入,并具有阻止死精子和畸形精子进入子宫的能力,以防止过多的精子到达受精部位。大量的精子可贮存在子宫颈隐窝内。进入子宫的精子借助子宫肌的收缩运送到输卵管,在子宫内膜分泌液的作用下使精子完成获能。

2. 胚胎发育、孕体附植、胎儿发育与分娩

子宫内膜还可供孕体附植,附植后子宫内膜形成母体胎盘,与胎儿胎盘结合,为胎儿的生长发育提供营养。妊娠时,子宫颈柱状细胞分泌黏稠的液体形成栓塞,封闭子宫颈管,防止异物侵入,保护胎儿。分娩前子宫栓塞液化,子宫颈扩张,分娩时子宫以其强力阵缩将胎儿排出。

3. 对卵巢机能有影响

在发情季节,配种未孕或发情未配种的雌性动物,在发情周期的一定时间,子宫内膜分泌 $PGF_{2\alpha}$,使卵巢内周期黄体溶解退化,垂体又分泌大量的促卵泡素,引起卵泡发育,导致再次发情。

四、阴道

阴道位于骨盆腔,背侧是直肠,腹侧为膀胱和尿道。前接子宫,由子宫颈口突入其中(猪除外),形成一个环形隐窝,称为阴道穹窿或子宫颈阴道部;后接尿生殖

前庭，以尿道外口和阴瓣为界，未交配过的幼畜(尤其是马和牛)阴瓣明显。各种动物的阴道长度：牛为 22～28 cm，羊为 8～14 cm，猪为 10～15 cm，马为 20～30 cm。

阴道既是交配器官，也是分娩时的产道。阴道内的生化和微生物环境能保护上生殖道免受微生物的入侵。阴道还是子宫颈、子宫黏膜和输卵管分泌物的排出管道。

五、外生殖器官

外生殖器官包括尿生殖前庭、阴唇和阴蒂。

尿生殖前庭是从阴瓣到阴门裂的短管，前高后低，稍微倾斜。牛的尿生殖前庭腹侧有一黏膜形成的盲囊，称为尿道下憩室。前庭大腺开口于侧壁小盲囊，前庭小腺不发达，开口于腹侧正中沟。尿生殖前庭既是产道、尿道，又是交配器官。

阴唇构成阴门的两侧壁，为尿生殖道的外口，位于肛门下方。两阴唇间的开口为阴门裂，阴唇的外面是皮肤，内为黏膜，两者之间有阴门括约肌及大量结缔组织。

阴蒂位于阴门裂下角的凹窝内，由海绵体构成，具有丰富的感觉神经末梢，为退化了的阴茎，马的最发达，猪的长而弯曲，末端为一小圆锥形。

第二节　雌性动物性机能发育

雌性动物性机能的发育不仅仅是生殖器官的变化，而且是神经系统、环境、下丘脑、垂体和性腺等多方面的复杂变化与相互作用的结果。雌性动物一生中，性机能的发育是一个由发生、发展直至衰退停止的过程。其性机能的发育过程一般分为初情期、性成熟期、体成熟期及繁殖机能停止期。此外，为了指导生产实践，还涉及初配适龄的问题。

一、初情期

初情期是指雌性动物初次发情和排卵的时期，此时生殖器官迅速发育，开始出现性活动，配种便有受精的可能性。到达初情期的动物虽有发情表现，但不完全，发情周期也往往不正常，其生殖器官仍在继续生长发育中。有些初情期母畜卵巢上虽有卵泡发育，但外部发情表现不明显。影响初情期早晚的因素较多，主要有品种、气候、营养水平、出生季节等。

二、性成熟

初情期后，随着年龄的增长，生殖器官进一步生长发育成熟，发情排卵活动已趋正常，具备了正常繁殖后代的能力，此时称为性成熟。性成熟后，母畜具有正常的周期性发情和协调的生殖内分泌调节能力，但此时身体的发育还不够完全，此时躯体其他组织器官的生长发育仍在继续进行，尚未达到完全成熟阶段，故一般不宜配种。过早配种怀孕，一方面影响到自身的生长发育，另外也将影响到胎儿的发育，导致本身和后代生长发育不良，势必会影响雌性动物一生的生产力。一般初情期后，由于生殖激素大量分泌使生殖器官很快发育达到性成熟。

三、初配适龄

性成熟后再经过一段时间的发育，动物各器官、组织发育基本完成，并且具有本品种固有的外貌特征，能承担繁衍后代的能力，可以进行配种，此时称为初配适龄。一般当母畜体重达到成年体重的70%时就可以配种。初配适龄在生产中具有重要的指导意义，配种时间过早、过晚对生产都不利，具体时间应根据个体生长发育情况进行综合判定。

四、繁殖机能停止期

雌性动物经过多年的繁殖活动，生殖器官逐渐老化，机能逐渐下降，甚至丧失繁殖能力。在畜牧生产中，一般在动物繁殖机能停止之前，只要生产效益明显下降，就对动物进行淘汰。如奶牛繁殖机能停止的年龄可达15岁以上，但在11岁左右其泌乳量明显下降，应及时淘汰。各种动物的初情期、性成熟期、初配适龄、体成熟期及繁殖机能停止期见表3-1。

表3-1 各种动物的初情期、性成熟期、初配适龄、体成熟期和繁殖机能停止期

（引自：徐相亭，秦豪荣．动物繁殖．北京：中国农业大学出版社，2008）

动物种类	初情期/月龄	性成熟期/月龄	初配适龄	体成熟期	繁殖机能停止期/岁
黄牛	8～12	10～14	1.5～2.0岁	2～3岁	13～15
奶牛	6～12	12～14	1.3～1.5岁		13～15
马	12	15～18	2.5～3.0岁	3～4岁	18～20
驴	8～12	18～30	2.4～3.0岁	3～4岁	
猪	3～6	5～8	8～12月龄	9～12月龄	6～8

续表 3-1

动物种类	初情期/月龄	性成熟期/月龄	初配适龄	体成熟期	繁殖机能停止期/岁
绵羊	4～5	6～10	12～18 月龄	12～15 月龄	8～11
山羊	4～6	6～10	12～18 月龄	12～15 月龄	7～8
兔	4	5～6	6～7 月龄	6～8 月龄	3～4

注：由于受品种、营养水平、气候条件和出生季节等因素的影响，各地报道的数据有差异，此表仅供参考。

第三节 发 情 生 理

雌性动物生长发育到一定年龄，在垂体促性腺激素的作用下，卵巢上的卵泡发育并分泌雌激素，引起生殖器官和性行为的一系列变化，并产生性欲，这种生理状态称为雌性动物的发情。发情到一定阶段时，卵泡发育成熟、卵泡膜破裂而排卵。

一、卵泡发育与排卵

雌性动物在发情周期中，卵巢经历着卵泡的生长发育、成熟、排卵、黄体的形成和退化等一系列变化过程。

(一)卵泡发育

雌性动物卵巢上的卵泡是由内部的卵母细胞和其周围的卵泡细胞组成的。卵泡发育是指卵泡由原始卵泡发育成为成熟卵泡的生理过程。根据卵泡的形态特点，卵泡的发育可分为以下 5 个阶段。

1. 原始卵泡

原始卵泡排列在卵巢皮质层周围，其内部是一卵母细胞，周围是一单层扁平的卵泡细胞。

2. 初级卵泡

初级卵泡排列在卵巢皮质层外围，卵母细胞的周围是一层或两层柱状的卵泡细胞。

3. 次级卵泡

次级卵泡由初级卵泡发育而来。卵母细胞周围的卵泡细胞增殖为多层，并出现了小的卵泡腔。在卵母细胞和卵泡细胞之间形成了一层透明带。

4. 三级卵泡

三级卵泡由次级卵泡继续发育而来。颗粒层细胞层数不断增多,卵泡腔增大,卵泡液充满卵泡腔。卵母细胞及其周围的颗粒细胞突入卵泡腔内形成卵丘,其余的颗粒细胞则分布于卵泡腔的周围形成颗粒层。在颗粒层外围形成卵泡内膜和外膜:内膜为上皮细胞,有血管分布,具有分泌类固醇激素的作用;外膜由纤维状细胞构成。

5. 成熟卵泡

成熟卵泡由三级卵泡继续发育而来。此阶段的卵泡,卵泡腔增大到整个卵巢皮质部,卵泡突出于卵巢表面,即将破裂排卵。

(二)排卵

成熟卵泡破裂、释放卵子的过程,称为排卵。排卵前,卵泡体积不断增大,液体增多,增大的卵泡开始向卵巢表面突出,这时,卵泡表面的血管增多,而卵泡中心的血管逐渐减少。生长发育到一定阶段,卵泡成熟破裂排卵。随着卵泡液的流出,卵子与卵丘脱离而被排出卵巢外,由输卵管伞部接纳。

1. 排卵类型

根据动物排卵的特点和黄体的功能,排卵可分为两种类型。

(1)自发性排卵　卵泡成熟后便自发排卵和自动形成黄体。这种类型又有两种情况:一是发情周期中黄体的功能可以维持一定时期,且具有功能性,如牛、羊、猪、马等属于这种类型;二是除非交配,否则形成的黄体是没有功能性的,即不具有分泌孕酮的功能,老鼠属于这种类型。

(2)诱发性排卵　又称刺激性排卵,必须通过交配或其他途径使子宫颈受到某些刺激才能排卵,并形成功能性黄体。兔、猫、骆驼等属于诱发性排卵动物,它们在发情季节中,卵泡有规律的陆续成熟和退化,如果交配(刺激),随时都会有成熟的卵泡排出。

2. 排卵过程

当卵泡发育成熟时,卵泡的一部分突出于卵巢表面,此处的卵泡膜变薄,形成一个突出状的排卵点。与此同时,卵泡中的卵丘与颗粒层分离,薄而膨胀的排卵点发生破裂,卵泡液先渗出一部分,然后破口扩大,大量卵泡液迅速排出,并将与颗粒层分离的卵母细胞及其周围的放射冠一起排出,被输卵管伞部接纳。

3. 排卵时间及排卵数

各种动物的排卵时间及排卵数,因动物种类、品种、个体、年龄、营养状况及环境条件不同而异。

(1)排卵时间　牛为发情终止后 8～12 h,羊为发情终止时,猪为发情终止前 8 h 左右、排卵持续时间 6～10 h,马为发情终止前 24～36 h,兔为交配刺激后 6～12 h。

(2)排卵数目　牛、马等大家畜一般每次排卵 1 枚(个别的可排 2 枚),绵羊 1～3 枚,山羊 1～5 枚,猪 10～25 枚,兔 5～15 枚,犬 2～12 枚,猫 2～10 枚。

(三)黄体的形成与退化

母畜在发情周期中,当卵巢上成熟的卵泡破裂排卵后,由卵泡膜血管中流出的血液充溢于排空的卵泡腔内形成凝血块,称为红体。此后,红体逐渐被吸收缩小,而卵泡腔内颗粒层细胞则增生变大,并吸收大量的类脂质等,变成黄色细胞。同时卵泡内膜血管增生分布于黄色细胞团中,卵泡膜的部分细胞也进入黄色细胞团,共同构成了黄体。黄体在排卵后 7～10 d(牛、羊、猪)或 14 d(马)发育至最大体积。

如果母畜排卵后未受精,卵巢上所形成的黄体称为周期性黄体。周期性黄体通常可存在 14～16 d,随后开始萎缩退化而形成白色结缔组织,称为白体。如果母畜排卵后受精和妊娠,周期性黄体发育成妊娠黄体。妊娠黄体比周期性黄体略大,存在时间也长,牛、山羊、猪的妊娠黄体一直维持到妊娠结束才退化为白体。马、驴在妊娠期有多个卵泡发育排卵并形成黄体,这种黄体称为副黄体,与妊娠黄体一起维持母畜的妊娠,妊娠黄体和副黄体在妊娠 180 d 左右时退化为白体,之后由胎盘分泌孕酮维持妊娠。绵羊妊娠期的前 1/3 左右是由黄体维持的。

二、发情的概念

雌性动物生长发育到一定年龄,每隔一定的时间,在垂体促性腺激素的作用下,卵巢上卵泡发育并分泌雌激素,引起生殖器官和性行为的一系列变化,并产生性欲,这种周期性的性活动现象称为雌性动物的发情。卵巢中卵泡的生长发育、成熟和雌激素的产生是发情的本质,而外部生殖器官和性行为的变化是发情的外部现象。正常的发情主要有 3 方面的变化,即卵巢变化、行为变化和生殖道变化。

1. 卵巢变化

雌性动物发情开始之前,卵巢上卵泡已开始生长,至发情前 2～3 d 卵泡发育迅速,卵泡内膜增厚,卵泡液分泌增多,此时,卵泡壁变薄而表面突出。在激素的作用下,促使卵泡壁破裂,致使卵子被挤压而排出。而后在排卵的凹陷处,形成黄体。

2. 行为变化

由于雌性动物卵泡发育分泌的雌激素量不断增多,并且在少量孕酮作用下,使雌性动物表现兴奋不安,食欲减退,对外界的变化刺激十分敏感。常表现为鸣叫,举尾拱背，频频排尿；有的出现拱槽、刨地和跳圈等征状；母畜发情时有求偶行为，在运动场或放牧地爬跨其他母畜或接受其他母畜的爬跨；产奶的母畜产奶量下降，体温稍有升高等。

3. 生殖道变化

发情时卵泡迅速发育、成熟，雌激素分泌量增多，强烈地刺激生殖道，使血流量增加，外阴部出现充血、肿胀、松软，阴蒂充血且有勃起；阴道黏膜充血、潮红；子宫和输卵管平滑肌的蠕动加强，子宫颈松弛，子宫黏膜上皮细胞和子宫颈黏膜上皮杯状细胞增生，腺体增大，分泌机能增强，有黏液分泌。

三、发情周期

(一)发情周期的概念

雌性动物在初情期以后，卵巢上卵泡与黄体交替发生，并伴随着生殖器官及整个有机体发生一系列周期性生理变化，其外部特征为每隔一定时间就会表现发情，这种变化周而复始(非发情季节和怀孕期除外)，直到性机能停止活动的年龄为止，这种周期性的发情活动称之为发情周期或性周期。

一次发情开始到下一次发情开始所间隔的时间为一个发情周期。各种动物发情周期的时间因动物种类、品种、个体不同而有所差异，一般牛、猪、山羊、马平均为21 d，绵羊为16～17 d。

(二)发情周期的分期

根据机体所发生的一系列生理和行为变化动物的发情周期有两种分期方法，即四期分法和二期分法。

1. 四期分法

四期分法是根据雌性动物的性欲表现及其生殖器官变化等外观征状进行划分。

(1)发情前期　该期为卵泡发育的准备时期。此期的特征是：上一个发情周期所形成的黄体进一步退化萎缩，卵巢上开始有新的卵泡生长发育。雌激素分泌开始增多，使整个生殖道血液供应量开始增加，引起毛细血管扩张伸展，渗透性逐渐增强；阴道和阴门黏膜有轻度充血、肿胀，子宫颈略微松弛，子宫腺体略有生长，腺体分泌活动逐渐增加，分泌少量稀薄黏液；阴道黏膜上皮细胞增生，但尚无性欲表现。

(2)发情期　该期是雌性动物性欲达到高潮，有明显发情征状的时期。不同的动物发情期的天数不同。此期的特征是:精神兴奋、食欲下降,愿意接受雄性交配,卵巢上的卵泡迅速发育,体积增大,雌激素分泌增多,孕激素降到最低水平。雌激素强烈刺激生殖道,使阴道和阴门黏膜充血肿胀明显,子宫黏膜显著增生,子宫颈充血,子宫颈口开张,子宫肌层蠕动加强,腺体分泌增多,有大量黏液排出。多数动物在发情期的末期排卵。

(3)发情后期　该期是排卵后黄体开始形成,发情征状逐渐消失的时期。此期的特征是:动物由性欲激动逐渐转入安静状态,卵泡破裂排卵后雌激素分泌量显著减少,黄体开始形成并分泌孕酮作用于生殖道,使充血肿胀征状逐渐消退,子宫肌层蠕动减弱,腺体活动减少,黏液量少而稠,子宫颈口逐渐封闭,子宫内膜逐渐增厚,阴道黏膜增生的上皮细胞脱落。

(4)间情期　间情期又称休情期,是黄体活动的时期。此期的特征是:雌性动物性欲已完全消退,精神状态恢复正常,发情征状完全消失。在间情期的前期,黄体继续发育增大,分泌大量孕酮作用于子宫,使子宫黏膜增厚,表层上皮呈高柱状,子宫腺体高度发育并增生,大而弯曲且分支多,分泌功能增强,其作用是产生子宫乳供胚胎发育所需营养。如果卵子受精,这一阶段将延续下去,动物不再发情。如未孕,则在间情期的后期,增厚的子宫黏膜回缩,呈矮柱状,腺体缩小,腺体分泌活动停止,周期性黄体也开始退化萎缩,卵巢有新的卵泡开始发育,又进入到下一次发情周期的前期。

2. 二期分法

二期分法是以卵巢上有无卵泡发育和黄体存在为依据,将发情周期分为卵泡期和黄体期。

(1)卵泡期　卵泡期是指黄体进一步退化,卵泡开始发育直到排卵为止的时期。卵泡期实际上包括发情前期至发情期两个阶段。卵泡期很短,绵羊的为 2 d,牛和猪为 4～5 d。

(2)黄体期　黄体期是指从卵泡破裂排卵后形成黄体,直到黄体萎缩退化为止的时期。黄体期相当于发情后期和间情期两个阶段。黄体期占发情周期的大部分,但是在整个黄体期都存在有腔卵泡,因此,雌性动物的黄体期部分地与卵泡期重叠。

(三)发情周期的调节

雌性动物的发情周期,实质上是卵泡期和黄体期的交替,这种交替受外界环境的影响以及神经系统和生殖激素的调节。雌性动物通过自身的嗅觉、视觉、听觉、触觉等接受性刺激,经不同途径作用于神经系统,影响下丘脑 GnRH 的合成和释放,并刺激垂体前叶促性腺激素的产生和释放,作用于卵巢,产生性腺激素,从而调节雌性动物的发情(图 3-4)。其调节过程概括如下:

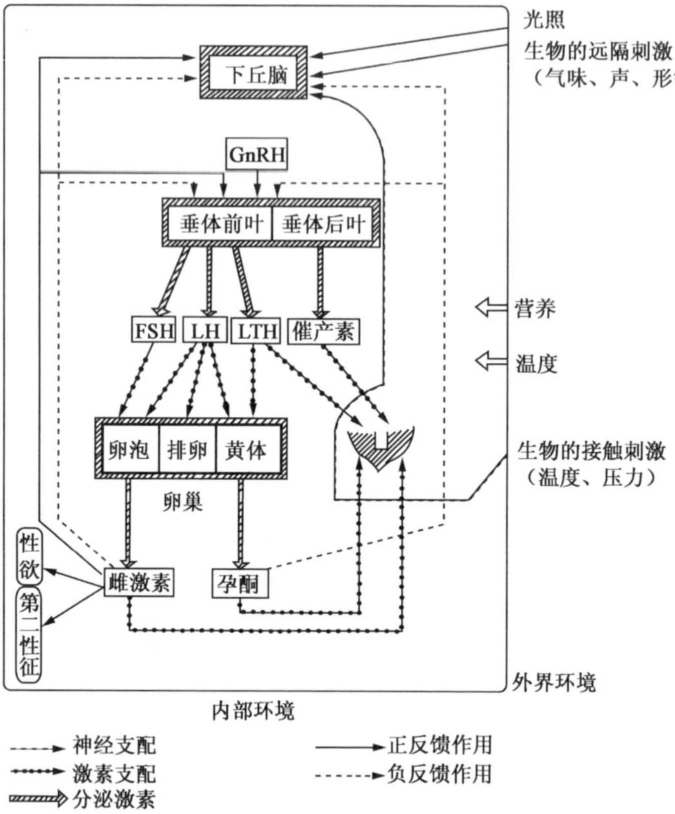

图 3-4 动物发情周期的调节机制示意图

(引自:许美解,李刚.动物繁殖技术.北京:化学工业出版社,2009)

雌性动物生长至初情期时,在外界环境因素影响下,下丘脑的某些神经细胞分泌促性腺激素释放激素(GnRH),GnRH 经垂体门脉循环到达垂体前叶,调节促性腺激素的分泌。垂体前叶分泌的 FSH 经血液循环运送到卵巢,刺激卵泡生长发育,同时垂体前叶分泌的 LH 也进入血液与 FSH 协同作用,促进卵泡进一步生长并分泌雌激素,刺激生殖道发育。雌激素与 FSH 发生协同作用,从而使 FSH 和 LH 受体增加,于是就使卵巢对这两种促性腺激素的结合性更大,因而更增加了卵泡的生长和雌激素的分泌量,并在少量孕酮的作用下,使生殖道发生各种生理变化,引起雌性动物的发情。当雌激素分泌到一定数量时,作用于下丘脑和垂体前叶，抑制FSH的分泌，同时刺激LH释放。LH脉冲式释放频率增加而致出现排卵前LH峰，引起成熟的卵泡排卵。排卵后，卵泡颗粒层细胞在少量LH的作用下形成黄体。此外，当雌激素分泌量升高时，降低了下丘脑促乳素抑制激素的释放，而引起垂体前叶促乳素释放量增加，促乳素与LH协同，促进和维持黄体分泌孕酮。当孕酮分泌达到一定量时，对下丘脑和垂体产生负反馈作用，抑制垂体前叶FSH的分泌，以至卵泡不再发育，使雌性动物不再表现发情。同时，孕酮也作用于子宫，使之发生有利于胚胎附植的生理变化。

如果排出的卵子已受精，囊胚刺激子宫内膜形成胎盘，使溶解黄体的$PGF_{2\alpha}$产生受抑制，此时黄体则继续存在下去成为妊娠黄体。若排出的卵子未受精，则黄体维持一段时间后，在子宫内膜产生的$PGF_{2\alpha}$的作用下，黄体逐渐萎缩退化，于是，孕酮分泌量急剧下降，下丘脑和垂体也逐渐脱离孕酮的抑制，垂体前叶又释放FSH，使卵巢上新的卵泡又开始生长发育。与此同时，子宫内膜的腺体开始退化，生殖道转变为发情前的状态。但由于垂体前叶的FSH释放浓度不高，新的卵泡尚未充分发育，致使雌激素分泌量也较少，使雌性动物不表现明显的发情征状。随着黄体完全退化，垂体前叶释放的促性腺激素浓度逐渐增多，卵巢上新的卵泡生长迅速，下一次发情又开始。因此，雌性动物的发情就这样周而复始地进行着。

(四)发情持续期

发情持续期是指雌性动物从发情开始到发情结束所持续的时间，相当于发情周期中的发情期。各种动物的发情持续期为：牛1～2 d，羊1～1.5 d，猪2～3 d，马4～7 d。由于季节、饲养管理状况、年龄及个体条件的不同，雌性动物的发情持续期的长短也有所差异。

四、发情季节

季节变化是影响雌性动物生殖活动的重要环境因素，季节变化的各种信息通过神经系统发生作用，把信息转化而来的神经冲动传递到下丘脑，从而引起下丘脑、垂体、性腺轴系统的调节。有些动物如马、绵羊、骆驼、犬及一些野生动物，一年中只在一定时期才表现出发情，这一时期称为发情季节。动物的发情可分为季节性发情和全年发情两种类型。季节性发情又分为季节性多次发情和季节性单次发情两种。

(一)季节性多次发情

季节性多次发情是指动物在发情季节有多个发情周期，这类动物称为季节性多次发情动物。如马(驴)、绵羊等在春季或秋季发情时,如果没有配种或配种后未受胎,可出现多个发情周期。马属于长日照发情动物,发情季节在3~7月份,而在短日照的秋、冬季节卵巢处于静止状态,不表现发情。绵羊则属于短日照发情动物,发情季节为9~11月份。

(二)季节性单次发情

许多野生动物、毛皮动物都是季节性单次发情。犬的发情季节为春、秋两季,但在每个发情季节内一般只有一个发情周期。毛皮兽的发情季节多在早春,应抓住时机及时进行配种。

(三)全年多次发情

全年多次发情是指雌性动物在一年四季都可以出现发情并可配种,牛、猪等属此类型。但在高纬度和高寒地区,对动物全年的多次发情有一定影响,如在我国东北,牛的发情在5~8月份较为集中,其他季节则较少。

动物的发情季节并不是不变的,随着驯化程度的加深,饲养管理的改善以及环境条件的影响,其季节性的限制也会变得不太明显,甚至可以变成没有季节性。例如,一般绵羊的发情季节为秋季,但地中海地区的绵羊就无季节性。反之,那些没有发情季节性,全年多次发情的动物如牛、猪等,如果饲养管理条件长期粗放,则发情周期也有比较集中在某一季节的趋势。例如,我国北方牧区的黄牛,仅在夏、秋季发情;南方水牛在上半年发情很少,而多集中在下半年发情,尤以8~10月份为最多。

五、产后发情

产后发情是指雌性动物分娩后的第一次发情。各种动物产后发情的时间不同,在良好的饲养管理和适宜的气候条件下,产后出现第一次发情的时间就相对早一些,反之就会推迟。

1. 母牛

牛产后第一次发情的时间很不一致,受气候、饲养管理、有无产后疾病及挤乳次数的影响。奶牛一般可在产后25~30 d发情,气候炎热或严寒季节会推迟产后发情的时间。挤乳次数较多且产后有疾病的奶牛,其产后发情的时间将更为延迟,多数表现为安静发情。母牛产后发情时由于子宫尚未复原,个别牛的恶露还没有流净,此时即使发情表现明显也不能配种。为保证奶牛一个标准的泌乳期,在产后35~50 d发情配种较适宜。

2. 母羊

母羊大多在产后 2～3 个月发情。不哺乳的绵羊可在产后 20 d 左右出现发情,但征状不明显,绵羊产后第一次发情一般都在下一个发情季节。

3. 母猪

母猪一般在分娩后 3～6 d 之内出现发情,但不排卵。一般在仔猪断乳后 1 周之内出现第一次正常发情。哺乳期也有发情的,但为数甚少。母猪产后第一次出现发情的时间与哺乳期长短有关,一般哺乳期长,断奶后发情出现的较早;反之,哺乳期短,断奶后发情出现的较晚。

4. 母马

母马往往在产驹后 6～12 d 发情,一般发情表现不太明显,甚至无发情表现,但是母马产后第一次发情时有卵泡发育,并可排卵,此时配种俗称"配血驹"。

母马产后子宫复原时间一般是 20～40 d,青年母马比老年母马恢复得快。母马产后第一次发情时,一般不予配种,因此时生殖器官尚未恢复原状,受胎率低,胚胎死亡及流产率较高,可以达到 12%,因此可以考虑在母马产后第二次发情时配种。

5. 母兔

母兔在产后 1～2 d 就有发情,卵巢上有卵泡发育成熟并排卵。如及时配种,能正常受胎。

六、异常发情

雌性动物异常发情多见于初情期后、性成熟前,性机能尚未发育完全的一段时间内。性成熟以后如果饲养管理不当或环境条件发生异常等,也会导致异常发情的出现。常见的异常发情主要有安静发情、短促发情、断续发情和孕后发情。

1. 安静发情

安静发情又称隐性发情,是指雌性动物发情时缺乏外部征状,但卵巢上有卵泡发育、成熟并排卵。常见于产后第一次发情的带仔母牛或母马、每天挤奶次数过多或体质衰弱的母牛、青年动物或营养不良的动物。引起安静发情的原因主要是由于体内有关激素内分泌失调所致,例如雌激素分泌不足,发情外表征状就不明显;促乳素分泌不足或缺乏,促使黄体早期萎缩退化,于是孕酮分泌不足,降低了下丘脑中枢对雌激素的敏感性。

2. 短促发情

短促发情指动物发情持续时间短,如不注意观察,往往错过配种时机。短促发情多发生于青年动物,其中奶牛发生率较高。造成短促发情的原因可能是神经内分泌系统的功能失调，发育的卵泡很快成熟并破裂排卵，缩短了发情期，也可能是由于卵泡突然停止发育或发育受阻而引起。

3. 断续发情

断续发情是指雌性动物发情延续很长，且发情时断时续。多见于早春或营养不良的母马。其原因是卵泡交替发育，先发育的卵泡中途发生退化，新的卵泡又开始发育，因此产生断续发情的现象。当其转入正常发情时，就能发生排卵，配种也能正常受胎。

4. 孕后发情

孕后发情又称妊娠发情，是指动物在怀孕期仍有发情表现。母牛在怀孕最初的 3 个月内，常有 3%～5%的母牛发情，绵羊在孕后发情可达 30%。孕后发情的主要原因是由于激素分泌失调，即妊娠黄体分泌孕酮不足，而胎盘分泌雌激素过多。母牛有时也因在怀孕初期，卵巢上仍有卵泡发育，致使雌激素分泌量过高而引起发情，并常造成怀孕动物早期流产。孕马发情时，卵泡可以成熟破裂排卵，因母马在怀孕早期的体液中含有大量 PMSG，可以促进卵泡成熟排卵。

第四节　发情鉴定技术

在动物繁殖工作中，发情鉴定是一项非常重要而又易被忽视的技术环节。通过发情鉴定，可以判断动物是否发情，发情处于哪一阶段，预测排卵时间，以便确定配种适期，及时进行配种，从而达到提高受胎率的目的；还可以发现动物发情是否正常，以便及时发现问题、解决问题；另外发情鉴定的同时可以发现已孕母畜，及时加强饲养管理，也可以发现有生殖道疾病的母畜，及时给予治疗。

一、发情鉴定的基本方法

发情鉴定的方法有多种，生产中常用的有外部观察法、试情法、阴道检查法和直肠检查法等。由于各种动物的发情特征有共性，也有特异性，因此，在发情鉴定时，既要注意共性方面，还要注意各种动物的自身特点，确定适宜的鉴定方法。

(一)外部观察法

外部观察法是各种动物发情鉴定最常用的一种方法，主要观察动物的外部表现和精神状态，从而判断其是否发情和发情程度。

各种动物发情时，通常表现为：食欲下降甚至拒食，兴奋不安，鸣叫，外阴部肿胀、潮红、湿润，有的流出黏液，频频排尿，对周围的环境和雄性动物的反应敏感。不同的动物往往也有各自的特征。

外部观察法是生产中最常用、最适合的方法。为了获得准确的鉴定效果，应建立对畜群或个体的监控系统和定时观察制度，以便准确认定个体发情起始时间，掌握其发情进程。

（二）试情法

试情法是根据雌性动物在性欲及性行为上对雄性动物的反应，判断其是否发情和发情程度的方法。

雌性动物发情时，通常表现为愿意接近雄性，弓腰举尾，后肢开张并作交配姿势，接受公畜爬跨，频频排尿，有求偶行为等；而不发情或发情结束后则表现为远离雄性，当强行牵引接近时，往往会出现躲避甚至踢、咬等抗拒行为。

此法常结合外部观察法使用，因操作简便、行为明显、容易掌握，适用于各种动物。在生产实践中得到广泛应用。

（三）阴道检查法

阴道检查法是将消毒灭菌的阴道开张器（开膣器）或阴道扩张筒插入并扩张阴道，借助光源观察阴道黏膜颜色、充血程度、子宫颈松弛状态、子宫颈外口的颜色、充血肿胀程度和开口大小、分泌液体的颜色、黏稠度、量的多少以及有无黏液流出等来判断发情的方法。此法适用于牛、马、驴等大家畜。

检查时，阴道开张器或扩张筒要洗净消毒，以防感染，插入时要小心谨慎，以免损伤阴道黏膜和撕裂阴唇。此法由于不能准确地判断动物的排卵时间，因此，目前只作为一种辅助性检查方法。

（四）直肠检查法

直肠检查法是将涂润滑剂的手臂伸入保定好的母畜直肠内，隔着肠壁用手指触摸卵巢及卵泡，判断卵泡发育情况，如卵巢的大小、形状、质地、卵泡发育的部位、大小、弹性、卵泡壁的厚薄以及卵泡是否破裂，有无黄体等。此法主要适用于牛、马等大家畜，因这种方法直接、可靠，在生产上应用广泛。

此法的优点是：能准确判断卵泡的发育程度，确定适宜的输精时间，从而减少输精次数，提高受胎率；也可在必要时进行妊娠检查，以免误配，引发流产。

此方法的不足有：术者须经多次反复实践，积累比较丰富的经验，才能正确掌握和判断;冬季检查时术者必须脱掉厚衣服,才能方便操作,易引起术者感冒和风湿性关节炎等职业病,如劳动保护不妥,易感染布氏杆菌等人畜共患疾病。

(五)生物和理化鉴定

1. 生殖激素检测法

是应用激素测定技术,通过对雌性动物体液(如血浆、血清、乳汁、尿液等)中生殖激素(如雌激素、孕酮等)水平的测定,依据发情周期中生殖激素的变化规律,判断发情情况。这种发情鉴定方法虽然科学,但限于所用器材设备和标准药品制剂较贵,目前生产中尚难以普及应用。

2. 仿生法

是模拟公畜的声音(放录音)和气味(天然或人工合成的气雾制剂)刺激母畜的听觉和嗅觉器官,观察其受到刺激后的反应,判断母畜是否发情。

在生产实践中可采用仿生法对母猪进行发情鉴定。实验表明,公猪虽不在场,但能听到公猪叫声和嗅到公猪气味,发情母猪中约有 90% 呈现静立反射。用天然的或人工合成的公猪性外激素,在母猪群内喷雾,可刺激发情母猪出现静立反射。

3. 电测法

是应用电阻表测定雌性动物阴道黏液的电阻值来进行发情鉴定,以便确定最适宜的输精时间。此法的研究开始于 20 世纪 50 年代,经反复研究证实,黏液和黏膜的总电阻变化与卵泡发育程度有关,与黏液中的盐、糖和酶类等含量有关。一般说来,在发情期电阻值降低,而在发情周期其他阶段则会升高。

4. 生殖道黏液 pH 测定法

在雌性动物发情周期中,生殖道黏液 pH 呈现一定的变化规律,一般在发情盛期为中性或偏碱性,黄体期则偏酸性。母牛子宫颈液 pH 一般在 6.0～7.8 之间,研究证明,当经产母牛 pH 在 6.7～6.8 时输精受胎率最高,处女牛的 pH 在 6.7 时输精受胎率最高。对于发情周期表现正常的动物,测定 pH 有一定的参考价值。

二、各种动物发情鉴定要点

(一)牛的发情鉴定

由于母牛发情时外部表现比较明显,有规律性,且牛的发情持续期较短,因而生产中以外部观察法为主,有时结合直肠检查法进行发情鉴定。

1. 外部观察法

将母牛放入运动场或在畜舍内观察,早晚各 1 次。主要通过观察母牛的爬跨情况、外阴部的肿胀程度及黏液的状态,进行综合分析判断。

(1)发情初期　发情初期发情母牛表现为食欲下降,兴奋不安,四处走动,个别牛甚至会停止反刍。如与牛群隔离,常常发出大声哞叫;放牧或在大群饲养的运动场,可见追逐并爬跨其他牛的现象,但不接受其他牛的爬跨。外阴部稍肿胀,阴道黏膜潮红肿胀,子宫颈口微开,有少量透明的稀薄黏液流出,几小时后进入发情盛期。

(2)发情盛期　发情盛期母牛食欲明显下降甚至拒食,精神更加兴奋不安,大声哞叫,四处走动,食欲减退、反刍减少或停止,产乳量下降;常举起尾根,后肢开张,作排尿状,此时接受其他牛的爬跨并站立不动。外阴部肿胀明显,阴道黏膜更加潮红,子宫颈开口较大,流出的黏液呈牵缕样或玻璃棒状。

(3)发情末期　发情末期母牛兴奋性明显减弱,稍有食欲,黏液量少,黏液牵缕性差,呈乳白色而浓稠,流出的黏液常粘在阴唇下部或臀部周围。处女母牛从阴门流出的黏液常混有少量血液,呈淡红色。试情公牛基本不再尾随和爬跨母牛。对其他母牛也避而远之。

2. 直肠检查法

母牛的卵泡体积不大,变化不如马的规律和明显,一般不用直肠检查法来判断排卵时间。但有些母牛常出现安静发情或发情持续期延长,或排卵延迟。对于这些母牛,为了确定配种适期,除了进行试情及外部观察外,有必要进行直肠检查。

(1)母牛直肠检查的操作方法　用湿润或涂有肥皂的手臂伸进直肠,排出宿粪后,手指并拢,手心向下,轻轻下压并左右抚摸,在骨盆底上方摸到坚硬的子宫颈,然后沿子宫颈向前移动,便可摸到子宫体、子宫角间沟和子宫角。再向前伸至角间沟分叉处,将手移动到一侧子宫角处,手指向前并向下,在子宫角弯曲处即可摸到卵巢。此时可用手指肚轻轻地触摸卵巢卵泡发育情况,如卵巢大小、形状、卵泡波动及紧张程度、弹性和卵泡壁厚薄,卵泡是否破裂,有无黄体等。触摸完一侧后,按同样的手法移至另一侧卵巢上检查。

(2)母牛卵泡发育各期特点　母牛在间情期,一侧卵巢较大,能触到一个枕状的黄体突出于卵巢的一端,当母牛进入发情期以后,则能触到有一个黄豆大的卵泡存在,这个卵泡由小到大,由硬到软,由无波动到有波动。牛的卵泡发育可以分为4期,各期的特点如下。

第一期:卵泡出现期。卵泡稍增大,直径为0.5～0.75 cm,直肠触诊为一硬性隆起,波动不明显。此期母牛一般开始有发情表现。

第二期:卵泡发育期。卵泡发育到直径1～1.5 cm(黄牛1.3 cm),呈小球状,波动明显。此期持续10～12 h。在此期后半段,发情表现已开始减轻,甚至消失。

第三期：卵泡成熟期。卵泡不再继续增大，卵泡壁变薄，紧张度增强，直肠触诊时有"一触即破"的感觉，似熟葡萄。此期持续6～8 h。

第四期：排卵期。卵泡破裂，卵泡液流出，卵巢上留下一个小的凹陷。排卵多发生在性欲消失后10～15 h。母牛夜间排卵较白天多，右边卵巢排卵较左边多。

(二)羊的发情鉴定

母羊的发情期短，外部表现不太明显，特别是绵羊，又无法进行直肠检查，因此母羊的发情鉴定以试情为主，结合外部观察。

试情法多数是采用带试情布或结扎输精管的公羊进行群体试情，一般将试情公羊按一定比例(1∶40)，每日一次或早晚各一次定时放入母羊群中进行试情。母羊发情时，往往被试情公羊尾随追逐，有时也主动靠近公羊。只有当接受爬跨不动的母羊，视为发情母羊，可将其隔离出来并打上标记，以备配种。试情公羊的腹部也可以采用标记装备或胸部固定吸附有颜料的海绵块，这样，如母羊发情时，公羊爬跨其上，便将颜料印在母羊臀部上，以便识别。

发情母羊的行为表现不明显，很少爬跨其他母羊。母羊发情时，其外阴部也发生肿胀，但不十分明显，只有少量黏液分泌，有的甚至见不到黏液而稍有湿润。此外，在母羊的发情鉴定中也可采取阴道检查，用开膣器打开阴道，可见少量黏液，子宫颈潮红，湿润但不开口，后期子宫颈口呈粉红色，颈口开张。如果用开膣器扩张阴道，有干涩感觉，说明不宜配种。

山羊的发情征状比较明显，阴唇肿胀充血、摇尾、高声咩鸣、爬跨其他母羊，接近公羊时，嗅闻其会阴及阴囊部，或静立等待公羊爬跨，并回视公羊。

(三)猪的发情鉴定

母猪是常年多次发情的动物，发情持续期平均为2～3 d。母猪发情时，外阴部和行为变化明显，因此，母猪的发情鉴定既可用外部观察法，也可用试情法。

母猪发情时，表现食欲减退，兴奋不安，常在圈内乱跑，流涎磨牙，嘶叫，往往拱圈门，不时爬墙张望甚至跳圈去寻找公猪。但发情开始后阴户肿胀，黏膜由粉红色逐渐到鲜红。到发情盛期过后，阴户、阴蒂肿胀度下降，黏膜颜色由鲜红向紫红或暗红过渡。发情结束后，肿胀度完全消退，黏膜颜色恢复至苍白。发情开始后一定时期，表现出明显的求偶行为。用试情公猪试情，母猪亲近公猪，安静接受公猪爬跨；空怀母猪群养时，发情母猪常爬跨其他母猪，当被爬跨时，发情母猪会静立不动接受其他发情母猪的爬跨。也可人为按压有发情征状的母猪，到发情盛期时，母猪静立不动，尾翘向一侧，两后肢撑开作交配态，称"静立反射"。目前，在大型的种猪场也有根据母猪发情时活动量的变化，采用微处理器控制的红外监测系统用于母猪发情期的识别，有助于快速准确地确认发情母猪。

人们在生产中总结出了“一看、二听、三算、四按背、五综合”的母猪发情鉴定方法。一看外阴部变化、行为表现、采食情况；二听母猪的叫声；三算发情周期和发情持续期；四做按背试验；五进行综合分析。当猪阴户端几乎没有黏液，颜色接近正常，黏膜由红色变为粉红色，出现“静立反射”时，为输精的适宜时期。

(四)马的发情鉴定

马的发情持续期比较长，一般是 4～7 d，卵泡发育受外界环境条件的影响较大，卵泡发育较为复杂，排卵规律不像其他动物那样易于掌握。因此，发情鉴定的方法是在外部观察的基础上，以直肠检查法为主，辅以其他鉴定方法。

1. 直肠检查法

马的卵泡发育一般分为以下 6 个时期。

(1)卵泡出现期　在发情季节，母马一侧卵巢有一个或数个卵泡开始发育，但其中有一个卵泡(很少有两个)获得发育的优势而达到成熟排卵。最早出现的卵泡体积小而质地硬，表面比较光滑，呈硬球状突出于卵巢表面，此期一般持续 1～3 d。

(2)卵泡发育期　在这一阶段，获得发育优势的新生卵泡增大体积，充满卵泡液，表面光滑，卵泡内液体波动不明显，突出于卵巢部分呈正圆形，卵泡体积大小因发育速度而异。卵泡发育期可持续 1～3 d，此时母马一般都已发情。

(3)卵泡成熟期　此阶段卵泡主要是性状的变化，体积变化不明显。所谓性状的变化，一般有两种情况：一种是母马卵泡成熟时，泡壁变薄，泡内液体波动明显，弹力减弱，最后完全变软，流动性增强，用手指轻轻按压即可陷入泡腔，这是即将排卵的表现；另一种是母马卵泡成熟时，皮薄而紧，弹力很强，触摸时母马敏感(有疼痛反应)，触摸卵泡有“一触即破”的感觉。此期持续时间较短，一般为一昼夜，早春天寒时为 2～3 d。

(4)排卵期　卵泡完全成熟后，即进入排卵期。此时卵泡形状不规则，有显著的流动性，卵泡壁变薄变软，卵泡液逐渐流失，需 2～3 h 才能完全排空。由于卵泡液正在排出，触摸时卵泡不成形，非常柔软，手指很容易塞入卵泡腔内。有时，卵泡液突然流失而排空。

(5)空腔期　卵泡液完全流失后，泡壁凹陷呈松弛的两层，触摸时可感到凹陷内有颗粒状突起，母马有疼痛反应，手指按压时，母马有回顾、不安、弓腰或两后肢交替离地等表现。此期持续 6～12 h。

(6)黄体形成期　卵泡液排空后，卵泡壁微血管排出的血液重新充满卵泡腔而形成血红体,使卵巢从“两层皮状”逐渐发育成圆形的肉状突起,形状和大小很像发育和成熟期的卵泡,但没有波动和弹性,触摸时一般没有明显的疼痛反应。

2. 外部观察法

母马发情时常表现不安,后肢撑开,拱腰抬尾,阴门频频开闭,闪露阴蒂,有时排出少量混浊尿液或黄白色黏液。发情母马常脱群寻找公马,应注意观察以防走失。在拴系的饲养条件下,母马常常在槽上或墙上摩擦外阴部,尾根、尾毛常因摩擦而蓬乱竖起,有时可见丝状分泌物。

(五)兔的发情鉴定

母兔发情时表现不安,站立,食欲减退,爬跨其他母兔,愿意接近公兔。对笼养母兔可观察其外阴部肿胀程度和阴道黏膜的色泽变化。不发情母兔的阴道黏膜色泽苍白,阴唇不肿胀。发情母兔的阴道黏膜色泽为粉红色或大红色,阴唇肿胀。如阴道黏膜呈紫红色,阴唇略有皱缩,则表明母兔发情将近结束。

根据母兔的生殖生理特点,只要母兔处于发情阶段均可配种而受胎。有时不发情的母兔也可人工强制配种而受胎。而对于阴道苍白的母兔或被强制配种的母兔,其受胎率和产仔数均比正常情况下配种低得多。

【本章小结】

本章主要讲述了雌性动物生殖器官的结构及生理机能、母畜性机能发育的过程、雌性动物发情的基本规律,详细讲述了卵泡的发育与排卵、发情的概念、发情周期、发情季节、产后发情及异常发情。发情鉴定技术作为动物繁殖技术的一个重要环节,是学生必须掌握的主要技能之一,也是学生学习和实训的重点内容。

本章结合生产实际重点讲述了发情鉴定的基本方法,即外部观察法、试情法、阴道检查法和直肠检查法,对各种动物发情鉴定的要点做了较为详细的阐述,方法具有针对性和实用性,进一步突出了学生的技能培养,为学生毕业后从事畜牧生产打下良好的基础。

【复习思考题】

1. 名词解释:初情期、性成熟、初配适龄、发情、发情周期、产后发情、安静发情、孕后发情、自发性排卵、诱发性排卵。
2. 雌性动物的生殖器官由哪几部分组成? 其主要生理机能是什么?
3. 雌性动物发情时有哪些生理变化?
4. 雌性动物的性机能发育有哪几个阶段? 各阶段有何特点?

5. 怎样确定动物的初配适龄?
6. 发情周期分为哪几个时期? 各期有什么特点?
7. 异常发情的种类有哪些?
8. 发情鉴定常用的方法有哪些? 如何对母牛、母羊和母猪进行发情鉴定?

第四章　人工授精技术

知识目标

- 了解家畜的配种方法和人工授精的优越性；
- 掌握公畜采精前的调教方法和采精技术；
- 掌握精液品质的检查方法及精液质量的基本要求；
- 掌握精液稀释液配制的基本流程、基本方法和基本要求；
- 掌握精液稀释倍数的计算方法和精液的稀释方法；
- 掌握精液常温保存、低温保存的基本原理和基本方法；
- 了解精液冷冻保存的基本原理和基本流程；
- 掌握冷冻精液在超低温容器中的转移、保存、运输和冷冻精液解冻的方法；
- 掌握猪、牛、羊的输精技术。

技能目标

- 采精前能顺利做好假阴道的准备，并能正确采集牛、羊、猪的精液；
- 能准确评定精子的活力和密度，学会精液直观指标的检查方法；
- 能正确而熟练地配制精液稀释液；
- 能正确确定精液稀释倍数和进行精液稀释；
- 会制作牛的冷冻精液，能熟练进行解冻；
- 会判定各种母畜的输精时间，初步学会常用的输精方法。

第一节　概　　述

一、动物配种方法

在动物生产中，配种方法可分为自然交配和人工授精两种。

(一)自然交配

自然交配是动物的本能交配行为,也称本交。由于人为干预程度和方法不同,分为自由交配、分群交配、圈栏交配和人工辅助交配。

1. 自由交配

在原始游牧条件下,公、母畜常年混群放牧,只要母畜一发情,公畜即可与其随意交配,故称之为自由交配。自由交配是一种不受人工控制的原始配种方式,此法虽然简单省事,但存在后代血缘不清、配种不加选择、近交退化等问题,基本上为畜牧生产者所摒弃。

2. 分群交配

将母畜分成若干小群,每群根据需要放入一头或几头经选择的公畜,任其自然交配。这样既控制了公畜的交配次数,又实现了一定程度的选种选配。但是,公畜的配种利用率低,不能记载母畜的配种时间,因此,也无法准确预测母畜预产期。

3. 圈栏交配

公母畜隔开饲养,当母畜发情时,将其放入公畜栏内与选定的公畜交配。这在一定程度上克服了上述配种方式的缺点,并提高了公畜利用率,选种选配也更为严格。

4. 人工辅助交配

公母畜隔离饲养,只在母畜发情配种时,才按既定选种选配计划,令其与选定的公畜交配。对母畜做好必要的保定、消毒等配种前处理,在配种时,繁殖员可辅助公畜顺利完成交配,然后仍将母畜与公畜分开。其优点是增加了种公畜可配母畜的头数;便于实行严格的选种选配和配种登记,有利于品种改良;根据配种记录,可以预测母畜预产期。是一种较为科学的自然配种方式。

(二)人工授精

人工授精是用人工方法采集公畜精液,经过精液品质检查、稀释、保存等处理以后,再用器械送入发情母畜的生殖道内,使之受精的技术。

人工授精将公畜射精和母畜输精分开进行,改变了自然交配过程。按照工作过程,人工授精通常分为以下步骤:采精用品清洗消毒与精液稀释液配制—采精—精液品质检查—精液稀释、分装、保存和运输—母畜发情鉴定—输精。具体内容将在本章详细阐述。

二、人工授精发展概况

1780年，意大利生理学家Spallanzani第一次成功地用狗进行了人工授精试验，开创了人工改变动物配种过程的先河。Spallanzani被尊为人工授精之父。20世纪初，随着人类对人工授精技术在动物生产中应用的探索，其优越性逐步突现。尤其是大大提高了优秀种公畜的配种效能，有效地控制了因交配传播的疾病，从而使这一技术越来越广泛地应用于动物生产。

在我国，科学家郑丕留教授早在20世纪50年代就开始推行家畜人工授精。在几代畜牧工作者的努力下，如今，我国奶牛“冷配”的普及率超过90%，肉牛的冷配普及率也相当高。近十几年我国的猪人工授精也得到了迅速发展，尤其是近3年来，政府高度重视，对人工授精站和采用人工授精的猪场提供了财政补贴。2008年猪人工授精普及率估计超过30%，预计2015年可提高到50%以上。

人工授精作为一种古老而又年轻的技术，科技的进步和产品的研发又不断赋予它新的生命和意义。不仅受胎率、产仔数已经越来越接近甚至超过本交，而且操作也越来越简便，越来越容易被畜牧生产者所接受。目前，几乎所有的家畜都能够进行人工授精。除此之外，野生动物、家禽、鱼类、甚至某些昆虫也都能进行人工授精。同时，人工授精也广泛地应用到人类辅助生育和生物学研究等领域。

三、人工授精的优越性及其限制因素

(一)人工授精的优越性

1. 提高了优良种公畜的配种效能

对动物繁殖的研究发现，母畜一次配种只需要输入很少量的有效精子就能保证受胎，尤其是普通牛，通过子宫内输精，只需要相当于公畜一次射出的总精子数的1%的精子，就能达到很高的受胎率。因此，通过人工授精，大大提高了优秀种公畜的配种能力。与本交相比，常规人工授精中种公畜的配种能力，猪、马可提高5～10倍；山羊、绵羊可提高10～20倍；采用冷冻精液配种，公牛配种能力更是提高了100倍以上。

2. 提高了家畜品种改良和育种的速度

由于人工授精极大地提高了种公畜的配种能力，因而能够选择更优秀的种公畜用于配种，使优良遗传基因的影响显著扩大，从而加速了品种改良和育种的速度。近代奶牛产奶量的提高,很大程度上得益于牛冷配技术的应用,使得最优秀的种公牛得到充分利用。

3. 节约了种公畜的饲养管理费用

配种效能的提高,大大减少了饲养种公畜的头数,节约了饲养管理费用。以一个万头猪场为例,采用人工授精,约可减少 20 头种公猪,仅公猪饲养管理费一项每年就可节约 8 万元。奶牛业节约的种公牛饲养管理费更多。

4. 减少了疾病的传播

由于公、母畜不直接接触,人工授精又有严格的技术操作要求,因此可有效防止因交配和公母畜接触传染的疾病。许多国家开展猪人工授精的最初目的就是为了防止口蹄疫等疾病的传播。

5. 确保了稳定可靠的配种受胎率

人工授精所用的精液都经过品质检查,使每一份用于输精的精液都含有足够的有效精子数。同时,人工授精技术中对母畜发情鉴定提出了更高的要求,配种时机更准确。因此,开展人工授精,能够保证母畜稳定可靠的配种受胎率。

6. 克服了自然交配中的某些配种困难

初配母畜体格偏小,地方品种母畜明显比良种公畜体格小,这都会因公、母畜体重悬殊造成自然交配的困难;远缘杂交存在公母畜不交配的问题;有些畜种自然交配时还存在个体选择性问题;一些子宫颈管狭窄、阻塞的母畜,存在自然交配不能受精的问题。通过人工授精,均能克服这些困难。

7. 解决了自然交配在时间和空间上的限制

合格的精液经过稀释、降温,可以保存一定的时间,冷冻精液能进行长期保存,可输送到不同地理位置的输精网点,或进行国际交流和贸易,代替种公畜的引进,使母畜配种不受地域的限制。

8. 为开展科学研究提供了有效手段

采用人工授精可更方便地实现种间杂交,如解决了黄牛和牦牛,斑马和马等动物的种间杂交的困难。通过人工授精进行远缘杂交试验,不仅实现了生产特殊畜产品的要求,也为研究物种间的相互关系提供了手段。

(二)人工授精的限制因素

人工授精虽然有诸多优越性,但在畜牧生产中并不是都得到了广泛的应用,其主要原因是人工授精存在一定的局限性。所以应正确看待人工授精,应不断探索新方法,不断改进技术,不断开发新产品,逐步解决人工授精应用中存在的问题,使人工授精更加简便、规范，这样才有利于人工授精的健康开展。

1. 人工授精并不能明显提高受胎率和产仔数

必须清楚，人工授精只是改变了配种方式，使公畜的配种效能提高了，但对母畜的繁殖力并没有实质性的影响。如果公畜健康，精液合格，那么本交和人工授精在母畜受胎率和产仔数方面并没有明显区别。除猪外，大多家畜人工授精受胎率甚至略低于本交。

2. 大多数家畜的精液保存时间不长

在商品动物生产中，除牛外，多数动物仍停留于鲜精配种阶段，其主要原因是冷冻精液的受胎率低，而鲜精保存的时间一般不超过 7 d。

3. 必须购置设备用品

开展人工授精必须建设采精舍和实验室，还要购置设备，因此，人工授精虽然降低了种公畜的饲养费用，但同时，又必须增加一些投入。如果配种母畜很少，人工授精就没有实际意义，可以说，母畜群越大或当地母畜存栏量越高，开展人工授精的意义就越大。

4. 对技术人员素质要求较高

人工授精使人类对家畜的配种过程有了更多的干预，同时影响受胎率和产仔数的因素也更加复杂。技术人员不规范、不正确的操作，常常会带来严重的经济损失。因此，必须对技术人员进行系统全面的培训，培养其始终按规程操作的意识，并进行技术资质认证，持证上岗，才能保证该项工作的顺利进行。

5. 要对种公畜进行更严格的选择和检疫

种公畜如果是病源微生物的携带者，或者有遗传缺陷没有被发现，或对后代是一个“恶化”者(使后代生产水平降低)。那么，人工授精可能会使疫病传播范围更大，或对后代的“恶化”更广泛。因此，在人工授精中，对公畜的选择和检疫应更严格，必要时，要先对部分母畜试配，并进行后裔鉴定。

第二节 采 精

采精就是通过一定条件的刺激，激发公畜的交配行为，然后人工收集公畜精液的过程。采精是人工授精的重要环节，认真做好采精前的准备，正确掌握采精技术，合理安排采精频率，是保证采得量多、质优精液的重要条件。

一、采精前的准备

(一)采精场地的准备

适宜的采精环境,容易使雄性动物建立起巩固的条件反射,同时能够防止精液污染,保证人、畜安全。采精最好在专用的室内采精场进行,以确保采精不受外界气候的影响。

采精场应宽敞、平坦、安静、防滑,便于冲洗清洁。场内应安装采精架或安放假台畜。采精场应与人工授精操作室(实验室)相连,通过窗口传递采精用品和精液。大型公畜站应建设公畜进入采精场地的专用通道,以减少驱赶公畜的工作量。牛、猪采精室要安装人员躲避公畜进攻的安全区。室内采精场的面积应根据采精栏位数和每个栏位需要的基本面积计算,并配备冲刷消毒设备、公畜采精前清洁设施、性准备栏位等设施。猪的采精室最好能安装空调。

(二)台畜的准备

台畜有真假台畜之分。真台畜是指使用与公畜同种的母畜、阉畜或种公畜作台畜。真台畜应健康、体壮、大小适中、性情温顺。尤其是发情旺盛的母畜较为理想;经过训练的公畜、母畜、阉畜也可作台畜。假台畜又称采精台,是模仿母畜体型高低大小,选用金属材料或木材做成的一个具有一定支撑力的装置。

我国牛、羊、马、驴及经济动物采精多采用真台畜。种公牛站多采用种公牛作台牛,羊采精多采用发情羊作台羊,猪采精则基本采用假母猪。

(三)种公畜的调教

哺乳动物的交配行为是一种高级的神经反射,会受到很多因素的影响,即使用真台畜采精也有必要对公畜进行调教。因此,小公畜采精前都要进行调教,以便使种公畜建立巩固的条件反射。

1. 调教公畜爬跨真台畜

出于本能,多数公畜会主动爬跨发情的母畜,但对爬跨非发情母畜甚至阉畜和公畜,就需要对公畜进行调教。最常用的方法是观摩法,让待调教的公畜(主要是小公畜)观看其他公畜爬跨真台畜采精过程,然后诱导待调教公畜爬跨被其他公畜爬跨过的真台畜。用公畜、阉畜作台畜的,还需要调教真台畜,使其习惯被其他公畜爬跨。

2. 调教公畜爬跨假台畜

虽然在调教公畜爬跨假台畜时，需要付出一定的劳动，但仍应提倡采用假台畜采精，因为这样可使采精管理方便得多。调教方法如下：

(1)外激素诱导法　在假台畜的后躯涂抹发情母畜的阴道黏液或尿液(含有母畜的外激素)，公畜嗅到发情母畜气味，可引起性兴奋并爬跨假台畜。经过几次正确采精后即可调教成功。

(2)发情母畜诱导法　先在假台畜旁边牵一头发情母畜，然后再将公畜赶入采精室，诱导公畜爬跨发情母畜，但不让其交配而将其拉下，反复多次，待公畜性冲动达到高潮(呼吸急迫，急于爬跨)时，迅速将母畜牵走，立即诱导其爬跨假台畜。

(3)观摩法　让待调教的公畜观看调教成功的公畜在假台畜上采精的过程，然后诱导待调教公畜爬跨假台畜。

(4)直接诱导法　此法主要用于调教种公猪。将公猪赶进采精室后，关上栅栏门。采精员站在假母猪头部一侧，敲击假母猪，以吸引公猪注意，同时模仿发情母猪发出“嗬……嗬……”声，引导公猪靠近并爬跨假母猪。

3. 调教公畜时应注意的事项

(1)调教过程中，要反复训练，耐心诱导，切勿强迫、恐吓、驱赶公畜爬跨，以防止性抑制而给调教造成困难。

(2)最好选择在早上调教。早上公畜精力充沛，性欲旺盛。

(3)调教时间、地点要固定，每次调教时间不宜太长，一般不宜超过 20 min，以防公畜厌烦，不愿再进采精室。

(4)必须注意人畜安全，采精室要设安全区，一旦公畜攻击人，采精员可以立即穿过安全栏进入安全区。

(5)调教人员必须能够熟练采精，一旦公畜爬跨假台畜，最好一次能采精成功。成功的采精对公畜建立性经验、性反射非常重要。

(6)一旦调教成功，应在第 2、3 天同一时间分别进行一次采精，以建立巩固的条件反射。

(7)对于性欲较差的公畜，可先让其本交 2～3 次，以激发其性欲，使调教更顺利。但不宜长期让其进行本交，以免形成习惯，反而使调教变得更困难。

(四)器械准备

采精所需要的器械每次使用后必须洗刷干净。采精前要事先准备好器械，接触精液的用品应对精子没有毒害作用。在使用之前要严格消毒，但不能使用任何可导致残留的消毒剂。

1. 假阴道法采精的用品准备

假阴道又称人工膣，是模拟发情母畜阴道环境条件的人工阴道。当公畜阴茎插入后，受到假阴道内压力、温度和润滑度的刺激，使公畜达到性高潮而射精，精液被收集到与假阴道相连的集精杯内。

(1)假阴道的构成　假阴道是一筒状结构，主要由外壳、内胎、集精杯及附件构成。外壳为一圆筒，由铁皮、硬塑料或硬橡胶制成。内胎是由弹性强、薄而柔软的无毒材料制成的筒管状结构，装在外壳筒管内，两端翻在外壳筒管外，构成假阴道内壁。常用的内胎材料有天然乳胶、橡胶等。集精杯是由暗色玻璃、无毒橡胶或塑料制成的杯状或试管状结构，装在假阴道的一端。附件包括固定内胎的橡胶圈、防止集精杯脱出的护套、充气用的气阀、保温套、集精漏斗和双联球等。各种家畜的假阴道结构基本相同，只是形状和大小不同。

(2)假阴道采精前的准备　采精前按要求安装好假阴道，注入温水，涂好润滑剂，充气调压，使假阴道内腔温度接近动物的体温(38～40℃)(详见实训三)。

2. 其他采精方法的用品准备

手握法采精前，采精员应戴双层无毒无菌的一次性手套。准备好无毒无菌的集精杯。电刺激法采精，还应配备适合该种动物采精用的专用电刺激器，调好电压和脉冲间歇。

(五)种公畜的准备

种公畜采精前的准备，包括体表的清洁消毒和诱情(即性准备)两个方面。

1. 公畜体表的清洁与消毒

采精前应对公畜体表进行认真刷拭，扫除体表的灰尘，尤其是下腹部和外阴部，要用湿毛巾认真擦净。公畜的阴毛不能过长，保留长度2～3 cm为宜。牛羊采精前最好用加青霉素和链霉素的生理盐水冲洗阴筒并挤净擦干。

2. 公畜的性准备

在采精前，适当地激发公畜的性反射，有利于顺利采精和提高射精量。一种方法是让公畜在台畜附近停留片刻，或观察其他公畜采精；另一种方法是让公畜进行1～2次假爬跨，即爬跨后将其拉下。但对于性欲特别旺盛的公畜不宜在采精场停留时间太长或采取假爬法，以免在未实施采精前公畜已经射精。

二、采精方法

雄性动物的采精方法很多，主要有假阴道法、手握法、按摩法、电刺激法等。假阴道法是生产中最常用的采精方法，适用于各种家畜；手握法是当前公猪采精普遍应用的方法；按摩法主要用于禽类和犬类；电刺激法主要用于绵羊和野生动物的采精。

无论采用什么方法采精，都要遵循以下 4 项原则：①安全。采精过程要确保操作人员、公畜等的安全，防止阴茎损伤，避免因不良刺激造成性欲下降等问题。②卫生。采精过程精液最容易受到外界因素的影响，因此，采精中必须小心操作，保证精液不会受到污染。③全份。牛、羊、马采精必须能收集到全份的精液，尽量减少精液倒流出假阴道，造成精液损失。④简便。操作过程要力求简单，用品也要简单，并且容易拆卸、清洗、消毒。

(一)假阴道法

1. 公牛的采精

一般只有种公牛站进行公牛的采精，采集的精液用于制作冷冻精液。

将种公牛牵到台牛旁，采精员手持假阴道(图 4-1)，站于台牛的右后侧，面向台牛。当公牛阴茎挺出，前肢跃起爬上台牛的瞬间，采精员手持假阴道，迅速向前一步，将假阴道筒口向后略向下方倾斜与公牛阴茎伸出方向成一条直线，紧靠在台畜尻部右侧。左手在包皮口的后方，掌心向上托住包皮将阴茎拨向右侧，导入假阴道内。但要注意，不可用手抓握阴茎，否则会使阴茎缩回。

当公牛用力向前上一冲，说明射精已完成。公牛射精后，采精员左手轻推公牛，右手持假阴道并使集精杯一端略向下倾斜，跟随公牛后移，不要抽出，让其阴茎自行脱出。然后将假阴道直立，筒口向上，放气，待精液全部流入集精杯中，再将集精杯取下，做好牛号标记，将精液立即从窗口送至精液处理室内。

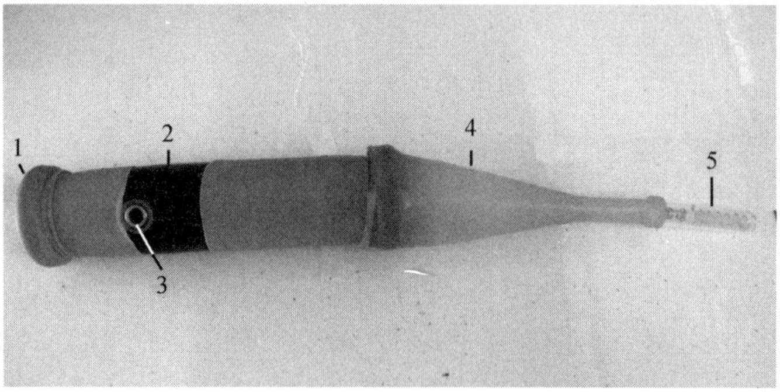

1. 假阴道内胎翻出部分　2. 外壳　3. 注水孔　4. 乳胶漏斗　5. 刻度试管

图 4-1　牛假阴道(注水孔已拧开)

2. 公羊的采精

羊的采精方法与牛基本相同，羊从阴茎勃起到射精只有几秒时间，所以要求操作人员更要动作敏捷、准确。

将种公羊牵到台羊旁，采精员手持假阴道，蹲在台羊的右后侧，面向台羊，随时准备操作。当公羊爬上台羊时，采精员应迅速将假阴道外口向后下方倾斜与公羊阴茎伸出方向成一直线，用左手扶住包皮口的后方，掌心向上托住包皮使阴茎向右偏，将阴茎导入假阴道内(图 4-2)。公羊向前上一冲说明已经射精。公羊射精后，采精员持假阴道随公羊后移并使集精杯一端略向下，阴茎脱出后，放气，取下集精杯。

图 4-2 公羊的采精

(引自：权凯. 牛羊人工授精技术图解. 北京：金盾出版社，2009)

如果制作冷冻精液，也可采用 1 次采精得到 2 个射精量的方法。而采用鲜精进行人工授精的一般随用随采。

3. 公猪的采精

公猪采精常用的方法是手握法，很少采用假阴道法。近年来，法国 IMV 卡苏科技有限公司成功地研制了更为先进的假阴道法采精的采精系统——COLLECTIS 公猪自动采精系统，它使用了特制假母猪和控压假阴道(图 4-3)，使对公猪的采精工作更轻松，采精时间明显缩短，更重要的是在全封闭的情况下收集精液，使精液受污染的可能性降到最低。我国一些专业化公猪站已经开始应用这种采精设备。

公猪进入采精位后，采精员用扫描器扫描公猪电子耳号和采精员的电子牌，计

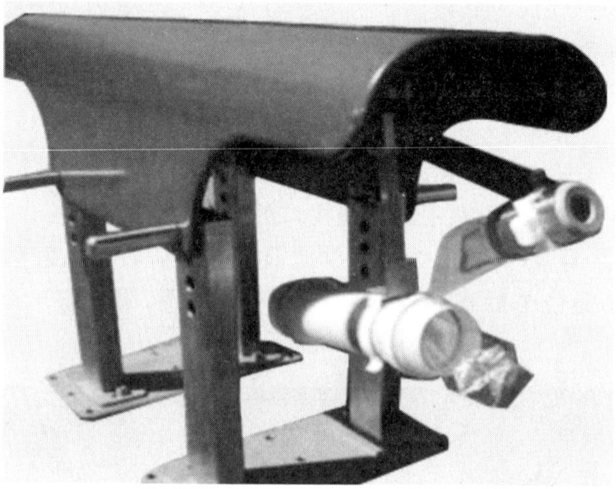

图 4-3 公猪自动采精系统中的假母猪和假阴道

算机打印出精液标签，贴在采精袋上。采精袋和过滤网有卡扣方便与假阴道相连。当公猪爬上假母猪后，采精员先挤净公猪的包皮液，用纸巾清洁公猪外阴，用戴一次性手套的右手锁定公猪龟头，最初射出的精液不收集，用纸巾擦净龟头后，将龟头送入假阴道内，假阴道内腔的压力由一气泵控制。最后卡上过滤网和采精袋，并将采精袋放入塑料保温筒中开始收集精液，直到采精结束，取下假阴道。将精液装入另一塑料筒中，送入实验室。

4. 公马(驴)的采精

公马、公驴的采精方法基本相同。

马假阴道外壳用白铁皮或不锈钢制成，外壳的一端变小，内胎为有弹性的橡胶筒，安装好内胎并消毒后，在小头一端覆盖上一次性专用过滤网，然后再安上橡胶集精杯。在国外一些种马场，采用一次性无菌塑料膜衬在内腔中，末端连接集精杯，可实现内胎的免消毒。公马假阴道内腔温度为 37～39℃，公马阴茎对温度相对不敏感，但对压力比较敏感，要有适当的压力和摩擦力，使公马发达的阴茎在假阴道内抽动时增加对龟头神经的刺激性。使用的气阀要方便在采精时随时调节压力。

当公马爬跨台马时，采精员迅速右手持假阴道将其紧靠在台马尻部固定，并使其与阴茎方向一致，左手可以直接抓握公马的阴茎将其龟头导入假阴道内。然后换成左手握手柄，右手托住集精杯一端，让公马阴茎在内腔中抽动。当公马开始射精时，可看到其尾部上下起伏，肛门有节律地收缩。这时应将集精杯一端放低，使精液流入集精杯中。公马射精结束后假阴道集精杯一端应再降低些。公马跳下时，操作方法与公牛采精相同。

5. 公兔的采精

公兔须经训练才能采精。训练的方法是实行公、母兔隔离饲养；采精员经常接近公兔，训练公兔的胆量，使其不至于怕人；定期让公兔与母兔接触，但不让其交配，以便提高公兔的性欲。数日之后，即可进行采精。

兔假阴道内腔温度为 40～42℃。将发情母兔放入公兔笼中，用右手固定母兔的头部，左手握假阴道置于母兔两后肢之间。当公兔爬跨母兔交配之际，持假阴道的左手把母兔后躯举起，待公兔阴茎挺出后，再根据阴茎挺出的方向调整假阴道口的位置。当公兔阴茎一旦插入假阴道，抽动数秒钟，即向前一挺，后肢蜷缩，向左侧倒去，并伴随"咕咕"的尖叫声，说明公兔已经射精。经过训练的公兔，可用兔皮做一假台兔，甚至操作者戴一兔皮手套，握住假阴道，均可顺利达到采精的目的。

(二)手握法

猪多采用手握法采精，这种方法用品简单，并方便进行分段收集。

1. 采精室的设计

采精室适宜环境温度为 15～25℃。采精室应安装空调来保持采精时的适宜温度。

在采精室内距墙壁 80～100 cm 处安装安全栏，用直径 12～16 cm 的钢管埋入地下，使其高出地面 70～75 cm，两根钢管间的净间距为 28 cm。在安全栏一端安装一个栅栏门，这样，安全栏将采精室分成采精区和安全区。一旦公猪进攻采精员，采精员可以进入安全区躲避。假母猪的位置一般要求保证公猪能绕假母猪活动。采精室地面要略有坡度，以便进行冲刷，混凝土地面要防滑，在假母猪后应放置防滑垫，以使公猪爬跨假母猪时站立舒适。

2. 假母猪的设计与要求

假母猪是用来供公猪爬跨采精的器械，可用钢材、木材、塑料制作，也可在兽药商店购买商品假母猪。木制假母猪的设计见图 4-4。假母猪制作的要求是，公猪爬跨时舒适，表面容易清洁，能够调节高度，不会对公猪造成伤害。除调教时外，假母猪表面不能覆盖其他物品，尤其不能覆盖猪皮，以免微生物滋生，造成精液污染。

3. 采精前的准备

(1)集精杯的安装　集精杯通常用保温杯代替。集精杯可用电吹风或恒温箱预热到 25～37℃。将一个食品袋放入集精杯中，把一支干净的玻璃棒插入食品袋中，然后将食品袋外翻在集精杯外沿上，用玻璃棒使食品袋贴附于保温杯的内壁。

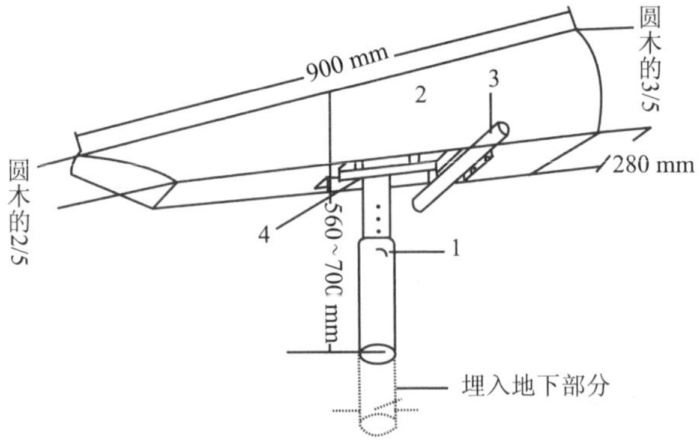

1. 高度调节销 2. 假母猪木质台面 3. 公猪前肢支架 4. 与内套管焊接在一起的角钢

图 4-4 假母猪设计图

(引自:张长兴.猪繁殖障碍病防治关键技术.郑州:中原农民出版社,2007)

将玻璃棒抽出,放入一个干净的食品袋中以备下次使用。打开一次性过滤网的包装袋,拿着过滤网的一角将其取出。将过滤网放在消毒纸巾上对折两次,从第一层处撑开,形成一个锥形放在集精杯口上,再用橡皮筋将其固定在集精杯上。

(2)采精室的准备 搞好采精室的清洁卫生,保证采精时空气中没有悬浮的灰尘。检查假母猪是否稳当,认真擦拭假母猪台面及后躯下部。检查防滑垫位置是否在假母猪正后方。

(3)种公猪的准备 将公猪赶入采精室,关上栅栏门,然后,用硬刷刷拭公猪体表,尤其是注意刷掉下腹及侧腹的灰尘和污物。

(4)采精员的准备 采精员穿上工作服和胶靴,右手上戴两层 PE(聚乙烯)手套或无毒硅胶手套。

4. 采精操作

(1)引导公猪爬跨假母猪 采精员站在假母猪头的一侧,轻轻敲击假母猪以引起公猪的注意,并模仿发情母猪发出"嗬……,嗬……"的声音引导公猪爬跨假母猪。当公猪开始爬跨假母猪时,采精员应辅助公猪保持正确的姿势,避免侧向爬或阴茎压在假母猪上。

(2)清洁公猪包皮囊 公猪爬跨上假母猪后,采精员迅速用右手向前挤压公猪包皮囊,将其中的包皮液挤净,然后用纸巾将包皮擦干。

(3)锁定龟头 脱去右手外层手套,右手呈空拳,当龟头从包皮口伸入空拳后,给予适当的握力并让其在手中转动,当感觉到龟头已经完全勃起时,用中指、无名指、小指锁定龟头,并向左前上方牵出,龟头一端略向左下方(图 4-5)。也可等公猪阴茎勃起，并伸出一定长度后再用手握住龟头。

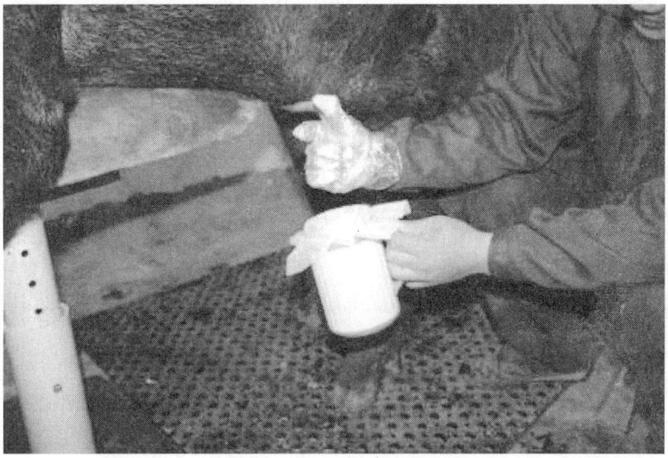

图 4-5 正确的采精手势

(引自：张长兴. 猪人工授精技术图解. 北京：金盾出版社，2010)

(4)精液的收集 待公猪射出 5 mL 左右清亮液体后，左手取消毒纸巾擦净龟头上的胶状物和右手上的液体，准备收集精液。当公猪射出乳白色或奶油色的精液时，左手立即将集精杯口向上接近右手小指正下方开始收集精液。

公猪射精过程中是分段进行的，不同阶段精液成分也不同。最初射出的是清亮液体和胶状物，混有尿道中残留的尿液，不含精子，不要收集。接着射出的精液呈乳白色混浊或奶油色，是含精子的精液，应收集。最后一段射出的也是清亮的液体和胶状物，也不要收集。

(5)公猪完全射精的重要性 采精过程中，虽然最后射出的精液不收集，但也不要中止采精，直到公猪阴茎软缩，环顾周围，试图爬下假母猪，再稍微松开公猪的龟头，让其自然软缩退回。经常不完整的射精会导致公猪生殖系统疾病(如副性腺炎)而过早被淘汰。

5. 采精后的工作

采精完毕后，应看着公猪安全地跳下假母猪。有些公猪在跳下后，一条前肢会搭在假母猪上无法取下来，应给予帮助。用右手小指压住过滤网的一侧，食指和拇指从另一侧将过滤网及上面的胶状物翻向手心。这样可避免胶状物掉入集精杯中。将采精袋束口放于杯沿上，盖上杯盖。将集精杯放入采精室与实验室之间的传递窗口内，关上传递窗口的门，最后将公猪赶回猪舍。

(三)电刺激法

将公畜以站立或侧卧姿势保定,必要时可采用药物如保安宁、静松灵或氯胺铜等进行麻醉保定。保定后,剪短阴毛,用生理盐水冲洗阴筒并用消毒纸巾拭干。然后将电极探棒经肛门缓慢插入直肠,有时需要通过灌肠排出宿粪后,再插入探棒。大家畜可使用指环电极,将直肠内粪便移出,操作者带上塑料或乳胶长臂手套,将两个电极环分别套在拇指和小指上伸入直肠。电极到达靠近输精管壶腹部的直肠底壁。电极插入深度:大家畜 20～25 cm,羊 10 cm,犬 10～15 cm,兔 5 cm。然后调节控制器,选择好频率,先从低电压开始,开通电源,根据公畜的电刺激反应,逐步调高电压。通常经过 10～20 次刺激即可采出精液,用乳胶漏斗连接刻度试管或集精杯收集精液。电刺激法较假阴道法采集的精液量大,但精子密度较小。各种动物电刺激采精电流参数见表 4-1。

表 4-1 各种动物电刺激采精参数表

(引自:张忠诚.家畜繁殖学.第 4 版.北京:中国农业出版社,2004)

动物种类	频率/Hz	电压/V	电流/mA	刺激间隔时间/s	
				持续	间歇
牛	20～30	3—6—9—12—16	150～250	3～5	5～10
绵羊、山羊	40～50	3—6—9—12	40～100	5	10
梅花鹿、马鹿	40	3—6—9—12—16	100～150	10	10
大熊猫	30～40	3—6—9—12—16	40～100	3～5	5～10
家兔	15～20	3—6—9—12	100	3～5	5～10

以上数据仅供参考,动物的个体差异较大,可根据实际情况调节。公猪直肠周围脂肪厚,绝缘性较强,故不适于用电刺激法采精。

三、采精频率

一头公畜能采集到更多的有效精子是采精工作的目标。通常提高采精次数会增加收集到的总精子数,但过频的采精会降低精液的质量,不仅减少了公畜所能采集的总有效精子数,同时也会造成公畜生殖机能衰退和使用年限缩短等不良影响。

公畜的采精频率要根据精子产生能力和一次射精的总精子数来决定。据研究,1 g 睾丸组织 1 周可生产精子数约 5 000 万个。如果 1 头公猪双侧睾丸共重 2 000 g,

则每周可产生约 1 000 亿个精子。每头公畜最适宜的采精频率不尽相同，可根据公畜的睾丸大小、质地等参数评估公畜每周的生精量，同时测定公畜一次射精的总精子数，从而计算个体公畜适宜的采精频率。

正常成年公畜的采精频率及相关参数见表 4-2。

表 4-2 正常成年公畜的采精频率及相关参数

项目	乳牛	肉牛	水牛	马	驴	猪	绵羊	山羊	兔
每周采精次数	2～6	2～6	2～6	2～6	2～6	2～3	7～25	7～20	2～4
平均每次射精量/mL	5～10	4～8	3～6	30～100	20～80	150～300	0.8～1.2	0.8～1.5	0.5～2.0
精子密度/(亿/mL)	8～20			2～3		1～6	20～30		
平均每次射出精子总数/亿	50～150	50～100	36～89	50～150	30～100	300～600	16～36	15～60	3.0～7.0
平均每周射出精子总数/亿	150～400	100～350	80～300	150～400	100～300	1 000～1 500	200～400	250～350	

各种家畜具体采精频率如下：

(1)公牛　青年公牛每周采 1 次，每次 2 个射精量；成年公牛一般每周采 2～3 次，每次 2 个射精量。

(2)公羊　在配种季节(9～10 月份)母羊集中发情时，每天可采 2～3 次。如果用于生产冻精，采精比较均衡，1 周可采 3 次，每次 2 个射精量。

(3)公猪　全年采精相对均衡，每周采精 2～3 次为宜，青年公猪(8～18 月龄)每周采精 1～2 次。公猪的生精能力较其他家畜更容易受到炎热气候的影响，炎热会使公猪精子发生周期延长，精液质量下降，甚至暂时或永久失去生育能力。因此，夏季要做好公猪舍的降温工作，采精频率也应低于其他季节。

(4)公马　每周可采精 2～3 次。母马发情较集中时，短时间可每天采精 1 次，但连续采精天数不要超过 1 周，否则精子密度会明显下降，连续采精后应及时安排公马休息数天。

过频采精是当前生产中最容易发生的问题，必须加以限制。如果精液中带原生质滴的精子的比例明显上升，说明采精已经过频，应立即降低采精频率。

第三节 精液品质检查

通过精液品质检查，可以保证每份用于输精的精液中含有足够的有效精子，确保了人工授精的受胎率。这是人工授精优越于本交的特点之一。

精液品质检查的目的如下：①鉴定精液品质的优劣，作为精液是否作进一步处理和精液稀释倍数计算的依据；②评估公畜饲养管理水平和生殖机能状态；③评估采精员、人工授精实验室人员技术操作水平；④评价精液稀释、保存、运输的效果；⑤评估购买的商品精液质量。

精液品质检查的项目很多，原精液品质检查包括直观检查项目（射精量、色泽、气味、pH、云雾状等）和微观检查项目（精子活力、精子密度、畸形率等）。

一、直观检查项目

（一）射精量

射精量是指公畜 1 次正常采精所射出的精液总量（mL）。每头公畜每次采精都要测定射精量。平均射精量是指某头公畜以往正常采精的全部射精量记录的平均值，也可用 3 次以上正常采精射精量的平均值来代表。

1. 射精量（或采精量）的测量方法

牛羊的射精量可从集精的刻度试管上直接量出。马的射精量需要将精液从集精杯中倒入量杯或量筒中测量。对公猪来说，一般使用采精量这个概念，因为收集精液的多少与采精时收集方法有关。

用称重的方法可以更准确地测量射精量（或采精量），这在公猪的采精量测定上应用很普遍。称重不需要将精液转移到体积测量容器中，可减少污染机会。牛、羊、马射精量测定时，先将 1 只烧杯放在电子天平（感量为 0.1 g）上，将 1 支同样规格空的集精管（杯）放进烧杯中，天平清零后，将空的集精管（杯）取出，将装精液的集精管（杯）放进烧杯中，电子天平显示的读数即为精液重量（g）；猪采精量的测量是先将 1 个空采精袋放入烧杯中，天平清零后取出采精袋，再放入装精液的采精袋显示读数为精液重。牛、羊的精液比重约 1.03，猪、马的精液比重约为 1.02，精液重量除以精液比重，就得到了精液的体积（mL）。猪、马精液一般把重量 1 g 粗略地作 1 mL 记录。

各种动物正常射精量见表 4-2。

2. 射精量异常原因分析

射精量的多少一方面与公畜本身的健康水平和个体差异有关,也与采精方法有关。正常的采精频率,公畜的射精量应相对稳定。如果与畜种及其个体本身平均射精量差异较大,就应查找原因。

射精量(或采精量)过大:公畜睾丸发达,精液其他指标正常,射精量大属于正常;多次空爬、电刺激法采精、按摩法采精会增大公畜的射精量;对公猪采精时,收集过多的清亮液体会使采精量过大。如因假阴道漏水造成精液量增大则必须将精液废弃。

射精量(或采精量)过少:公畜生殖机能退化;采精失败均可导致射精量过少;只收集公猪的浓份精液也会导致采精量过少。

(二)色泽

动物的正常精液由于精子密度不同而呈现从淡灰白色到浓乳白色或乳黄色,精子密度越高白色越浓厚。

牛、羊精液精子密度较高,呈乳白色或乳黄色,水牛精液呈乳白色;猪、马、兔精子密度较低呈淡灰白色或乳白色,猪的浓份精液呈浓厚的奶油状。

不正常的色泽有:呈淡绿色说明混有脓液;呈淡红色说明混有血液。呈褐黄色并且稀薄说明混有尿液。清亮的精液说明几乎不含精子,系采精失败或公畜生精能力衰退所致。

(三)气味

精液一般无味或略带动物本身固有的气味。牛羊精液略有膻味,猪精液略带腥味。如果精液有腥臭味说明含有脓液,有尿臊味说明含有尿液或包皮液。

(四)pH

在精液品质检查中,一般很少检查精液的 pH。但如果精液存在其他质量问题,可通过检测精液的 pH 来分析原因。如果精液很稀,而且 pH 较高,说明采集到大量的副性腺分泌物。假阴道法采精的牛、羊精液中副性腺分泌物比例较小,呈弱酸性,pH 为 6.4～6.9;电刺激法或按摩法采精,或多次假爬后采集的精液一般 pH 偏高。猪、马精液中副性腺分泌物比例较大,pH 为 7.2～7.9。

可用精密 pH 试纸或酸度计测定精液 pH,不管什么方法都应从原精液中取样到另一容器中，插入试纸或酸度计探头，不可将试纸或探头直接插入原精液，以免造成污染。

(五)云雾状

由于精子成群运动而形成原精液肉眼可观察到的液体翻滚现象，称之为云雾状。云雾状越明显，说明精液的精子密度越高、活力越强。牛、羊精液的精子密度大，当活力强时，可看到云雾状。当猪采精频率较低且只收集浓份精液时，也可看到云雾状。

云雾状的高低可用强(+++)，中(++)，弱(+)，无(—)表示，呈较快的翻滚状态用“+++”表示，明显但翻滚较慢用“++”表示，仔细观察可看到精液缓慢移动用“+”表示，如无翻动现象用“—”表示。

二、微观检查项目

(一)精子活力

精子活力又称活率，是指在37～38℃下，精液中呈前进运动的精子占总精子数的比率。精子活力与其受精能力密切相关，是评定精液品质的重要指标，通常在采精后、某个处理环节的前后、冷冻精液在预冻并解冻后、液态保存的精液输精前都要进行活力检查。保存的冷冻精液每隔一段时间都要抽检活力。

1. 原精液直接检查活力

原精液可不经稀释直接检查活力，以尽快确定是否合格和是否作进一步处理。

(1)恒温加热板的预热　应在采精前将加热板固定在显微镜载物台上，将一张干净的载玻片放在加热板上，打开电源开关，确认设定温度为37℃。这样采精后，加热板及其上面放置的载玻片能够预热到设定温度。

(2)取样　将微量移液器装上干净的吸嘴，吸取20或30 μL原精液。吸头插入原精液时深度应浅一些，以减少污染机会。公猪精液取样时，应先轻轻摇动容器将精液混匀，以免精液静置后精子沉淀造成取样不准。

(3)制作精液压片　将精液滴在预热后的载玻片中间；取一张干净的盖玻片，一个边放在精液滴的左侧与载玻片呈向右的30°角，稍微向右移动至精液进入载玻片与盖玻片间的夹角中，轻轻放下盖玻片，以避免盖上盖玻片时产生气泡。

(4)精子活力评分　将压片位置放在恒温加热板通光孔上，并与显微镜载物台的通光孔对齐，用100倍检查，以五级制判断精子的活力。大群精子的同方向运动，会推动精液，形成运动波。评分标准见表4-3。

表 4-3 原精液活力五级制评分标准

分值	精液和精子运动状态	评价
5 分	整个视野中呈现大的运动波	很好
4 分	出现一些运动波和精子成群运动	好
3 分	出现精子成群运动	一般
2 分	精子无成群运动，部分呈前进运动	较差
1 分	只有蠕动	差
0 分	无精子活动	

精子活力五级制评分，合格标准为：牛、羊的精液不低于 4 分，猪、马精液不低于 3 分。

2. 将原精液稀释进行活力检查

对牛、羊、禽精液，不经稀释检查活力时，由于无法看到单个精子的运动状况，因此活力估测较为粗略，但可以立即确定精液是否能作进一步处理，尽快先作低倍稀释。要更准确地进行活力检查，建议将精液稀释成 1 亿/mL 左右的精子密度再观察。稀释方法是一定量的原精液注入一次性塑料试管中，再取预热过的稀释液基础液或生理盐水稀释精液并混合均匀。如原精液已经做过 1∶1 稀释，则稀释比例减半。

具体稀释方法见表 4-4。

表 4-4 原精液精子活力检查前稀释方法表

项目	牛	绵羊、山羊	猪、马	禽
原精液/μL	10	10	50	10
生理盐水/μL	100	200	100	500
稀释后是原精液体积的倍数	11	21	3	51

用上面的方法制作压片，并在 37～38℃温度下检查活力。

在 400 或 640 倍下观察，应进行分区判断，以便确定前进运动精子占总精子数的百分比，按十级制评分。呈前进运动的精子占 90%，活力为 0.9；呈前进运动的精子占 80%，活力为 0.8，依此类推。按十级一分制评分(即满分为 1 分)，合格牛、羊、禽原精液精子活力不低于 0.7；猪原精液精子活力不低于 0.6。液态保存的精液输精前活力不低于 0.5，冷冻精液解冻后活力不低于 0.3。

3. 活力检查应注意的事项

(1)精子活力检查过程中,观察结果可能会受到许多环境因素的影响而不能反映原精液的真实活力。因此,如果活力测定结果不合格,应注意仔细检查每个操作步骤,防止由于操作原因导致错判。如果第二次检查活力仍不合格,精液应废弃。活力不论高低都要作记录,以便根据活力的变化趋势分析精液质量下降的原因。

(2)由于目前活力检查主要还是采用估测法,容易受到主观因素的影响而使评估结果不准确。因此,操作人员必须进行严格的训练,以提高活力估测的准确性。采用显微显示系统可以将精子运动状况在电视显示器或电脑屏幕上显示出来,方便 2 人或更多人同时评价,并将多人的评估值平均,以减少主观因素影响。另外,显微显示系统也便于向用户展示精液产品的质量。近年来,国外已经开发了精子轨迹分析系统,可根据精子运动的录像分析出精子活力,结果更为客观。

(3)精液在 37～38℃的载玻片上,精子会很快衰竭,水分也会蒸发。因此,精子活力估测要熟练快速,一般应在 2 min 内完成。

(二)精子密度

精子密度也称精子浓度,是指单位体积精液中所含有的精子数目。精子密度的表示方法我国多采用亿/mL,欧美国家一般采用 10^6/mL。目前测定精子密度的方法常采用精子计数法和光电比色法。

1. 动物正常的精子密度

动物的精子密度受个体差异、采精方法、收集习惯等因素影响,有较大的变化范围,各种动物精子密度范围见表 4-2。过于稀薄的精液很可能存在其他方面的质量问题,如不成熟精子过多,混入其他液体等问题。猪精液精子密度不应低于 1 亿/mL,牛、羊不应低于 5 亿/mL。

2. 精子计数法测定精子密度

血球计数板原来是用来分析血液中各种血细胞密度的,我们可以用它来进行精子密度测定。这种方法仍然是当前光电仪器测定精子密度的基础,用来测定标准样本的精子密度和验证光电仪器的准确性。

(1)血球计数板简介　血球计数板由优质厚玻璃制成,每块计数板由 H 形凹槽分为 2 个同样的计数室,计数室两侧各有一个支持柱,将特制的专用盖玻片覆盖其上,形成高 0.10 mm 的计数室。计数室画有边长 3.0 mm 的方格,分为 9 个大方格,每个大方格边长 1.0 mm,面积 1.0 mm^2,体积为 0.10 mm^3。其中,中央大方格用双线分成 25(5×5)个中方格,每个中方格用单线划分为 16(4×4)个小方格,中央大方格共计 400 个小方格(图 4-6)。精子密度测定是计数中央大方格(体积为

0.10 mm^3)内的总精子数。

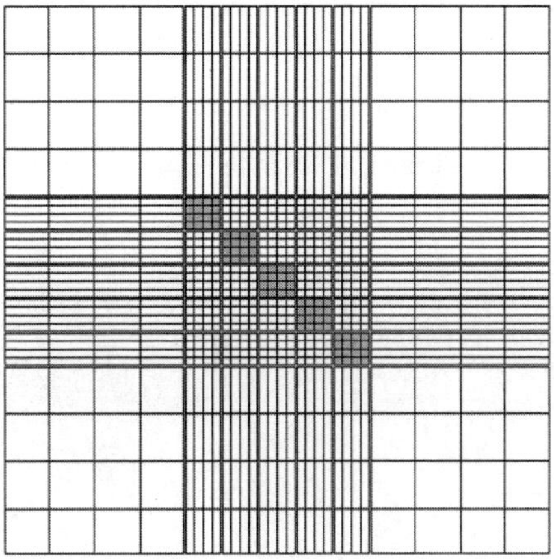

图 4-6 计数室平面图

(2)精液的稀释 为了方便计数,精液注入计数室前要对原精液进行稀释,稀释的比例根据动物种类和直观估计精子密度的浓或稀确定,稀释液为 3% NaCl 溶液,通过高渗液将精子杀死,方便计数。稀释方法是:用微量移液器和 200～1 000 μL 移液器,在小试管中进行不同组合的稀释。先用移液器吸取 3% NaCl 溶液注入一支干净的试管中,再用微量移液器吸取原精液,用纸巾擦去外面的精液,将精液注入同一支试管中混合均匀。应该注意,猪精液的精子分布不均匀,而且静置后精子会发生沉淀,因此,取样前应轻轻摇动使精液混合均匀。猪的精液取样量也要大些。

一般同时做两次取样和稀释,进行平行测定,以保证测定的可靠性。各种动物精液稀释方法见表 4-5。

表 4-5 精子计数法测定精子密度时精液稀释倍数表

项目	牛		羊		猪、马		鸡
稀释后是原精体积的倍数	101	201	201	401	21	41	401
3%氯化钠/μL	1 000	2 000	1 000	2 000	1 000	2 000	2 000
原精液添加量/μL	10	10	5	5	50	50	5

注:过去曾采用白细胞吸管和红细胞吸管进行精液稀释,前者可进行 10 和 20 倍的稀释,后者可进行 100 和 200 倍稀释。依次吸入原精液和稀释液后混合均匀,先弃去 2～3 滴,再将稀释后精液注入计数室。由于此法操作难度较大,生产中已经很少使用。

(3)将稀释后精液注入计数室　将计数板放在显微镜载物台上，把专用盖玻片盖在 2 个计数室上。将微量移液器更换上新的吸嘴，吸取 20 μL 稀释后的精液，将吸嘴尖端放于盖玻片边缘与计数板的接缝处，缓慢注入精液，使精液依靠毛细作用吸入计数室，直到计数室完全充满(图 4-7)。然后将另一个稀释样本注入另一侧计数室。静置 3～5 min 后，精液在计数室内稳定(停止流动、精子死亡并沉淀)后再进行计数。

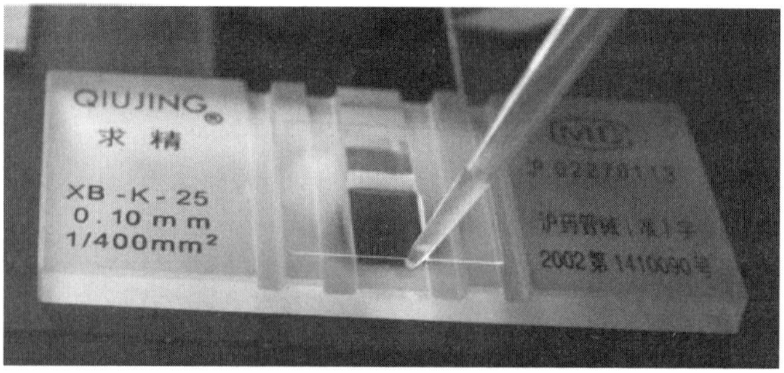

图 4-7　将稀释后的精液注入计数室

(4)精子的计数　将计数板固定在显微镜载物台的推进器上，使通光孔对准计数室，先用 100 倍找到计数室的中央大方格，再用 400 倍找到计数室中央大方格的左上角的第一个中方格，开始计数精子。为了降低计数的工作量，只是有代表性地计数中央大方格的 1/5 面积的总精子数，即左上角至右下角 5 个中方格或 4 个角和最中间的 5 个中方格的总精子数。为了避免重复计数，应遵循以精子的头部为准，数上不数下，数左不数右的原则计数头部在双格线上的精子。如图 4-8 所示，

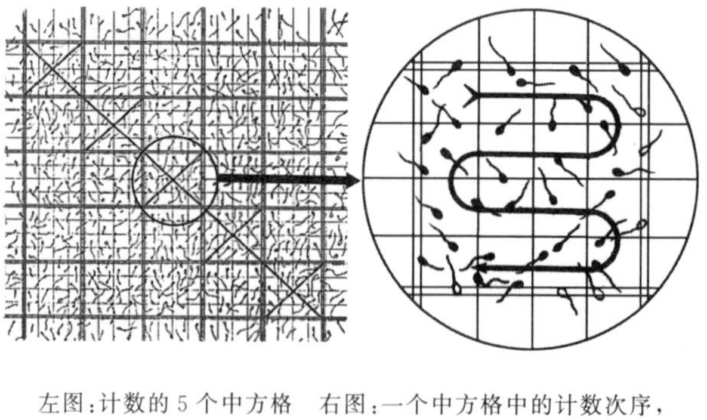

左图：计数的 5 个中方格　右图：一个中方格中的计数次序，

头部在下双线和右双线上的精子(标记为白色)不计数

图 4-8　精子计数方法

左图显示了要计数的5个中方格和右图为1个中方格的计数顺序，在右侧双线和下边双线上的呈白色的精子表示双线上不计数的精子。

（5）精子密度计算　精液精子密度＝5个中方格总精子数×5×10×1 000 ×稀释倍数。

此公式中，5个中方格总精子数乘以5，可计算出25个中方格的总精子数，即0.1 cm^3 中所含的精子数；前数再乘以10，得到1 cm^3 中所含的精子数；再乘以1 000，计算出1 dm^3 即1 mL中所含的精子数；再乘以稀释倍数得到1 mL原精液的精子数即精子密度。

例如：牛精液通过计数，5个中方格总精子数为258个，原精液稀释了101倍，那么，精液精子密度＝258×5×10×1 000 ×101＝13.029（亿/mL）。

（6）注意事项　血球计数板是一种精密的装置，操作要求精细认真，否则就可能造成很大的误差。因此应做到：①血球计数板必须符合国家或专业标准；②要同时进行两个平行测定，如果两个测定结果误差超过10%，要进行第三次测定，将接近的两个数值平均；③计数板用前要清洗和干燥，尤其是计数室和支持柱一定要干净，清洗干燥后应放在显微镜下检查计数室是否有污渍和异物；④要使用专用盖玻片，注入稀释后精液时，一定要保证充满。

3. 精子密度的仪器测定法

精子密度测定仪器种类较多，有比色仪、可见光分光光度计、专用精子密度仪等，专用精子密度仪随设备都有详细的说明书，这里只将该类设备的一般使用方法做如下介绍。

（1）设备预热：打开电源后，设备要预热30 min才能准确测量。

（2）精液稀释：在比色杯或专用试管中按说明注入规定量的（专用或自配）稀释液，取规定量的原精液加入比色杯或试管中，混合均匀。

（3）将比色杯或试管放入样本孔或样本池，使用分光光度计一般要有1个只加有稀释液的比色杯作空白对照，与稀释后精液一同放入样本池中。

（4）按下测定按钮，读出读数。分光光度计测定时，建议光波波长为440～570 nm。应先将空白对照的比色杯测出透光率并设定为100%，再测定稀释后精液的透光率，得到读数。

（5）查对照表，得出原精液的精子密度值。

（6）精子密度对照表的制作方法　不同种类的动物精液要制作相对应的对照表，不可混用。使用分光光度计测定精子密度，应先用标准血球计数板精确测定2～3头公畜的正常精液作为标准样，然后稀释成不同密度梯度，并测量对应透光率。然后制作成若干个原精液加入量（如50、100、200 μL）对应的原精子密度与透光率的对照表。

4. 猪精子密度的密度杯测定法

郑州牧业工程高等专科学校张长兴等在2005年发明了精子密度杯，用以测定猪的精子密度，具有快捷、准确、操作简单的特点，且成本低廉，已受到业内的广泛认可。此发明已经获得国家专利。具体使用方法如下：

（1）注入稀释液（生理盐水） 先在精子密度杯中准确加入10 mL生理盐水。

（2）注入原精液 根据直观判断，可选择注入原精液0.5、1或2 mL，精液很浓的注入0.5 mL，一般的注入1 mL，较稀的注入2 mL。也可只选择注入一个固定的体积，即1 mL。取样时，要先轻轻摇动使精液混匀，再用移液器或注射器准确取样，然后将精液注入密度杯中。用拇指压紧密度杯口，上下颠倒4～5次，使精液与生理盐水充分混匀。

（3）观察读数 观察刻度时，要使眼睛与刻度线在一个水平面上，从上向下逐行观察刻度，以能看清所有字母E开口方向的最上一行的数值为刻度值（图4-9）。为了保证刻度判断的准确性，应保证足够强的光线，并使光线射向密度杯的正面，不能从密度杯的背面透射过来。

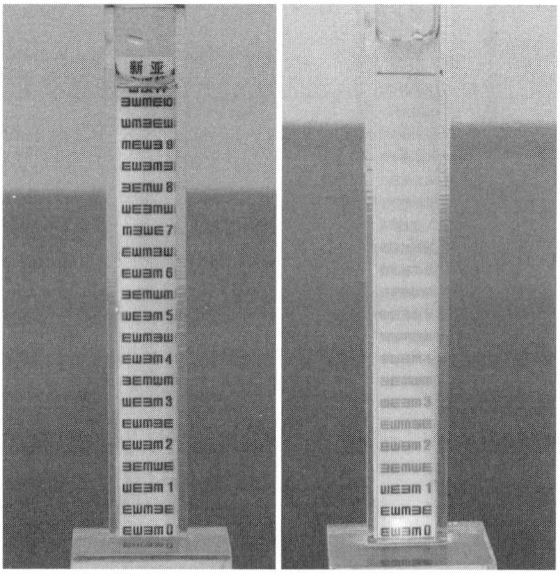

左图：注入生理盐水后　　右图：加注精液混合后

图4-9 精子密度杯

（引自：张长兴. 猪人工授精技术图解. 北京：金盾出版社，2010）

(4)精子密度值查对　查看精子密度对照表中的刻度值对应行与加入的原精液量的对应列，从而得到原精液的精子密度值。密度杯用完后应立即用蒸馏水冲洗后倒挂控干。不同设计的精子密度杯，查对表将会不同，应注意查对表要配套。

(三)精子形态畸形率测定

精子形态畸形率是指精液中形态异常精子占总精子数的百分率，畸形率越高，则精液的质量越差。畸形率的高低受气候、营养、遗传、健康等因素的影响，因此，在后备公畜开始使用时，以及正常使用的种公畜的每个季节中都要进行畸形率测定。精子畸形率的测定步骤如下。

1. 制作抹片

为染色后便于观察，大多数动物原精液都要先用生理盐水稀释，稀释后精子密度在 1 亿/mL 左右，各种家畜精液稀释倍数可参照活力测定时的稀释方法。

载玻片用前浸泡在 95%的乙醇中，使用时取出用纸巾擦干，放在片架上，取稀释后精液 10 μL 滴于载玻片的右侧中间，左手食指和拇指拿住载玻片的两端，使其保持水平，有精液的一面向上。右手用另一载玻片呈向右的 30°角放在精液滴的左侧，略微向右移动，使精液进入 2 个载玻片的角缝中；然后，右手将上面的载玻片向左平稳地推送，使精液均匀涂抹于下面的载玻片表面(图 4-10)。抹片放在片架上自然干燥。

2. 精子固定与染色

(1)精子固定　抹片自然干燥后，在抹片上滴满 95%乙醇固定 5 min。然后甩去乙醇。

(2)精子染色　用于精子染色的染液种类很多，常用的染色剂有红墨水、纯蓝墨水、伊红染液、美蓝染液、龙胆紫染液等。将载玻片放在片架上，等残留的乙醇完全挥发后，再滴上染色液(500 μL 左右)，染色 5～7 min。

3. 冲洗抹片

完成染色后，要将抹片上的染色液冲净。最好用装有蒸馏水的洗瓶冲洗，以避免水中杂质黏附在载玻片上，影响检查结果。将载玻片倾斜，用很小的水流，轻轻冲净表面的染色液，之后甩去载玻片表面的水分，使其自然干燥。

4. 形态观察与精子畸形率计算

将染色后的抹片固定在样本推进器上，用 400 或 640 倍显微镜观察。

在显微镜视野下可以看到，正常精子有一椭圆形的头和一条细长的尾，尾部自然弯曲或伸直。不正常的精子种类很多，分头、颈、尾部等类型的畸形(图 4-11)。头部畸形包括头部瘦小、细长、缺损、双头等。颈部畸形包括膨大、纤细、带有原生质滴、双颈等。尾部中段畸形包括膨大、纤细、弯曲、曲折、带有原生质滴等。尾部主段畸形包括弯曲、曲折、缺损、带有原生质滴等。

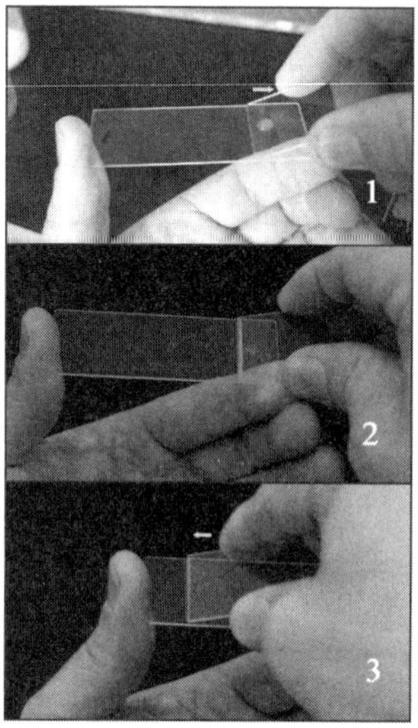

1. 载玻片呈向右的30°角放在精液滴的左侧 2. 向右稍移动载玻片使精液进入2个载玻片之间的夹缝中 3. 将载玻片向左平稳地推送涂布精液

图 4-10 抹片过程

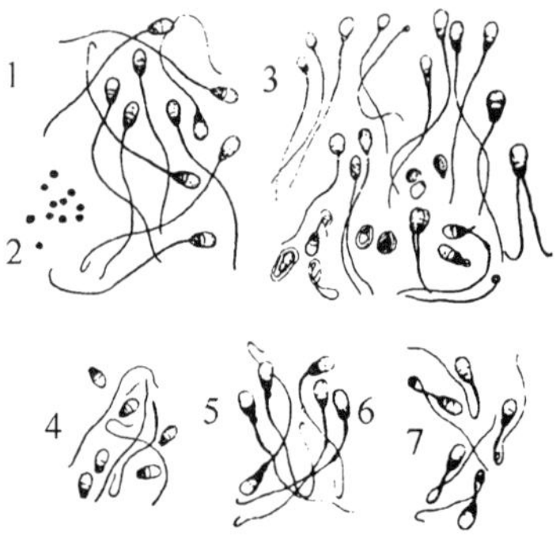

1. 正常精子 2. 游离的原生质滴
3. 各种畸形精子 4. 精子头部脱落
5. 精子近端附有原生质滴
6. 精子远端附有原生质滴 7. 精子尾部扭曲

图 4-11 正常精子与畸形精子

精子形态畸形率既可以判断精液是否合格，又可对公畜饲养管理、遗传等情况做出初步评估。如头尾断裂的精子较多，主要原因是公畜曾受到热应激或发烧；尾部带原生质滴的精子较多，多因采精过频造成；其他畸形多因老化、疾病和遗传缺陷造成。

计数畸形精子时，要统计多个视野的全部精子，如果某个视野中存在多个精子相互挤在一起的情况，无法判断，可不观察此视野，用推进器调整到另一个视野观察。所观察各视野的总精子数不低于200个。最后计算所有视野畸形精子总和与所有视野精子总和，按下列公式计算畸形率。

$$畸形率=\frac{畸形精子数}{精子总数}\times 100\%$$

各种动物的正常精液精子畸形率标准如下：牛≤18％，水牛≤15％，羊≤14％，猪≤18％。

如果测定结果精子畸形率较高，首先应检查操作过程是否存在问题，必要时进行第二次测定，如果仍然不合格，精液不可用于输精。同时要查找原因，调整饲养管理方案，直到公畜精子畸形率低于上限标准。如果小公畜精子畸形率超标，经改善饲养管理，3 个月后精子形态仍没有改善，应将其淘汰。

（四）精子顶体异常率

精子顶体是否正常与精子受精能力密切相关。顶体异常有顶体膨胀、缺损、部分脱落、全部脱落等。原精液顶体异常率牛超过 14%，猪超过 4.3%，将会直接影响受精率。顶体异常的出现可能与精子发生过程和副性腺分泌物异常有关。新鲜精液体外保存时间过长，或遭受低温打击，精子的顶体异常率会显著增加。精液经过冷冻后顶体异常率变化更大，因此，冷冻精液顶体异常率上限定得较高，牛精子顶体异常率≤40%。

1. 顶体染色方法

（1）姬姆萨染色法　将精液制成抹片（方法参见精子形态畸形率测定），干燥后，在固定液（甲醇）中固定 3～5 min，水洗后，用姬姆萨缓冲液染色 1.5～2 h，水洗、干燥后用树脂封装，置于 1 000 倍以上显微镜油镜或相差显微镜下观察若干个视野 200 个以上精子，算出顶体异常率。

（2）改良巴氏染色法　在自然干燥的精子抹片上滴加 1～2 滴巴氏染液，染 15 min 即可。流水冲洗后自然风干，显微镜油镜下观察精子形态。此法简单，但顶体边缘不够清晰。

2. 顶体异常的判断

根据精子顶体的状态可分为以下几个类型：

Ⅰ型　顶体完整的精子，外形正常，着色均匀，顶体边缘整齐；

Ⅱ型　顶体轻微肿胀，质膜（顶体膜）疏松膨大；

Ⅲ型　顶体破坏，精子质膜严重膨胀破损，着色浅，边缘不整齐；

Ⅳ型　顶体全部脱落，精子核裸露。

Ⅰ、Ⅱ型视为顶体完整；Ⅲ、Ⅳ型视为顶体不完整。

（五）精子存活时间和存活指数检查

精子存活时间是指精子在体外总的生存时间，精子的存活指数是指平均存活时间，它反映精子活力下降的速度。精子的存活时间与精子保持受精能力的时间直接相关，同时也是鉴定稀释液和精液处理效果的一种方法。具体方法是，将稀释后的精液置于所需保存的温度下（如 2～4℃、17℃或 37℃），间隔一定时间检查一次活力，直到无活动精子为止（最后一个间隔时间按 1/2 累计入精子存活时间）。

精子存活的总小时数为精子存活时间；而相邻两次检查的平均活力与间隔时间的乘积的总和为精子生存指数。精子存活时间越长，生存指数越大，说明精子生活力越强。

第四节　精液稀释

精液稀释就是按一定比例向精液中加入适合精子体外存活和保持受精能力的生理溶液，并混合均匀的过程。精液稀释的主要目的：①扩大精液容量，从而增加输精头数，提高公畜利用率；②延长精子的存活和保持受精能力的时间，便于精液的运输，使精液得以充分利用。

一、精液稀释液的成分及作用

精液稀释液的成分因配方、保存方法、动物种类的不同而有所不同。从成分和功能上可分为如下几类。

（一）稀释剂

主要用于扩大精液容量。此类稀释液要求与精液有相同或相近的渗透压。各种营养物质和保护物质按一定配方配成的等渗溶液都具有稀释剂的功能，只不过其作用有主次之分而已。一般单纯用于扩大精液量的稀释液多为等渗的葡萄糖、果糖、蔗糖、柠檬酸钠溶液等。

（二）营养剂

主要是提供营养，以补充精子所消耗的能量。常用的营养物质有葡萄糖、果糖、奶类和卵黄。这些物质或其中的一些成分能够透过精子膜进入细胞内，参与精子代谢，给精子提供外源能量，减缓内源物质的消耗，从而有助于延长精子在体外的存活时间。

（三）保护剂

主要对精子起保护作用，以免各种不良的理化因素和生物因素对精子造成危害。稀释液的保护作用是多方面的，稀释本身就能降低精液中有害物质的浓度，起到保护作用。

1. 缓冲物质

精液在保存过程中，由于精子代谢产物如乳酸和二氧化碳的积累，pH 常会有偏酸现象，当超过一定的限度就会对精子活力造成不可逆的抑制。一般用缓冲剂来控制精液 pH 的变化。常用的缓冲剂有柠檬酸钠、酒石酸钾钠、磷酸二氢钾、磷酸氢二钠、碳酸氢钠、乙二胺四乙酸(EDTA)等。

2. 防冷休克物质

在精液低温或冷冻保存中，需要对精液进行降温处理，虽然低温能够降低精子的代谢，从而延长精子的存活时间，但低温也可能会造成精子发生冷休克而丧失其活力。卵磷脂(凝固点较低)能够取代精子膜上的缩醛磷脂，从而起到防冷作用，因此，常用含卵磷脂的卵黄和奶类作防冷休克物质。

3. 防冻保护物质

在冷冻精液制作过程中，冰晶的形成会造成对精子的损害。常用甘油、乙二醇、二甲基亚砜(DMSO)等作为防冻剂，以干扰冰晶的形成，从而对精子起到保护作用。

4. 抗菌物质

在采精和精液处理及输精过程中，难免会受到各种微生物的污染，这对精液保存和母畜受胎都会造成不良影响。因此，应把抗菌物质作为稀释液的常规成分，即使仅作为稀释剂也必须加入抗菌物质。加入的抗菌物质主要有：青霉素、链霉素和氨苯磺胺等。另外，林可霉素与壮观霉素联合、庆大霉素、新霉素也常被用来作稀释液中的抗菌物质。

5. 非电解质或弱电解质

精液中的电解质主要来自副性腺分泌物，具有刺激精子代谢，加快精子运动的作用，在自然交配中有助于受精。但高浓度的电解质不利于精子的体外存活，其中阴离子中的无机酸根离子如 Cl^-，对精子的危害性更大。因此，稀释液中添加非电解质(如糖类)和弱电解质(如有机酸盐、氨基乙酸等)，都有助于在保证渗透压的同时，降低稀释后精液的电解质浓度，对精子起到保护作用。

(四)其他添加剂

近几十年还研究开发了许多用于配制稀释液的添加剂，主要用于改善精子外在环境的理化特性，以及促进母畜生殖道的生理机能，以利于提高受精机会，促进受精卵的发育。常用的添加剂有：

1. 酶类

过氧化氢酶能够分解精子代谢过程中产生的过氧化氢，减轻其对精子的毒害作用;β-淀粉酶具有促进精子获能的作用。

2. 激素类

激素主要是催产素,可促进母畜生殖道蠕动,促进精子向受精部位运行。

3. 维生素类

维生素包括维生素 B_1、维生素 B_2、维生素 B_{12}、维生素 C、维生素 E 等,具有改善精子活力,提高受胎率的作用。

二、稀释液的种类

根据稀释液的性质和用途,稀释液可分为四类:

(一)现用稀释液

以扩大精液容量,增加配种头数为目的。现用稀释液适用于将精液稀释后立即用于输精,如羊场集中配种、种鸡人工授精、猪场人工授精等。一般由等渗的糖类、柠檬酸钠溶液和抗生素组成。

(二)常温保存稀释液

适用于精液的常温短期保存,一般 pH 略低于 7,以抑制精子的代谢。

(三)低温保存稀释液

适用于精液低温保存,一般含有奶类、卵黄等防冷休克成分。

(四)冷冻保存稀释液

适用于精液冷冻保存。此类稀释液成分较为复杂,除常规成分外,还含有防冷剂和防冻剂等成分。冷冻精液解冻时,还需要专用的解冻液。

三、稀释液配制

(一)用品要求

用于配制稀释液的用品受到任何生化污染,都会危害精子的存活。因此,凡与蒸馏水、药品、稀释液接触的用品都必须符合卫生要求。

用于配制稀释液的玻璃容器使用前都必须用中性洗涤剂清洗、自来水冲净,用蒸馏水反复冲洗,控干水分后,用牛皮纸包裹或封口,放入干燥箱 100～150℃干燥消毒 1 h。

磁力搅拌器的磁珠清洗后，应放入三角瓶中，牛皮纸封口后，100℃干燥消毒1 h。牛皮纸封口的目的是防止消毒后的用品二次污染，这样有利于大宗用品同时消毒，分批使用，减少工作量。

(二)药品要求及其称量要求

(1)用于配制稀释液的药品纯度必须达到分析纯以上。选用药品时，应注意配方上药品名称，特别是是否带结晶水，如果没有作特别说明，柠檬酸钠一般是指二水柠檬酸三钠，葡萄糖是指无水葡萄糖，EDTA 是指二水乙二胺四乙酸二钠，柠檬酸为一水柠檬酸。如果选用药品的结晶水与配方不一致，应根据其分子量换算出实际添加量。

(2)药品应在棕色玻璃瓶或塑料瓶中密封保存，以防受到污染或因暴露在空气中变质、风化或吸潮。

(3)药匙一般应为塑料或牛角材料，以免其与药品发生反应。药匙用前应清洗烘干，存放于无菌的自封口塑料袋中，并做好标记。最好一药一匙，不可混用，以免造成交叉污染和发生化学反应。

(4)要用专用商品称量纸(硫酸纸)称量药品，同样要求专用，根据称量重量将称量纸剪成需要的尺寸，折成梯形槽，折叠时注意手不要接触到放药品的区域。用完后，可将称量纸放于无菌的自封口塑料袋中，并做好标记。

(5)根据药品称量量选择适合的电子天平或分析天平，天平箱内应放变色硅胶干燥剂，以保证称量吸潮性药品的准确性。

(6)甘油、乙二醇等黏滞性大的液状药品，可用一次性注射器吸取，也可按其比重用称量的方法量取，不能使用量筒量取。

(三)蒸馏水的要求与量取方法

蒸馏水的量取必须保证：①蒸馏水是新鲜的；②量取过程蒸馏水不受污染；③量取准确，误差不超过 0.2%。要达到此目的必须做到以下几点。

1. 使用新鲜的蒸馏水或超纯水

蒸馏水或超纯水自生产出来存放在容器中，其导电率、pH 及微生物数量都在发生着变化，因此，蒸馏水或超纯水存放时间越短越好，尤其是那些配制过程不经过滤和消毒的稀释液要求更为严格。

2. 选用玻璃放水瓶或优质无毒塑料桶盛放蒸馏水

盛放蒸馏水前，必须对容器进行认真清洗和消毒处理；不能进行干燥消毒的用品(如塑料桶)，可洗净后，先用蒸馏水冲洗 3 次，再用 75%的医用酒精冲洗 1 次，倒扣控干,待酒精完全挥发,用无菌蒸馏水冲洗 2～3 遍后,再用来盛放蒸馏水。以后每 3 个月用蒸馏水反复洗刷 1 次。

3. 蒸馏水容器的龙头必须保证不会受到任何污染

用于配制猪精液稀释液的放水瓶,其放水龙头最好用无菌的塑料罩瓶罩住。放水管最好是耐老化、安全无毒的硅胶管。

4. 用称重的方法量取蒸馏水

传统方法是用量筒或量杯量取蒸馏水。由丁水的比重为 1 g/mL,因此用电子秤或电子天平称取更为方便:①避免了蒸馏水在容器间转移可能存在的污染和转移不净的问题;②量取更准确。一般可选用感量 0.1 g 的电子天平,其最大称量量应比容器重＋最大称重的和大 1 倍左右,如配制猪精液稀释液的电子秤的最大称量量为 3 000 g。

称取蒸馏水时,应先放出约 10 mL 蒸馏水到罩瓶中,以冲洗放水龙头,接着旋下罩瓶,将罩瓶中的蒸馏水倒掉。然后将配液用的容器(如三角瓶)放在电子天平上,除皮(清零)后,再放入蒸馏水至需要的重量。

四、稀释倍数和稀释方法

(一)稀释倍数的表示方法

规范的稀释倍数表示方法是 1 份的原精液加入 N 份的稀释液混合称之为稀释 N 倍,或 1∶N 稀释。那么,稀释后体积为原精液的 $N+1$ 倍,精子密度则为原精液的 $1/(N+1)$。如 1 份原精液,加入 1 份稀释液,称为 1 倍稀释,或 1∶1 稀释,稀释后体积为原精液的 2 倍,精子密度为原精液的 1/2。

(二)稀释倍数的确定

精液稀释的倍数受以下因素影响:①原精液的品质。包括精子密度和精子活力,在输精要求一定的情况下,二者的乘积(即有效精子密度)越高,可以稀释的倍数越高。②稀释液的种类和保存方法。低温保存和冷冻保存,稀释后精子密度可以高些,但常温保存则稀释后精子密度就不宜过高,以免精子代谢产物浓度升高过快。③输精要求或输精剂型不同。每头份精液的有效精子数和容积决定了稀释后精液的有效精子密度,从而影响到稀释的倍数。在原精液质量、每头份有效精子数确定的情况下,每头份精液容积越大,则稀释倍数越大。

牛的颗粒冻精每剂体积 0.1 mL,解冻后有效精子数 1 200 万个,一般稀释 2～4 倍;而采用细管冻精,每剂灌装量为 0.25 mL(有效容量不低于 0.18 mL),解冻后有效精子数不低于800万个，一般稀释5～10倍。绵羊、山羊多采用高密度和低剂量输精，一般稀释2～4倍。鸡精液也采用低剂量高密度输精，一般采用1～2倍稀释。猪精液输精要求多采用剂量80～120 mL，总精子数30亿～50亿个，一般稀释3～9倍。马、驴精液一般稀释2～3倍。

(三)稀释倍数的计算

确定一个较为适宜的稀释倍数，既能充分发挥公畜的配种效能，又有利于精子的保存。

1. 牛、羊、马、驴等家畜精液稀释倍数的计算

最大稀释倍数(N)＝原精液有效精子密度/稀释后有效精子密度－1＝$X/Y-1$。

X＝原精液精子密度×原精液精子活力。

Y＝每头份应输入的有效精子数/每头份应输入的精液容积。

举例：1头公山羊1次采精得到1个射精量，体积为0.8 mL，测量精子密度为25亿/mL，活力为0.8。按照输精要求，一次输入有效精子为5×10^7个，输精容积为0.1 mL。

那么，X＝原精液精子密度×原精液精子活力＝25×0.8＝20(亿/mL)。

Y＝每头份应输入的有效精子数/每头份应输入的精液容积＝$5\times10^7/0.1$＝5(亿/mL)。

$N=X/Y-1=20/5-1=3$。

因此，这头公羊的精液按1份精液加3份稀释液稀释。

稀释后总体积＝原精液体积×(N＋1)＝0.8×(3＋1)＝3.2(mL)。

稀释后精液可以输精的头份＝稀释后总体积/每头份精液容积＝3.2/0.1＝32(头份)。

2. 猪精液稀释后总体积的计算

猪的输精要求中一般并不按有效精子数计算，而是在原精液活力不低于0.6的前提下，按每个输精头份总精子数、输入精液的容积计算原精液稀释后可分装的份数和稀释后总体积。

总精子数＝原精液体积(或重量)×原精液精子密度。

可分装份数＝总精子数/每头份精液的精子数(取整数部分)。

精液稀释后总体积(或重量)＝可分装份数×每份精液的体积(或重量)。

猪保存精液输精前基本要求：活力不低于0.5(原精液活力不低于0.6)，每份精液体积80～120 mL(或g)，每头份精子数猪场为40亿～50亿个、配种站为30亿个。

举例：1 头种公猪 1 次采精原精液重 257.5 g，精子密度 2.53 亿/mL，活力为 0.7。分装要求：每份精液体积 100 mL(或 g)，每份精液总精子数为 40 亿个。

原精液精子活力为 0.7，合格。

总精子数＝257.5×2.53≈651.5(亿个)。

可分装份数＝651.5÷40≈16.28 头份，取整数部分为 16 份。

最终稀释后精液体积(或重量)＝16×100＝1 600(mL)(或 g)。

应该注意：猪的精液最高稀释倍数一般不能超过 9 倍，即稀释后总体积不能超过原精液的 10 倍，如果计算的总体积超过原精液的 10 倍，应按 9 倍稀释。

(四)精液的稀释方法

1. 精液采集后应尽快进行稀释

原精液采精后降温和不降温都对精子存活不利。降温，由于没有低温保护剂，容易发生冷休克；不降温，较高温度精子代谢很快，加上精子密度高，精子很快衰竭和发生代谢产物中毒。所以以最快的速度检查精液品质，并尽快稀释就显得十分重要。有时，检查活力后，立即进行密度测定取样，在没有确定精子密度的情况下，就先进行 1∶1 稀释，等密度测定结果出来后，再将剩余的稀释液加入精液中，完成稀释。

2. 稀释液要与精液等温

稀释时，稀释液的温度和精液的温度应尽可能一致，牛羊的射精量较小，采集的精液易受到环境温度的影响，因此，一般先将配制好的稀释液放在 30～33℃ 的水浴中，然后再去采精。采到的精液应尽快放入同一水浴中，以免温度继续下降。这样精液品质检查的过程，同时也是精液与稀释液等温的过程。

3. 稀释时应将稀释液加入精液中

稀释时，应将稀释液沿容器内壁缓慢加入精液中，不要从高处倒下以免形成冲击，混合可用无菌玻璃棒轻轻搅动或轻轻摇动容器，应避免剧烈震荡。

4. 高倍稀释应分次进行

一般 10 倍以上的稀释，称为高倍稀释。应先进行低倍稀释[建议 1∶(1～4)稀释]，0.5 h 后再进行第二次稀释。同样要求等温稀释。

5. 稀释后检查活力

稀释后 5 min 左右，应检查一次活力，确认活力没有下降，方可进行分装。

第五节 精液的液态保存

精液稀释和保存的目的是为了延长精子的存活时间，便于运输，扩大精液的使用范围。精液保存的方法按保存的温度分三种，即常温保存（15～25℃）、低温保存（0～5℃）和超低温保存（－196～－79℃）。前两者保存温度都在0℃以上，以液态形式短期保存，故称液态保存，后者以超低温冻结形式作长期保存，故称冷冻保存。由于一些家畜精液冷冻保存受胎率较低，因此，精液的液态保存仍有很大的实用价值。

一、常温保存

常温保存温度在15～25℃，温度有较大的变动幅度，亦称变温保存或室温保存。常温保存所需设备简单，便于普及推广，特别适宜于猪精液的保存。

（一）原理

精子的代谢在弱酸性环境中受到抑制，能量消耗降低，一旦pH（在生殖道中）恢复到接近中性，精子又可复苏。因此，可在精液稀释液中加入弱酸类物质，创造偏酸性的环境，以抑制精子代谢和运动。另外，用明胶阻止精子运动，使精子保持在可逆性的静止状态，也可达到保存精液的目的。不同酸类对精子产生的抑制区域和保存效果不尽相同，一般认为有机酸比无机酸好，常用的有机酸有己酸、柠檬酸等，另外，由精子自身产生的二氧化碳（溶于水而成碳酸），同样可以使精液pH降低。常温保存稀释液中还必须添加缓冲物质来调节pH，以避免因精子代谢产生的酸使pH过度降低，以使pH保持在可逆性抑制区内。由于常温也有利于微生物的生长，因此，还必须加入抗菌物质。此外，加入必要的营养物质（如葡萄糖或果糖）以及隔绝空气等也有益于精液的保存。

（二）稀释液配方

1. 猪常温保存稀释液配方

配方一：葡萄糖50 g，柠檬酸钠3 g，EDTA 1 g，青霉素0.6 g，链霉素1 g，蒸馏水1 000 mL（或g）。

配方二：英国变温稀释液（IVT）：柠檬酸钠20 g，碳酸氢钠2.1 g，氯化钾 0.4 g，葡萄糖 3 g,氨苯磺胺 3 g,青霉素 0.6 g,链霉素 1 g,蒸馏水 1 000 mL(或 g)。

配方三:柠檬酸钠 5 g,葡萄糖 50 g,青霉素 0.6 g,链霉素 1 g,蒸馏水 1 000 mL(或 g)。

配制方法:稀释粉是由各种分析纯以上纯度的无菌原料粉末按比例混合而成,直接加入 1 000 mL 蒸馏水中,用磁力搅拌器或摇动使其完全溶解,然后放在 36～38℃的水浴锅中预热 45～120 min。英国变温稀释液(IVT)需通入纯净的二氧化碳气体直到 pH 降到 6.35。

常规稀释液稀释猪精液后,在 17℃下,一般可保存 3～5 d,长效稀释液可保存 10 d。

2. 绵羊明胶稀释液配方

羊奶 100 mL,明胶 10 g,青霉素 0.06 g,链霉素 0.1 g。

绵羊精液用明胶稀释液稀释后 10～14℃保存效果良好,保存时间可达 48 h。

3. 马明胶稀释液配方

蔗糖 8 g,明胶 7 g,青霉素 0.06 g,链霉素 0.1 g,蒸馏水 100 mL(或 g)。

马精液用明胶稀释液稀释后 10～14℃保存时间可达 120 h。

注:配制明胶稀释液,应将蒸馏水在 40℃的水浴中预热,然后将烧杯放在磁力搅拌器上,边搅拌边加入明胶细粉直到完全溶解。也可将明胶粉与除抗生素以外的其他成分(奶类除外)一起加入蒸馏水中,不必搅拌溶解,直接放入高压锅中灭菌。

(三)精液的稀释、分装与保存

1. 精液的稀释

采精前应将稀释液配制好,并放入水浴中预热 30 min 以上。水浴温度应根据平时采集到的精液的温度确定,稀释液温度应与精液温度相同或略低,一般相差不超过 2℃。绵羊射精量小,采集后应立即放入 30～33℃的水浴中。

精液品质检查后,根据稀释倍数,将稀释液加入精液中轻轻摇动或搅拌,检查活力后,根据需要进行分装,剂量小的精液应用纱布包裹后放入恒温冰箱中保存,以免降温过快。猪精液稀释时,根据计算稀释后的总重量,将稀释液加入精液中,直到精液加上稀释液的总重量达到计算的稀释后总重量。

2. 分装

猪、马、驴精液一般按 1 头份剂量分装在输精瓶(袋、管)内,由于养猪业总体规模较大,所以,许多地方建立了专门化公猪站,精液分装工作量较大,为了提高工作效率,稀释液配制采用了稀释液搅拌机,一次配液量达 10～15 L,可以自动搅拌加速稀释粉溶解，并保持稀释液的设定温度；同时采用了机械化自动分装、标记。绵羊的精液一般以 10 或 20 头份分装，并用纱布包裹。

精液分装后，应将装精液的塑料容器挤压，排出空气后再封口或拧紧瓶盖。

3. 常温保存方法

马、绵羊精液稀释并分装后，放入 12℃的恒温冰箱中保存。

猪精液稀释后分装在输精瓶或输精袋中，集中在泡沫塑料箱中缓慢降温至 20℃左右（室温），再放入 17℃的恒温冰箱中保存。由于猪的精子对低温的耐受力差，因此，必须保证保存过程中温度不会低于 14℃。冬季如遇停电，可将热源如热水袋（瓶），用干毛巾包好放入冰箱；夏季停电，可在冰箱中放置用毛巾包裹的冰袋，同时，用电子温度计（可在冰箱外显示温度）随时检测冰箱内的温度，确保温度在 15～25℃范围内。猪的精子具有休眠特性，静置一段时间后，大部分精子就会停止运动沉淀到容器的底部。由于精子聚集在一起，其代谢产物在其周围富集，容易对精子产生危害，因此，应将装猪精液的容器平放，最好是袋装；每 12 或 24 h 将容器上下翻转 1 次。

如果是公畜站客户在自己的养殖场内临时存放精液，可将精液存放于温度适宜的室内，也可在地窖、井、防空洞中存放。存放时间最好不超过 24 h。

二、低温保存

低温保存的温度为 0～5℃，除猪精液外，各种家畜的精液都适合低温保存。在实际生产中，山羊集中配种时精液多采用低温保存，绵羊精液低温保存研究资料不多，可以试用。牛的配种已经广泛使用冷冻精液，低温保存不再赘述。

（一）原理

精子在体温下，其代谢活动正常，随着温度的降低，其代谢水平逐步减弱，降至 0～5℃时，精子代谢基本受到抑制；在保存期内，当温度回升后，又逐渐恢复其正常代谢，而且并不因此丧失其受精力。由于精子在低温下物质代谢和能量代谢降到极低的水平，营养物质的损耗和代谢产物的积累缓慢，而且在低温下不利于微生物的孳生。所以，精子在低温下的存活时间一般比在体温和常温条件下显著延长。

但是，精子耐受低温的能力是有条件的。精子对急剧降温十分敏感，新鲜精液尤为明显。如果精液从体温急剧下降到 10℃以下，精子就会发生冷休克。因此，通过在稀释液中加入卵黄等保护剂和缓慢降温，能够提高精子的抗低温能力，并降低精子代谢，达到精液保存的目的。

(二)低温保存稀释液

卵黄和奶类含有丰富的卵磷脂,能够在低温下保护精子脂膜的通透性和顶体的完整性。在糖类配制的基础液中加入10%～30%的卵黄液和抗菌物质就可以配制成低温保存稀释液,也可用消毒脱脂奶作基础液,并在奶液中加入卵黄液和抗菌物质。

各种家畜精液低温保存稀释液配方见表4-6。

(三)低温保存方法

稀释液放入30～33℃的水浴中,将原精液转移到在水浴中预热过的容器中,然后放入同一个水浴中,经过精液品质检查,即可将稀释液按比例加入精液中并混合均匀。羊的精液按20头份装在1个一次性试管或一次性离心管中,加盖密封后,用纱布包裹6～8层,再装入塑料袋中,放入2～5℃的恒温冰箱缓慢降温,用1～2 h完成降温过程。

精液保存过程中要始终保持低温,如遇停电可将精液转移到放有碎冰块的保温杯或疫苗箱内。集中输精时,精液容器也应放在装有碎冰块或冰水保温杯中。保存过程中要经常检查精子活力,如活力已低于标准应废弃。

表4-6 马、羊精液低温保存稀释液

成分	绵羊			山羊	马		
	葡萄糖-柠檬酸钠-卵黄液	柠檬酸钠-氨基乙酸液	脱脂奶-卵黄液	葡萄糖-柠檬酸钠-卵黄液	葡萄糖-卵黄液	葡萄糖-酒石酸钾钠-卵黄液	马奶-卵黄液
基础液							
柠檬酸钠/g	2.8	2.7	—	1.5	—	—	—
葡萄糖/g	0.8	—	—	3	7	5.76	—
氨基乙酸/g	—	0.36	—	—	—		—
酒石酸钾钠/g	—	—	—	—	—	0.67	—
马奶/mL	—	—	—	—	—	—	100
脱脂牛奶/mL	—	—	100	—	—	—	—
蒸馏水/mL	100	100	—	100	100	100	—
稀释液							
基础液/%	80	100	90	80	95	95	95
卵黄液/%	20		10	20	5	5	5
青霉素/(U/mL)	1 000	1 000	1 000	1 000	1 000	1 000	1 000
链霉素/(μg/mL)	1 000	1 000	1 000	1 000	1 000	1 000	1 000

第六节 精液冷冻保存

精液冷冻保存是人工授精技术的一项重大革新，它实现了精液的长期保存，使精液的保存、运输和使用不受时间、地域和种公畜寿命的限制，便于开展省际、国际之间的协作，最大限度地提高了优良种公畜的利用率，加速了育种和改良的步伐。

一、精液冷冻原理

精液降温到冰点以下时，精子内外的水分会按几何图形排列成冰晶，而冰晶是造成精子死亡的主要原因。在结冰过程中，精子外部水分首先形成冰晶，从而把溶质分子排斥到尚未冻结的那部分液体中去，使局部溶质浓度升高形成高渗溶液。这时由于精子内外溶质的浓度差，以及冰和水表面蒸气压差的关系，导致精子内部水分向外渗透，从而造成精子脱水，原生质变干，电解质浓度增高，酸碱度失去平衡，造成不可逆的变化。接着精子内水分结成冰晶，体积增大，大的冰晶对精子产生机械压力，导致原生质和细胞膜的破坏；同时冰晶还能从外部渗入精子内部，破坏精子结构。这些变化足以造成精子死亡。

冰晶化状态易发生在0～－60℃，降温越慢冰晶化越严重，这个温度范围称之为有害(或危险)温度区，尤以－15～－25℃对精子危害最大，这个温度范围称为显著有害温度区。如在降温过程中能以极快的速度越过这个温度区，则会使水分子来不及重新排列而形成均匀的团块，即玻璃化。玻璃化状态不至于损害细胞的结构。玻璃化必须在－60～－130℃的超低温(玻璃化温度区)才能形成。

如果在稀释液中加入甘油等防冻剂，则更有利于减少冰晶形成，形成玻璃化状态。一般认为甘油具有较强的亲水性，它可在水结晶过程中限制和干扰水分子晶格的排列，阻抑水形成结晶，使精液处于过冷溶液状态。而快速降温时，由于水分子来不及重新排列，虽然温度更低，但精液仍保持液态，形成了更过冷的溶液。因此，加入甘油等防冻剂和快速降温能够安全并迅速越过有害温度区，在很大程度上对精子起到保护作用。

不同畜种的精子对甘油反应也不相同。牛精液冷冻稀释液中甘油浓度高或低对精子活力及受胎率影响较小，这是牛冷冻精液成功应用的重要原因。而猪和绵羊的精子在甘油浓度增大时，虽然冷冻精液解冻后的精子活力较高，但受胎率很低。这主要是甘油对精子存在毒害作用，尤其是对精子顶体完整性和酶有破坏作用。

甘油对精子的损害程度与温度有关，温度越高，甘油的毒害作用越强。因此，在精液冷冻前，一般先用含低温保护剂而不含甘油的第一液进行稀释；降温后，再用含甘油的第二液进行第二次稀释。如果直接将含甘油的稀释液加入原精液中，则在降温过程（1～2 h）中，精液是在较高的温度下与甘油相互作用的，对精子的危害性也相对较大。

二、精液冷冻保存技术

在各种家畜中，牛的冷冻精液已广泛应用于生产，并形成一整套的工艺流程。牛冷冻精液配种（简称冷配）是目前应用最成功的人工授精技术。牛精液冷冻技术基本流程如下：

（一）准备工作

1．配制稀释液

常用牛冷冻精液稀释液配方见表 4-7。

表 4-7　常用牛冷冻精液稀释液配方

	试剂名称	蔗糖-卵黄-甘油液	乳糖-卵黄-甘油液	葡萄糖-卵黄-甘油液	果糖-柠檬酸钠-卵黄-甘油液
基础液	蒸馏水/mL	100	100	100	100
	蔗糖/g	12	—		
	乳糖/g	—	11		
	葡萄糖/g			7.5	
	果糖/g				5.56
	柠檬酸钠/g				2.97
第一液	基础液/mL	80	80	80	90
	卵黄/mL	20	20	20	10
	青霉素/10^4 U	10	10	10	10
	链霉素/10^4 U	10	10	10	10
第二液	第一液/mL	43	40	40	36
	甘油/mL	7	10	10	14
	适用剂型	颗粒	颗粒	颗粒	细管

注：10 万 U 青霉素、链霉素分别相当于 0.06 和 0.1 g。

(1)基础液 常用的基础液为经过过滤灭菌处理的11%乳糖或12%蔗糖，也有使用更为复杂的基础液。

(2)第一液 其方法与配制低温保存稀释液相同。

(3)第二液 按一定的体积比，将第一液与甘油等防冻剂混合。

(4)解冻液 颗粒冷冻精液一般采用解冻液解冻，解冻液多采用2.9%的柠檬酸钠溶液，也有采用维生素 B_{12} 注射液作解冻液的。牛细管冻精一般采用直接解冻，不使用解冻液。

将第一液在采精前放入33℃的水浴锅中预热。

2. 其他准备工作

其他准备工作包括采精器具、精液品质检查用品、稀释精液容器和精液冷冻用品的准备。

(二)采精

采用1次采精2个射精量的采精方法(参见牛的采精)。

(三)精液品质检查

1. 原精液品质检查

精液采集后，应立即放入水浴中保温并与稀释液等温处理。在此过程中，应快速检查精液品质。用于制作冷冻精液的原精液精子活力不低于0.6，精子密度一般不低于6亿/mL，畸形率不高于15%(引自GB 4143—2008 牛冷冻精液)。

2. 冷冻前处理过程中的精液品质检查

在精液处理过程中，共有三次必需的活力检查：①原精液在第一次稀释后5 min左右；②第二次稀释前；③平衡后冷冻前。冷冻前活力不能有明显下降。

3. 解冻后精液品质标准

试冻后，一般解冻检查精子活力≥0.3，才能将剩余的精液全部冷冻。

冻精产品应定期进行全面的质量检查。按照GB 4143—2008 牛细管冷冻精液解冻后活力≥35%，畸形率≤18%，顶体完整率≥40%，前进运动精子数≥800万个；水牛精子活力≥30%，畸形率≤20%，前进运动精子数≥1 000万个。解冻后的精液无病原微生物，每毫升中细菌菌落数≤800个。

(四)精液稀释

1. 稀释倍数的计算

最终稀释倍数＝原精液精子密度×冻后预期活力×每头份(有效)剂量÷每头份有效精子数－1。

冻后预期活力:依据以往相同产品生产中冷冻效果与原精液精子活力的相关性,从而对即将冷冻的精液解冻后的活力进行估计,其估计值称之为预期活力。

举例:1头种公牛1次采精中2个射精量共计12 mL,精子密度为10亿/mL,活力为0.7,用于制作细管冷冻精液。解冻后预期活力为0.35,每支细管有效精子数1 000万个(国标为≥800万),每头份实际灌装剂量为0.25 mL,有效容量约为0.20 mL(国标为≥0.18 mL,部分精液被棉塞吸附)。

用两步稀释法,最终稀释倍数＝10×0.35×0.20/0.1－1＝6.0(倍)(计算值取整数部分)。第一次稀释比例为1∶2.5;第二次稀释比例为1∶1;稀释后总体积＝原精液体积×(最终稀释倍数＋1)＝12×(6＋1)＝84(mL)。预计可分装的细管支数＝稀释后精液体积/每支细管精液实际灌装量＝84/0.25＝336(支)。除去灌装过程产生的废品和预冻检查细管,约可生产320支细管冻精。

2. 稀释方法

冷冻精液稀释的方法分为一步稀释法和两步稀释法。一步稀释法是在30～33℃下,将含甘油的稀释液加入原精液混合。作细管冻精的,可在稀释后进行灌装,然后降温平衡。这种方法对精液分装环境温度要求较低,一般在室温(20℃)下就可进行分装,但由于稀释时温度较高,甘油对精子的毒害作用较大,所以尽量不采用。两步稀释法较为常用,但必须在2～5℃的低温工作台上灌装细管。

根据稀释倍数的计算结果,按比例在30～33℃下用第一液对原精液作第一次稀释,然后将稀释后精液经隔热包裹和第二液一起放在2～5℃的低温工作台内或冰箱内缓慢降温。1～1.5 h后,用第二液作第二次稀释。如果第二次稀释为1∶1稀释,则稀释后精液的防冻剂(甘油)含量为第二液防冻剂浓度的1/2。

(五)平衡

平衡是精液与甘油等防冻剂相互作用的过程,使保护剂能渗透到精子内部而发挥冷冻保护作用。最后一次精液稀释后,在2～5℃的温度下平衡2～4 h。

(六)精液冷冻操作

1. 精液冷冻的冷源

精液冷冻的冷源最初采用干冰即固态的 CO_2(－79℃),后改用液氮(－196℃)。

2. 冷冻精液的剂型及分装

冷冻精液的剂型即冷冻精液的包装方法或分装方法。目前应用的剂型有安瓿型、颗粒型和细管型三种,它们各有利弊。

(1)安瓿型　安瓿型系最早采用的剂型,用硅酸盐硬质玻璃制成的安瓿盛装精液,剂量多为 0.5 或 1.0 mL。优点是:剂量标准,不受污染,标记明显。缺点是:生产工艺复杂,成本高,易破碎,体积大,保存时占用空间大,解冻后还需吸入输精器才能输精。

(2)颗粒型　将精液直接滴冻在经液氮冷却的塑料板或金属板(网)上,体积一般为 0.1 mL 的颗粒。优点:方法简便,易于制作,成本低,体积小,便于大量贮存。缺点:剂量不标准,精液暴露在外易受污染,不易标记,解冻时一般需加入解冻液。

(3)细管型　细管冻精是 60 年代中期兴起的冷冻精液新工艺。有 0.25、0.5、1.0 mL 三种容量,是目前国内外比较流行的包装方法。我国肉牛、奶牛冷冻精液多采用 0.25 mL 较细的细管(长约 13 cm)。其优点是:①便于快速冷冻,精液受温均匀,冷冻效果好;②剂量标准化,卫生条件好,不易受污染,标记鲜明;③体积小,便于大量保存;④解冻方便,不需二次转移精液,直接解冻,将解冻后的细管装入输精枪即可用于输精;⑤精子损耗率低,复苏率高,冷配受胎率高而且稳定;⑥适于机械化、专业化生产,工效很高。缺点是:一般采用昂贵的进口精液灌装机和喷字机,对工作环境要求高。

细管冻精一般应在平衡后再分装。先灌装几支细管,进行试冻和解冻,检查活力,如果符合要求,再将剩余的精液全部灌装;如不符合要求,确认是平衡后精液品质下降造成的,则不再进一步处理,以避免细管浪费。细管冻精在灌装过程中应避免精液温度回升,要求灌装机放在低温工作台上灌装细管。

细管冻精的标记一般是在灌装时由喷字机在细管上喷字,内容包括生产厂家、公牛品种、公牛号(名)、生产日期等。细管冻精外观及标识见图 4-12。在辨认公

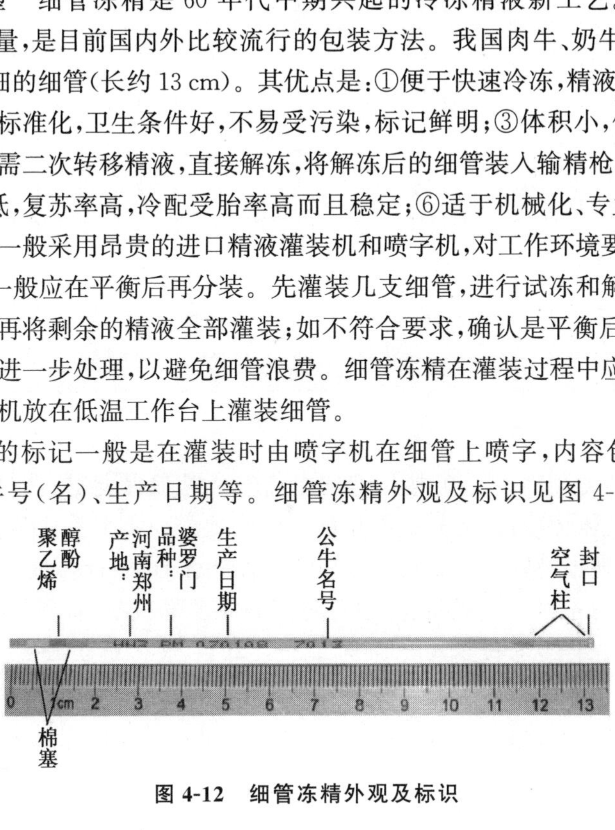

图 4-12　细管冻精外观及标识

牛品种时，我国统一用公牛品种名称的汉语拼音简写作为公牛品种代号(表4-8)。

表4-8 种公牛品种代号表

(引自:GB 4143—2008 牛冷冻精液)

公牛品种	品种代号	公牛品种	品种代号
荷斯坦牛	HS	婆罗门	PM
沙西瓦	SX	丹麦红牛	DMH
娟珊牛	JS	皮埃蒙特	PA
西门达尔	XM	南阳牛	NY
兼用短角	JD	秦川牛	QC
草原红牛	CH	延边牛	YB
新疆褐牛	XH	鲁西黄牛	LX
三河牛	SH	晋南牛	JN
肉用短角	RD	复州牛	FZ
夏洛莱	XL	摩拉水牛	ML
海福特	HF	尼里-拉菲	NL
安格斯	AG	金黄阿奎丹	JH
利木赞	LM	比利时兰	BL
莫累灰	MH	南德文	ND
抗旱王	KH	德国黄牛	DGH
辛地红	XD	蒙贝利亚	MB
楼来恩	LL	—	—

3. 精液冷冻

(1)冷冻面的预冷　液氮槽用泡沫塑料箱或其他保温材料制成，在液氮槽中加入液氮，待液氮槽冷却(液氮暴沸停止)后，在液氮面上置一冷冻板，冷冻面要能在液氮槽中方便地升降。冷冻板一般用导热性能强的材料制成，如铜纱网、底部有2～3排直径3 mm的小孔的铝盒，也可将聚四氟乙烯板(简称氟板)置于底部有小孔的铝盒上。先将冷冻板浸入液氮中，完全冷却后，将冷冻板升高至距液氮面1～2 cm处，3～5 min后冷冻板温度维持在－80～－120℃。冷冻板的适宜高度受液氮蒸发速度影响，所以最好以低温温度计实测冷冻面的实际温度为准。

(2)冷冻

①安瓿冻精制作　安瓿冻精应用已经很少。用移液器将平衡后的精液分装到各安瓿瓶后，在酒精喷灯上封口，分装过程应避免温度回升。冷冻方法与细管冻精制作方法相似，将安瓿瓶排放在铜纱网上降到距液氮面 1～2 cm 高处，冻结后，继续熏蒸 10 min，装入纱布袋中，做好标记，投入液氮罐中保存。

②颗粒冻精制作　将平衡后的精液放在加有碎冰块的保温杯内，同时在保温杯内放入一支消毒过的玻璃试管，将消毒过的滴管插入其中。

用在保温杯中预冷的滴管吸取平衡后的精液，按 0.1 mL 的量定量滴于冷冻面上(颗粒直径约 0.6 cm)。滴管上可做标记，使每次吸入的精液为 1 mL，这样每 10 个颗粒一排，逐行滴冻，刚好将 1 mL 滴完为一排。滴冻过程中，滴管胶头挤压后不能放松，以防回吸空气，再滴时产生气泡；每滴 1 个颗粒，应将滴管头抬高约 1 s，保持一个适当的节奏，避免管头一直在超低温空气中使滴管内精液冻结造成滴管堵塞。滴完一个面板后，将滴管插入保温杯中的空试管中。待全部颗粒均已冻结白亮时，可将液氮槽盖上盖子，熏蒸 3～5 min，然后将冷冻面浸入液氮中。将塑料漏斗插在浸入液氮中的纱布袋内，然后将冻精颗粒倒入纱布袋，抽紧袋口，在袋口系的线绳上做好标记。包括厂家、公牛品种、公牛号(名)、工作人员工号、生产日期、总数量等。然后将颗粒冻精包装投入 30 L 液氮罐中保存，绳头和标记挂在液氮罐口上。

每头公牛的颗粒冻精制作完毕后，应更换滴管和插滴管的试管。

正式滴冻前应先预冻约 10 个颗粒，解冻确认质量符合要求，再将全部的精液冷冻。

颗粒冻精要求形状大小一致[每 1 mL 滴冻(10±1)个颗粒]，呈大半个球形(在氟板上制作呈球形)，无气泡(在液氮中不漂浮)，不连珠。

③细管冻精制作　在低温工作台上将灌装后的细管排列在冷冻架上，冷冻架上细管排放时 25 支一组，冷冻架的 2 个支撑杆上有每 25 个为一组的锯齿形小槽用来使细管保持相同的间距，共 5 或 6 组。

全部细管排好后，放入细管冻精程序冷冻仪或液氮槽中冷冻，在程序冷冻仪中冷冻应按规定数量放置冷冻架(即使是空架)。在液氮槽中冷冻 10 min 后，工作人员戴上棉手套，将细管装入塑料管(俗称拇指管)中，25 支(1 组)装一管，再将拇指管装入纱布袋中，或直接将细管冻精装入预冷后的纱布袋中。纱布袋上事先印有相关标记。然后将纱布袋放入一个装有液氮用于转移细管冻精的小型的广口液氮罐中，一批冷冻完成，包装后放入转移液氮罐中后，送入贮藏室的 30 L 广口液氮罐中贮存。

(七)冷冻精液解冻技术

冻精解冻是冻精产品使用者必须掌握的技术,冻精解冻的好坏直接影响到精子的复苏率和活力。

1. 安瓿冻精或细管冻精解冻

一般采用直接解冻,将水温调至38～40℃,用镊子夹取细管封口端或安瓿瓶上部,可在空气中停留3 s后放入水中(也可直接投入水浴中),并不断摇动,至细管变色(解冻时间3～4 s),安瓿中冻精融化2/3左右时,取出放在手心中搓动至全部融化。

2. 颗粒冻精解冻

(1)解冻液配制

配方一:2.9%柠檬酸钠液,用2 mL灭菌安瓿瓶封装,解冻液净容量(下限)1.5 mL。

配方二:蒸馏水100 mL,葡萄糖3.0 g,柠檬酸钠1.4 g。

配方三:蒸馏水100 mL,柠檬酸钠1.7 g,蔗糖1.15 g,氨苯磺胺0.3 g,磷酸二氢钾0.325 g,碳酸氢钠0.098 g,青霉素、链霉素各10万U。

(2)湿解冻　湿解冻是将0.5～2 mL解冻液加入试管中,在水浴中加温至38～40℃,投入颗粒冻精,摇动至融化约1/2时取出,并继续摇动至全部融化。

(3)干解冻　干解冻是将平底试管置于38～40℃水浴中恒温后,投入颗粒冻精,在水浴中摇动至融化1/2时取出,加入0.5～2 mL、20℃的解冻液,摇动至全部融化。

3. 解冻温度

解冻温度是指冻精解冻时水浴的温度,历来有多种解冻温度,其解冻时间也不相同,目前牛颗粒和细管冻精常用的解冻温度为38～40℃。

(八)冻精的贮藏与运输

1. 液氮罐的结构

液氮罐的基本结构由外壳、内胆(壁)、罐塞、提筒(或称提漏)等组成(图4-13)。外壳与内胆之间的夹壁装有多层由镀铝涤纶等材料作为反射层以防止热辐射;从真空排气口将夹壁抽成高度真空状态,夹壁位于罐

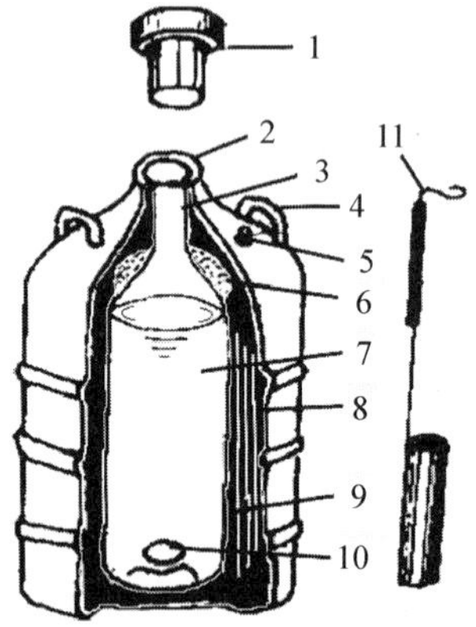

1. 罐塞　2. 分度圈　3. 罐颈
4. 手柄　5. 真空排气口　6. 吸附剂
7. 液氮　8. 外壁　9. 真空夹壁
10. 提筒卡槽　11. 提筒

图4-13　液氮罐的结构示意图

肩部处填充有活性炭及硅胶等吸附材料来维持真空状态,以避免热传导和热对流。罐塞用硬质泡沫隔热材料制成,塞体上有与分度圈对应的纵沟,并使内胆与外界保持通气状态。提筒的手柄中间部分由隔热材料将提筒和手柄钩连接,手柄钩挂在分度圈的卡槽中。

新购的液氮罐一般应装满液氮,以验证其夹壁间真空层是否完好。液氮罐外壳上如有结霜现象,说明其夹壁的真空状态已经被破坏,应返回厂家检修。

2. 冻精贮藏的管理

(1)减少液氮挥发和防止贮藏室缺氧　存放冻精的液氮罐应放在凉爽通风、隔热条件好的房间内。液氮罐存放地方越凉爽,越有利于减少液氮的挥发,冬季液氮罐的液氮消耗量比夏季成倍减少。在一些不方便购买液氮的地方,有人把 3 L 液氮罐放入冰柜中,可大大延长补充液氮的周期。另外,应尽量避免经常开盖检查液氮数量。

(2)正确存放冻精和使用液氮罐　冷冻精液应贮存于装有适量液氮的液氮罐中,设专人保管,每周定时加 1 次液氮,应经常检查液氮罐的状况,如发现液氮罐外壳结霜,应立即将冻精转移至其他液氮罐内保存。包装好的冻精由一个液氮罐转移到另一个液氮罐时,在液氮罐外停留时间不得超过 5 s。取、存冻精后要盖好罐塞,在取放罐塞时,要使罐塞的纵沟与手柄对准,垂直轻拿轻放,以防罐塞损坏。提筒要轻拿轻放,防止手柄折断。大容量罐应由两个人分别提握液氮罐两侧的把手,小罐应握住提手,使液氮罐呈直立状态搬运。

(3)液氮罐要摆放合理　种公牛站、种畜冻精调剂中心和大型冷配站的冷冻精液在贮存中,必须将液氮罐编号,按次序排列。如果一个液氮罐中存放多头公牛的冻精,应按分度圈登记每个提筒中存放的冻精名称及分度圈号等信息。液氮罐号、位置、对应冻精信息都要画在布局图中,布局图张贴在光线充足的门口,以方便查找。

3. 冻精运输

一般液氮罐罐体外都套有夹有海绵的外套,既有一定的保温作用,也能缓冲撞击。用于对外冷配服务的液氮罐应放在摩托车或汽车上专用的固定架内,周围填以海绵等缓冲材料。运输冻精的汽车严禁客货混装,驾驶室和货箱应严格隔开,以免汽车发生意外时造成人员冻伤或窒息。运输中应尽量避免炎热天气行车,中途停车时要防止日光暴晒。禁止将装液氮的液氮罐带上客运列车的旅客车厢内。小型液氮罐应用手提,不可将罐背在背上,以免俯身时将液氮倒在身上。

4. 冻精的使用与转移

(1)从液氮罐中取冻精时,提筒不能提出罐口以上,时间不能超过 10 s,如果超过 10 s 仍未完成操作，应将提筒放回液氮中片刻后再提至罐口。

(2)细管冻精在液氮罐提筒中存放，封口和空气柱端应向上，镊子先在提筒内预冷一下，再夹住空气柱，不可夹在精液柱上。

(3)取颗粒冻精和安瓿冻精时不能用镊子直接夹取，以免升温。一般应先将液氮倒入液氮槽或广口不锈钢保温杯中，再将装冻精的纱布袋取出放入液氮槽或保温杯中，在液氮中或液氮面上 10 cm 以下打开纱布袋口，将镊子在液氮中预冷，再夹取颗粒冻精或安瓿冻精。要尽量缩短取冻精的时间。

(4)各种冻精从夹取到投入水浴、解冻液或解冻试管之前，在空气中停留的时间不要超过 3 s。

(5)细管冻精可放在液氮槽中液氮面上 1 cm 左右的铜纱网上进行分拣、分装。将装冻精的纱布袋向罐颈口小的液氮罐转移时，纱布袋离开液氮的时间不能超过 5 s，如果不能及时完成，应将纱布袋再放回液氮槽中，重新调整纱布袋的冻精装量，以便能顺利放入。

第七节 输 精

输精是人工授精的最后一个环节，把握准确的输精时机，保证良好的卫生条件，将足够的有效精子输入到母畜生殖道的适当部位，是保证人工授精受胎率和产仔数的关键。

一、母牛的输精

过去曾采用开膣器法输精，方法是用开膣器将母牛阴道打开，操作者手持输精枪，借助光源，找到子宫颈外口，把输精枪从子宫颈外口插入 1～2 cm 深处，然后将精液缓缓输入。此法虽然简单，但由于输精深度浅，易倒流，开膣器对阴道可能造成损伤，受胎率无法保证，目前已经基本不用。最常用的方法是直肠把握子宫颈输精法。

(一)输精前的准备

1. 冻精解冻与装枪

目前广泛应用的是细管冻精输精，也有用颗粒冻精输精的。将细管冻精按要求解冻，擦去细管外水分，用细管钳剪去细管封口端的气柱(保留气柱 1～2 mm)，将改良型细管输精枪通针向后拉出 15 cm 左右，然后将细管的棉塞一端插入输精枪的前端钢管内。从包装中把一支套管抽出 1/3，将套管后端从塑料膜捅出，将套管套在输精枪上固定紧，备用。

颗粒冻精解冻后，用一支 2.5 mL 的一次性注射器吸入约 0.5 mL 空气后，吸取生理盐水或基础液，然后与消毒过的输精枪连接，将注射器推到底，用于润洗输精枪内管。然后注射器吸 0.2 mL 空气后，将输精枪前端插入解冻后的精液中吸取精液。

2. 操作人员的准备

操作人员穿上工作服和长筒胶靴，戴上工作帽，指甲剪短锉光。工作服左袖挽至上臂（也可将左袖剪掉），左手戴上长臂手套，将手套拉至上臂处用夹子固定。在手套上喷洒少量水或石蜡油。

3. 母牛的准备

养牛场和配种站一般将母牛保定在兽医诊疗用的保定架内。牛场也可将母牛用颈夹保定在畜床上。助手将母牛的尾巴拉向左侧，用 0.1%高锰酸钾或 0.5%的新洁尔灭清洗消毒外阴及其周围皮肤，用拧干的抹布擦净，再用纸巾拭干，最后用一张消毒纸巾将阴门裂擦干净。

(二)输精操作

1. 直肠宿粪的排出或移出

输精员站在母牛正后方，戴手套的左手蘸少量的水或润滑剂抚摸湿润母牛肛门周围，然后手呈楔状（或称锥状）插入肛门，将直肠内粪便清除。

2. 将输精枪插入子宫颈管

左手退至直肠后端，向下压使母牛阴门裂张开，右手将输精枪连同套管外塑料膜呈向上 45°角度插入阴门内，伸入 15～20 cm 后，左手向前伸至直肠狭窄部，并将直肠向后扒，以便左手探入直肠更深的位置，然后左手手掌展平向下，在骨盆腔附近向底部下压，可找到一个棒状物，质硬而且有弹性，如软骨状，这就是子宫颈。找到后，手轻握住子宫颈外口处的前方，并使子宫颈呈水平方向向前推送。右手将输精枪向前推送，使输精枪前端到达子宫颈阴道部。然后右手中指、无名指和小指固定输精枪，食指和拇指向后牵拉套管外的塑料膜，使输精枪的套管前端捅透塑料膜并使塑料膜向后回拉 15 cm 左右。然后双手配合，使输精枪插入子宫颈口，当输精枪进入子宫颈内时，右手能够感受到前端通过子宫颈的皱褶所特有的感觉，输精枪应随着子宫颈管内的皱褶变化上下调整方向，直到向前推送时，没有被皱褶阻挡的感觉时，说明输精枪已经到达子宫体。这时应立即停止向前推送，将输精枪捅针缓缓向前推，把精液送入子宫体内，然后将输精枪抽出，取下套管。

颗粒冻精和鲜精输精与细管冻精输精相似，当输精枪到达子宫体后，缓慢推送注射器活塞。直肠把握子宫颈输精法的操作方法见图 4-14。

左图：把握子宫颈的方法错误　右图：把握子宫颈的方法正确

图 4-14　直肠把握子宫颈法输精

3. 注意事项

(1)输精枪向前推送时，切忌用蛮力，应不断调整方向，使输精枪头轻松通过子宫颈管。

(2)在输精枪未插入子宫颈管外口时，应将子宫颈向前推送，使阴道壁伸直。

(3)如果不能确认输精枪是否到达子宫体，为了避免输精枪戳伤子宫黏膜，可在输精枪通过子宫颈管 4～5 个皱褶时，就将精液输入。将精液输入时，应缓慢。

(三)输精时间与次数

母牛的配种时间较容易掌握，即在发情结束时配种。早上发情，傍晚配；下午发情次日上午配。在最佳配种时机，母牛一般表现比较安静，发情征状明显消退；阴道黏膜由粉红变成苍白，黏液黏稠而量少；如果触诊卵泡，卵泡已经不再增大，并且壁薄表面紧张，有一触即破之感。母牛一般只需输精 1 次即可，但如果输精后 8 h 内母牛仍有明显的发情征状，应在第一次输精后 8～10 h 进行第二次输精。

二、母羊的输精

(一)输精前的准备

1. 输精用品和精液的准备

羊用输精器一般为金属材质，每输精 1 次用 1 支输精器。输精器每次输精结束后应立即用清水清洗外部，并用蒸馏水冲洗内管和外部。根据生产实际需要，将 5 支或 10 支输精器为一组，用牛皮纸包好，放入干燥箱中，100～150℃消毒 1 h，放凉备用。输精前，用 1 mL 的一次性注射器吸入少量生理盐水或稀释液连接在输精器上，润洗输精器内管。接着注射器吸取 0.1 mL 空气后，将输精器前端插入装精液的容器中，吸入 0.05～0.1 mL 精液(以活塞后退的刻度数为准)。将输精器前端略向上放在器械盘中备用，要确保输精器前端不接触任何物品。装低温保存精液的试管应放在保温杯中的碎冰块上，以避免升温。

开膣器用前要用水清洗干净，放在器械盘上，用纱布覆盖，在 100～150℃下消毒 1 h，放凉备用。一般要求每输 1 只羊更换 1 个开膣器。如果开膣器较少，也可将用过的开膣器用纸巾擦净，用装 75%乙醇的喷瓶喷洒一遍，酒精完全挥发后使用。

2. *母羊的保定和外阴消毒*

母羊可保定在保定架内。在保定架后方挖一个边长 80 cm，深 60 cm 的坑，在坑中放一张小凳子，输精员坐在坑中的小凳上操作；也可将保定架抬高(图 4-15)，以方便输精操作。大型羊场可制作转盘式输精台，母羊赶上输精台后，转盘转到输精员坐的位置，开始输精，结束后，将下一个输精位转到面前。小型羊场也可用倒提保定的方法，这种方法由于母羊臀部位置抬高，更容易将精液输入子宫颈管内，不易发生倒流。用镊子夹取在 0.1%高锰酸钾溶液中浸湿的棉球清洁母羊外阴，然后用消毒纸巾擦干。

图 4-15　在抬高的输精架内给母羊输精

(二)输精操作

在母羊阴门裂处涂少量红霉素软膏或专用水性润滑膏，也可将润滑剂涂在开膣器前端，左手持开膣器，使开膣器前端的侧扁方向与阴门裂一致，略向母羊背侧方向插入母羊阴道内，再将手柄转向母羊腹侧，打开阴道，借助自然光或灯光，找到母羊子宫颈外口。子宫颈外口及其周围黏膜呈紫红色比周围黏膜颜色深，如果阴道穹窿处黏液较多，可用输精器将其挑到一边，以方便找到子宫颈口。将输精器插入子宫颈口，到不能再向里插，稍后退一点，以免输精器前端被子宫颈皱褶堵塞。缓慢注入精液，当注射器中最后的空气推出后，可看到精液充满了子宫颈外口，应停止推送注射器活塞柄，抽出输精器。

注意，开膣器插入时，一定要轻缓，插入并开张后，要始终用力直到抽出开膣器，以免开膣器闭合夹伤阴道黏膜。对处女羊，有时开膣器不易插入，可不用开膣器,直接将输精器插入到阴道穹窿附近,输精量应增大1倍。

倒提保定时,输完精后,可让助手继续倒提母羊1 min,以防止精液倒流。

细管冻精容量较大(0.25 mL),会有一些精液流入阴道内,属正常现象。

(三)输精时间和输精要求

羊的排卵时间在发情结束时。如果母羊群每天试情2次,发现发情时输精1次,间隔12～18 h第二次输精。由于羊的输精部位浅,为了防止倒流,输精量要小(0.05～0.1 mL),有效精子数为5 000万个。

三、母猪的输精

(一)输精前的准备

1. 输精用品的准备

输精前需准备的用品包括:运输或临时贮存精液的保温箱、贮存精液的输精瓶(袋)、纸巾、润滑剂、输精管、温度计、高锰酸钾等。

除极寒冷地区冬季需将精液升温至25～30℃外,输精前,从17℃恒温冰箱中拿出的精液没有必要升温,可直接用于输精。

2. 输精场地

在规模化猪场,输精时,应让母猪与试情公猪隔栏头对头站立,以便更好地刺激母猪性兴奋,使输精更顺利。如果没有试情公猪,正确的输精方法也能保证受胎率,但没有公猪的刺激,个别母猪可能因为没有良好的静立反射而使输精不顺利。

3. 母猪的准备

(1)对母猪敏感部位的按摩与刺激　按摩和刺激母猪的敏感部位,有利于激发母猪性兴奋,促进垂体后叶释放催产素,从而产生宫缩,促进精液的吸收,提高输精效率。可参考图4-16的方向和次序按摩母猪3～5 min。

(2)母猪外阴部的清洁　用毛巾在0.1%高锰酸钾溶液中沾湿拧干,把外阴部擦净。也可用喷瓶在母猪外阴喷少量消毒剂,再擦干。最后用消毒纸巾擦干阴门裂及其周围。

(3)注意事项　严禁用清水或消毒水冲洗外阴。因为母猪性兴奋时,可能会将液体吸入子宫内,杀死精子或造成子宫污染。外阴的清洁过程要熟练,不要耗时太长,以免母猪不能得到连续的刺激,影响其性兴奋,造成输精困难。

4. 精液与输精管的准备

从保温箱中取出输精瓶,将输精瓶颠倒几次,使沉淀的精子与上清液混合均

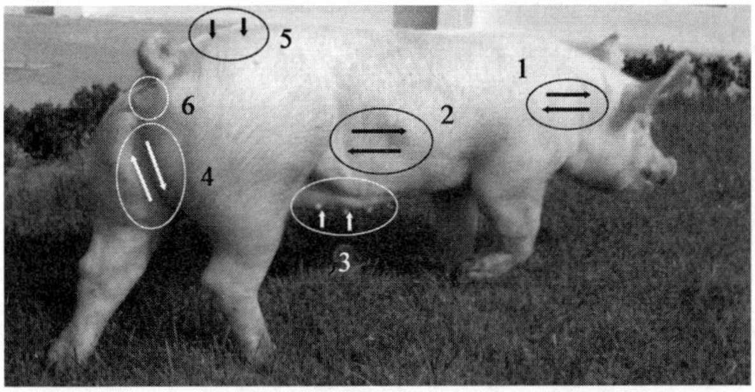

1. 颈肩　2. 侧腹　3. 下腹及乳房　4. 腹股沟　5. 后背部　6. 外阴部

图 4-16　母猪的敏感部位及按摩方向与次序

(引自:张长兴.猪人工授精技术图解.北京:金盾出版社,2010)

匀,然后掰断瓶上的蝶形头。撕开输精管海绵头一端的塑料膜包装,使海绵头露出。在海绵头前端涂少量的润滑剂,注意不要堵塞管口。将输精瓶与输精管末端连接紧(也可先将输精管插入母猪生殖道并锁定后再连接输精瓶)。

(二)输精操作

1. 将输精管插入子宫颈管

一只手使阴门呈开张状态并向后下方轻拉,另一只手持输精管呈 45°角向前上方插入母猪阴道向前推进(图 4-17),使海绵头沿着阴道的上壁滑行,当感到向前推进有阻力时,说明海绵头已到达子宫颈外口。

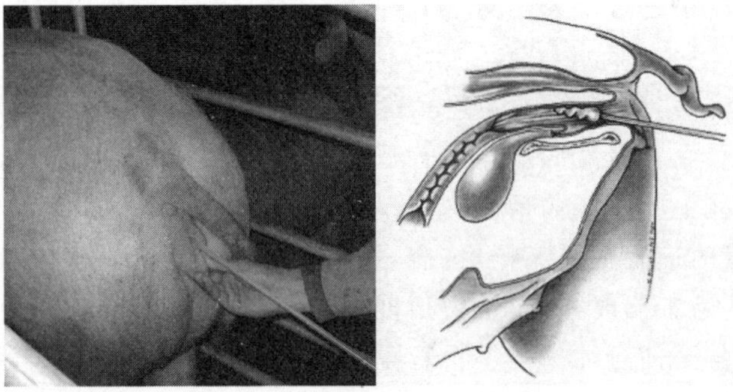

图 4-17　输精管斜向上插入阴门

(引自:张长兴.猪人工授精技术图解.北京:金盾出版社,2010)

用力向左旋转推送 3～5 cm,当海绵头插入子宫颈管内后,子宫颈管受到刺激会收缩,使海绵头被锁定在子宫颈管内。插入输精管过程要顺畅连续,以避免母猪子宫颈在插入海绵头之前已经收缩。一些体形较小的初配母猪子宫颈管较细，插入过程用力要适当，有时需要将输精管后撤一些，并改变方向，以绕过子宫颈管内的黏膜突起。强行插入，常会造成子宫颈出血。

开始输精前，应确认海绵头是否被锁定，可以向后拉动输精管，当松手后输精管能回位，说明海绵头已经被锁定。

2. 精液的输入

输精员可以选择以下任一种方法给母猪输精：

(1)输精员站在母猪左侧，面向后，将左臂及腋窝压于母猪后背，同时左手按摩母猪侧腹及乳房，另一只手提起输精瓶。

(2)一只手按压母猪背部，另一只手提起输精瓶。

(3)倒骑在母猪背部，并用两腿夹住母猪两侧腹部，一手提起输精瓶。

(4)有集中配种栏的猪场，可将沙袋压在母猪背部或用输精夹夹住母猪肷窝处，将输精瓶固定在一定高度，用注射针头在输精瓶底扎一小孔，使精液自动流入。在输精过程中，输精员按次序轮流按摩每头母猪的侧腹及后侧乳房，以刺激母猪的性兴奋，促进精液的吸收。

3. 输精过程及注意事项

(1)输精过程宜在 4～10 min 内完成。输精时间过长说明方法不正确，过短可能会造成精液倒流。

(2)输精过程中，尽可能让精液自行流下，一般不要挤压输精瓶(袋)，以免精液倒流。可通过调节输精瓶的高度来控制精液流入生殖道的速度。

(3)有条件的猪场可以修建集中配种栏，这样一个配种员可以同时负责 4 头母猪的输精。

(4)精液输完后，建议将输精管留在子宫颈管内继续刺激母猪宫缩 5 min 左右。方法是，在看到精液液面从输精管下降到阴门内后片刻(3～5 s)，将输精管后端折弯，用输精袋上的孔或输精瓶套住。5 min 后，向后下方以较快速度抽出输精管。抽出输精管时应轻快而流畅，这样，由于子宫颈仍处于收缩状态，抽出时，子宫颈口会闭合。注意抽出时，忌用蛮力猛抽，如果海绵头被锁定过紧，强行抽出会损伤子宫颈黏膜，甚至使海绵头与塑料管脱离而留在子宫颈管内。如果阻力大，可暂不抽出，待母猪性兴奋消退后再抽出。

(三)输精后的管理

在猪场内对母猪输精结束后，应让母猪与公猪继续隔栏接触 10 min 左右，然后再将公猪赶走。在集中配种栏输精的母猪，公猪赶走后，可将母猪留在原地休息

15～30 min，再将母猪赶回原圈。期间尽量不要让母猪卧下以免精液倒流。当母猪要卧下时，应轻轻驱赶，让其保持站立。

(四)输精要求及输精次数

建议母猪一个情期输精 2 次，第一次称为主配，配种时间就是我们判断的母猪最佳配种时机。第二次称为辅配，有利于增加母猪受孕机会，提高受胎率和产仔数。如果 1 天查情 2 次，一般母猪第一次输精的最佳时机在发现发情后 12～18 h，第二次输精在前一次输精后 12～18 h。如果第二次输精后，母猪的发情状况仍没有明显消退，可考虑作第三次输精。母猪最后一次输精后，仍有 12～24 h 的发情时间属于正常，不会影响受胎率。大多数情况下，母猪输精次数超过 2～3 次并不会产生有益的作用。

输精要求：每头份精液 80～120 mL，总精子数 30 亿～50 亿个，液态精液活力不低于 0.5，冷冻精液活力不低于 0.3。

四、母马(驴)的输精

马、驴在输精方法上相同，下面以马为例讲述操作方法。

(一)输精前的准备

1. 输精用品的准备

马的输精导管常见的有两种：一种是 60 cm 的橡胶管，输精导管前端软而且逐渐变细成锥形，内管与注射器或输精瓶相连；另一种是一次性塑料输精导管。橡胶输精导管每次用后立即用自来水龙头冲洗内外，然后用蒸馏水冲洗后晾干，再用 75%酒精冲洗，酒精完全挥发后备用。输精前用稀释液或生理盐水润洗内管。

2. 母马的准备

母马保定在保定架内，尾部用绷带从尾根部缠绕约 30 cm 后束在一起装入塑料袋中，用绳子将尾部拉向左前方。外阴部用消毒液冲洗后用纸巾擦干。

3. 精液的准备

冷冻精液需先解冻，加入 20℃左右的解冻液后混合均匀。输精前精液需升温到 25～30℃，将精液加入输精瓶中或吸入一次性注射器中(可先吸入少量空气)。

4. 输精员准备

输精员准备与牛输精时相似。插入阴道的手臂要戴上一次性无菌长臂手套，并在手套上涂以灭菌石蜡油。

(二)输精操作

如果母马保定时没有使用绳绊或挡板,一定要站在插入阴道的手臂的另一侧,以防踢伤。如果有挡板或绳绊,可站在正后方操作。

用润滑剂湿润母马外阴部,然后,戴手套的手将输精导管前端隐在手心中,手呈楔形插入母马阴道,直到阴道穹窿处,用食指探查子宫颈外口位置,并将食指指端探入子宫颈管内,其他手指固定输精导管前端,使其紧贴食指。另一只手向前推送输精导管将其插入子宫颈管内 10~15 cm 深处。将注射器(或输精瓶)与输精导管相连,缓缓注入精液。精液输完后,取下输精瓶,将输精导管后端上提片刻,轻轻抖动并向后上方抽出。

(三)输精时机及输精要求

母马的发情期较长,所以需要输精的次数可能较多。通过试情,确认母马发情后的第 4 天开始输精,每天 1 次,直到母马发情结束。通过直肠检查卵泡的发育情况,能更准确地把握配种时机。早春发情的母马,卵泡发育较慢,在卵泡成熟期输精为宜;4~5 月份发情的母马,在卵泡发育到成熟期时输精为宜;初夏发情的母马,卵泡触诊时一出现波动感就可输精。一次输精的容量为 20~30 mL,总有效精子数不少于 3 亿个。

五、母兔的输精

兔是刺激性排卵的动物,输精前可用下列任一方法对母兔进行诱导排卵:①用结扎输精管的公兔爬跨母兔;②肌肉注射或静脉注射 HCG 25~50 IU,或肌肉注射促排 2 号(或促排 3 号) 5 μg,或静脉注射 LH 10~20 IU。

在诱导排卵处理 2~6 h 后,把母兔仰卧保定,将输精导管沿背线方向缓慢旋转地插入阴道内 5~7 cm,到达阴道底部,来回抽动几次,然后缓缓注入精液。输精后将母兔后躯抬高片刻,以防精液倒流。

输精要求:输精量 0.2~0.5 mL,有效精子数 0.15 亿~0.2 亿个。

六、提高输精效果的措施

(一)准确把握输精时机

在最适宜的时机给母畜输精是保证受胎率的关键。输精过早,当排卵时,精子已经失去受精能力;输精过晚,当精子获得受精能力时,卵子早已失去了受精能力。

把握输精时机的能力是人工授精员最关键的技能之一。要判断最佳配种时机，不仅要考虑发现母畜发情的时间，同时还要考虑到母畜的年龄、胎次、断奶到发情的间隔时间、季节等因素，因为这些因素与母畜从发情到排卵的间隔时间有关。

（二）足够的有效精子数和精液体积

应按照行业或专业标准分装精液，这些标准所规定的精液体积和有效精子数都能达到稳定可靠的受胎率和窝产仔数。降低有效精子数并非一定导致不受胎，但可造成总体受胎率下降，对窝产仔数也会产生不良影响。

（三）使用混合精液输精

两头或更多头公畜的精液混合在一起，使输精后卵子有更多选择与不同遗传背景的精子受精的机会，有利于提高卵子受精率和胚胎活力；有利于提高受胎率、窝产仔数和出生仔畜整齐度。英国早在20世纪60年代就开始用混合精液输精来生产商品猪，其繁殖成绩明显优于用单一来源的精液输精。由于混合精液输精母畜所产仔畜不能确定其父本，因此，这种方法只适合在非育种场（站）进行。

（四）输精前、中、后应尽量避免母畜受到应激

不良的外界刺激，会使母畜释放肾上腺素，对抗催产素、雌激素的作用，从而对精子运行、受精产生不良影响。因此，创造良好的输精环境，输精前激发母畜的交配欲（如母猪输精时有公猪在场，刺激敏感部位等），禁止野蛮操作，输精后让母畜在原地休息片刻等，都有利于提高输精的效果。

（五）输精过程及输精后要防止精液倒流

有时输精的刺激（尤其是精液容量大而且温度低）会引起母畜努责，导致精液倒流，必须引起注意。操作过程要柔和，避免不良刺激，输入的速度应快慢适中，输精后10 min内应尽量避免母畜卧下。当精液流动不畅时不可强行加压，应调整输精器前端的位置，防止前端堵塞。

（六）准确的输精部位

从某种程度上讲，输精部位越深，倒流的可能越小，需要的有效精子越少，受胎的几率越大。用牛的性控冻精作常规输精，其受胎率远低于普通冻精，但如果能小心地将输精枪插入到卵巢上有卵泡发育的一侧子宫角的大弯处，受胎率就会明显提高。采用深部输精管给母猪输精，即使输入推荐精子数的1/3，与普通海绵头输

精管输入推荐精子数的受胎率和产仔数也没有差异。但对初配母猪，深部输精管可能会损伤子宫颈管。

常规人工授精的输精部位：牛，输精枪头到达子宫颈内口或子宫体；羊，输精枪插入子宫颈管外口内 0.5～1 cm；猪，输精管海绵头插入子宫颈管 3～5 个皱褶；马、驴，输精导管到达子宫体。

【本章小结】

本章主要讲述了人工授精的关键技术。把质量合格的精液适时地输入到母畜生殖道的适当部位，是保证人工授精成功的关键。这就要求在保证公畜健康和良好生活环境的前提下，采集合格的公畜精液并进行适当的处理和保存，确保每一头份精液符合输精的质量要求；通过发情鉴定，准确判断最佳输精时机；最后把精液安全卫生地输入母畜生殖道的适当部位，完成配种过程。

人工授精是近代畜牧生产中繁殖管理的核心技术，也是推广最广泛的繁殖技术之一。其他繁殖技术，如发情鉴定、妊娠诊断、发情控制等技术也逐步成为围绕人工授精技术不断开展的应用技术。因此，掌握人工授精技术是动物繁殖技术课程学习的重要目标，是繁殖技术人员必须掌握的重要技能之一。

人工授精的技术性和实践性都很强，学生必须有足够的操作训练时间。由于人工授精技术的好坏直接关系到畜牧生产水平的高低，因此，学生必须在学校就熟练掌握采精、精液处理、输精等关键技术，才能参加配种管理岗位的实训，并为今后从事畜牧生产和繁殖改良工作奠定坚实的基础。

【复习思考题】

1. 人工授精有哪些优越性？为什么一些畜牧场并没有采用人工授精？

2. 假阴道采精的原理是什么？哪些家畜适合于假阴道法采精？简述假阴道的安装过程及要求。

3. 采精有哪些基本要求？如何减少采精过程中的精液污染？

4. 简述猪拳握法采精的操作方法。

5. 人工授精为什么一定要进行精液品质检查？常规检查都有哪些指标？简述各种动物原精液的质量标准。

6. 精子活力检查应注意哪些事项？

7. 精液稀释的主要目的是什么？稀释液成分可分为哪几类？不同类型的保存方法在稀释液成分上有什么区别？

8. 试述精液低温保存和常温保存的原理。在精液保存中如何防止精子发生冷休克？液态保存常用什么设备？

9. 如何计算精液的稀释倍数？如何计算冷冻精液的最终稀释倍数？冷冻精液第一次稀释的倍数如何确定？

10. 试述精液冷冻保存的原理、意义和冷冻精液制作的基本程序。

11. 简述牛、羊、猪、马输精的操作过程及要求。

12. 如何提高人工授精的受胎率？

第五章 受精、妊娠与分娩

知识目标

- ◆ 了解精子、卵子的运行和受精前的准备，掌握受精过程；
- ◆ 了解胚胎早期发育的特点，掌握妊娠诊断的方法；
- ◆ 熟悉动物的分娩特点，掌握接产与助产的方法。

技能目标

- ◆ 能较准确地进行妊娠诊断；
- ◆ 能对母畜的难产实施救助。

第一节 受 精

受精是精子进入卵母细胞，并与卵母细胞融合成一个合子的生理过程。在这一过程中，精子和卵子经历了一系列复杂的生理生化过程和形态学变化。

一、配子的运行

配子的运行是指精子由射精部位（或输精部位）和卵子由卵巢排出后到达受精部位（输卵管壶腹部）的过程。射精部位因公、母畜生殖器官的解剖构造不同而有所差别，可分为阴道射精型和子宫射精型两类。

阴道射精型的家畜有牛和羊。公畜只能将精液射入到发情母畜的阴道内子宫颈外口附近。子宫射精型的家畜有马属动物和猪。马的子宫颈比较柔软松弛，猪没有子宫颈阴道部，发情时，子宫颈变得十分松软且开张很大。交配时公马的龟头膨大，可直接插入子宫颈，并将精液射入子宫内；公猪螺旋状的龟头可直接深入子宫颈，将精液射入子宫。

(一)精子的运行

精子在雌性生殖道内的运行主要通过子宫颈、子宫和输卵管三个部分,最后到达受精部位。

1. 精子进入子宫颈

母畜的子宫颈黏膜具有许多纵行皱襞构成的横行沟槽(皱褶)。处于发情阶段的子宫颈黏膜上皮细胞具有旺盛的分泌作用,并由子宫颈黏膜形成腺窝。子宫颈可贮存精子、保护精子不受阴道的不利环境影响、为精子提供能量及滤出畸形或不活动的精子。

射精后,一部分精子借自身运动和黏液向前流动进入子宫,另一部分则随黏液的流动进入腺窝形成精子库,暂时贮存起来。库内的活精子会相继随子宫颈的收缩活动被拥入子宫或进入下一个腺窝,而死精子可能因纤毛上皮的逆蠕动被推向阴道排出,或被白细胞吞噬而清除。

子宫颈为精子运行中的第一道栅栏。精子通过子宫颈第一次筛选,既保证了运动和受精能力强的精子进入子宫,同时也防止过多的精子进入子宫。

2. 精子在子宫内的运行

穿过子宫颈的精子进入子宫(体、角)主要是靠子宫肌的收缩,在这里有大量精子进入子宫内膜腺,形成精子在子宫内的贮存。精子从这个贮存中不断释放,并在子宫肌和子宫液的流动以及精子自身运动等作用下通过子宫和宫管连接部,进入输卵管。在这一过程中,一些死精子和活动能力差的精子被白细胞所吞噬,精子又一次得到筛选。精子自子宫角尖端进入输卵管时,宫管连接部成为精子向受精部位运行的第二道栅栏。

3. 精子在输卵管中的运行

精子进入输卵管后,靠输卵管的收缩、黏膜皱襞及输卵管系膜的复合收缩以及管壁上皮纤毛摆动引起的液流运动继续前行。到达输卵管壶峡连接部时,精子因峡部括约肌的有力收缩被暂时阻挡,防止过多的精子进入输卵管壶腹。所以,输卵管壶峡连接部是精子运行的第三道栅栏。在一定程度上防止卵子发生多精子受精。各种动物能够到达输卵管壶腹部的精子一般不超过 1 000 个。最后,在受精部位完成正常受精的只有一个(或几个)精子。

4. 精子在雌性生殖道内运行的动力

精子由射精部位向受精部位的运行受多种因素的影响。

(1)射精的力量　公畜射精时,尿生殖道肌肉有序地收缩,将精液自尿生殖道排出,射入母畜生殖道内,这是精子运行的最初动力。

(2)雌性生殖道肌肉的收缩　这种肌肉的收缩是受激素和神经的调控。阴道、子宫颈、子宫和输卵管的收缩是精子运行的主要动力。子宫肌的收缩是子宫颈向子宫、输卵管方向的一种逆蠕动。交配时,催产素的分泌可使这种蠕动加强,促进子宫内的精子向输卵管运行。

(3)雌性生殖道管腔液体的流动　精子伴随液体流动而在雌性生殖道内运行。液体的流动有赖于子宫、输卵管的肌肉收缩和上皮纤毛的摆动作用。

(4)精子本身的运动力　精子尾部的活动有利于精子在雌性生殖道内向前游动。

5. 精子在雌性生殖道内存活时间和维持受精能力的时间

精子在雌性生殖道内的存活时间一般比其保持受精能力时间稍长。如家畜的精子一般可存活 1～2 d,马的较长,可达 6 d,而精子受精寿命则要短于存活时间(表 5-1)。所以在生产实践中,应严格确定配种时间和配种间隔时间,以确保受精效果。精子的存活时间受多种因素的影响,如精液品质、母畜发情阶段及生殖道环境等。

表 5-1　精子在雌性生殖道内的存活时间和维持受精能力的时间　　h

动物种类	存活时间	维持受精能力时间
牛	96	24～48
绵羊	48	30～48
猪	43	25～30
马	144	72～120
犬	264	20～48
兔	96	24～30

(二)卵子的运行

1. 卵子运行的方式

卵子自身无运动能力,排出的卵子常被黏稠的放射冠细胞包围,附着于排卵点上。卵子借输卵管伞黏膜上的纤毛颤动沿伞部纵行皱褶通过伞的喇叭口进入输卵管及壶腹部。卵子通过壶腹部的时间很快,但在壶峡连接部可停留 2 d 左右,当该部的括约肌放松时,在输卵管的蠕动收缩影响下,卵子在短时间内通过整个峡部而进入子宫。

2. 卵子维持受精能力的时间

卵子维持受精能力的时间比精子要短，家畜卵子在输卵管保持受精能力的时间大多为 24 h 以内，其受精能力消失有一个过程。种间和个体差异很大，与卵子本身的质量及输卵管的生理状态等因素有关(表 5-2)。

表 5-2 卵子在输卵管内维持受精能力的时间 h

动物种类	维持受精能力的时间	动物种类	维持受精能力的时间
牛	20～24	犬	<144
猪	8～12	豚鼠	<20
绵羊	16～24	大鼠	12～14
马	4～20	小鼠	6～15
兔	6～8	雪貂	36

卵子在壶腹部才有正常的受精能力，未遇到精子或未受精的卵子，会沿输卵管继续下行，随之老化而逐渐丧失受精能力，进入子宫的未受精卵子，在几天之内就破裂崩解而被吸收，或被白细胞吞噬。

二、受精前的准备

受精前，哺乳动物的精子和卵子都要经历一个进一步成熟的阶段，才能顺利完成受精过程，并为受精卵的发育奠定基础。

(一)精子的获能

1. 精子获能的概念

哺乳动物的精子在受精前，必须在雌性生殖道内经历一段时间以后，在形态和生理生化特性上发生某些变化，才具有受精能力的现象称为精子获能。精子获能的主要意义在于使精子作顶体反应的准备和精子超活化，促进精子穿越透明带。

2. 精子获能的部位

精子获能需要一定的过程，主要是在子宫和输卵管内进行。而不同动物的精子在雌性生殖道内开始和完成获能过程的部位不同。

现已发现，精子获能不仅在同种动物的雌性生殖道内完成，也可在体外人工合成的培养液中完成。

3. 精子获能的可逆性

动物精液中存在一种抗受精的物质，叫去能因子。它来源于精清，能溶于水，具有较强的稳定性，可抑制精子获能。若将获能的精子重新放入动物的精清与去能因子相结合，又会失去受精能力，这一过程叫“去能”；而经去能处理的精子，在子宫和输卵管内孵育后，又可获能，称为再获能。

4. 精子获能的时间

在活体内，精子获能所需要的时间因动物种类的不同而有明显差别(表5-3)。

表5-3 各种动物精子获能所需时间 h

动物种类	获能时间	动物种类	获能时间
猪	3～6	大鼠	2～3
绵羊	1.5	小鼠	1～2
牛	3～4	仓鼠	2～4
犬	7	松鼠猴	2
兔	5	猫	1～2

(二)卵子在受精前的准备

卵子在到达输卵管壶腹部时，与壶腹部的液体混合后，卵子才能受精。卵子在运行到输卵管受精部位的过程中，可能发生了某种类似精子获能的生理变化而获得与精子结合的能力。

三、受精过程

精子在到达受精部位之前依靠输卵管的蠕动运行。一旦到达受精部位后，则主要依靠其本身的趋向性运动来接近卵母细胞。同时卵母细胞也能释放一种氨基多糖类物质，诱发精子的顶体反应，并与精子释放的相关酶类发生反应。

(一)精子溶解放射冠

卵子排出后，其外围有放射冠(由放射冠细胞彼此以胶样基质粘连起来的细胞群)。当获能的精子与卵子相遇时，精子就发生顶体反应。顶体反应是精子通过放射冠和透明带不可缺少的过程，这个过程包括顶体膜的质膜和顶体外层膜融合形成许多小泡，原来封存于顶体中的透明质酸酶、放射冠穿透酶即小泡间的空隙释放出来溶解放射冠的胶样基质，为精子进入卵子打开通路。

马排出的卵子没有放射冠，精子直接与透明带接触。绵羊排卵后的卵子有4～6层卵丘细胞，当卵子进入输卵管壶腹部，放射冠即脱落。

(二)精子穿过透明带

精子在接触透明带时,头端质膜与顶体外层膜均已脱落,精子头部前端仅覆盖一层顶体内膜,此膜含有顶体素,它是一种类胰蛋白酶。此酶能溶解透明带,再加上由于顶体脱落所露出的精子核膜穿孔器的机械作用,使精子穿过透明带。当精子穿过透明带而接触卵黄膜时,卵黄膜下面的皮质颗粒包膜逐渐与卵黄膜融合,而把皮质颗粒内容物以胞吐方式排出卵黄间隙中,并且迅速传播至透明带内,引起透明带性质的改变,使后来的精子不能进入透明带内,透明带的这种变化称为透明带反应。这种反应能够防止其余精子再穿入透明带,也将正在穿入的精子封闭于透明带中。

但有的动物允许许多精子进入透明带,如兔的卵子不发生透明带反应,曾发现在兔受精卵的卵黄间隙有多于200个的补充精子(额外进入的精子叫补充精子);猪的透明带反应只局限于透明带内层,允许精子进入到透明带,但不能进入卵黄膜内。

(三)精子进入卵黄

精子穿过透明带接触到卵黄膜表面,引起卵细胞质发生一种反应,精子方能和卵子表面相附着。精子不是从头部顶端钻孔器钻入卵黄膜的,而是从精子中段开始与卵黄膜融合,随之再向后延伸,包括精子尾部一部分或全部埋入细胞浆中。

当一个精子进入卵黄后,卵黄表面对其他精子的接触不发生反应,拒绝新的精子进入卵黄,卵黄膜的这种变化称为卵黄封锁作用或称多精子入卵阻滞。

(四)原核形成

精子进入卵黄后引起卵黄收缩并排出液体进入卵黄周隙。此时精子头部膨大,尾部脱落,精子核形成核仁,周围形成核膜,整个形状似体细胞核——雄原核。大多数动物的卵子在精子进入卵黄后,卵子进入第二次成熟分裂,排出第二极体,卵子出现核膜和核仁,形成雌原核。

(五)配子配合

两个原核同时发育在数小时内体积可达原来的20倍。除猪以外,其他家畜的雄原核略大于雌原核。当两核发育到一定阶段时，两核互相靠近，彼此接触，体积缩小，开始融合，核仁、核膜消失，原核形态也不复存在，两组性染色体合并，进入第一次卵裂前期。至此，受精宣告结束。哺乳动物卵子的受精过程如图5-1所示。

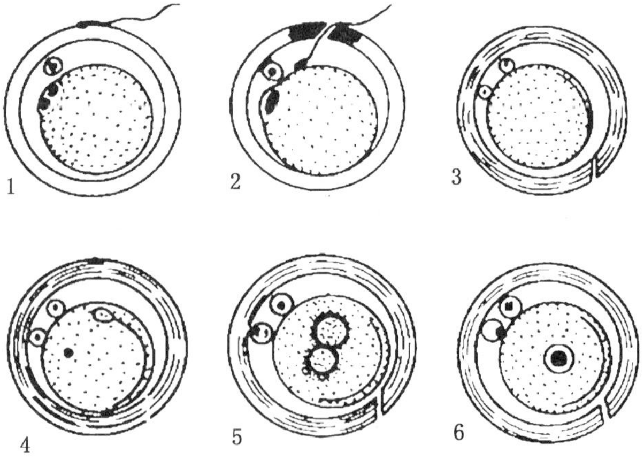

1. 精子与透明带接触　2. 精子进入透明带　3. 精子进入卵黄
4,5. 雄、雌原核形成　6. 受精完成

图5-1　受精过程示意图

（引自：徐相亭，秦豪荣. 动物繁殖. 北京：中国农业大学出版社，2008）

四、异常受精

异常受精是在受精过程中有时出现非正常的受精现象。如多个精子进入卵黄膜内；出现两个以上的原核，均不能发育；缺乏两性原核之一；在受精卵或卵裂开始时继续进入精子等现象。

哺乳动物的异常受精占2%～3%，其中以多精子受精、单核发育和双雌核发育较为多见。

第二节　妊　娠

妊娠期是从受精结束（一般由最后一次配种日期开始计算）到分娩为止。包括胚胎期和胎儿期。

一、妊娠生理

(一)胚胎的早期发育

胚胎期是指,在妊娠初期由受精卵发育成胎儿以前的发育阶段。胚胎期较短,约占妊娠全期的 1/4 或更短些。

胚胎的早期发育是在受精卵(即合子)形成后按一定规律进行多次重复分裂(即卵裂)进行的,卵裂所形成的细胞称为卵裂球。卵裂在透明带内进行。哺乳动物的受精卵一般是细胞质连同其中分散的卵黄粒均等地分裂,最初其大小一般相等。每个卵裂球含有与合子相同的细胞核及内容物。理论上卵裂球虽呈倍数(2—4—8—16)增加,但分裂过程中往往快慢不一,并非同时分裂,其中以较大的卵裂球较先分裂,因而有在同一时间内形成奇数个卵裂球的可能。卵裂属于有丝分裂,从受精卵至胚胎的每个细胞都含有两倍的染色体。

根据形态特征可将早期胚胎的发育分为以下三个阶段。

1. 桑葚期

受精卵细胞不断地分裂,卵裂球逐渐变小,但整个胚胎的大小未变,最后形成 32 个细胞,这些细胞在透明带内形成致密的细胞团,其形状像桑葚,故称桑葚胚。桑葚期主要发生在输卵管中,部分在子宫中度过。据 Hefez 报道,早期胚胎(8 细胞前的胚胎),每个卵裂球具有形成完整个体的发育潜力。

2. 囊胚期

囊胚也称为胚泡。随着细胞层的增多,在细胞团中形成一个充满液体的小腔——囊胚腔,此时的胚胎称囊胚。囊胚初形成时,外面仍有透明带,进入子宫角后,囊胚腔内液体增多,使它很快增大,并突破透明带。此后,囊胚就变成透明的泡状称为胚泡。

囊胚细胞分裂的结果,较小的细胞位于囊胚的周围,发育为滋养层,滋养层而后发育为胎膜和胎盘。较大的细胞聚集在囊胚腔的一极,称为内细胞团(胚结),是以后主要发育为胎儿的部分。

3. 原肠期

胚泡的进一步发育,出现内胚层,此时称为原肠期,这时的胚胎称为原肠胚。随着胚泡的发育,胚结上面的滋养层细胞溶解退化,胚结裸露出来,称为胚盘,随后,胚盘向着囊胚腔的部分以分层的方式逐渐形成一个新的细胞层,向胚泡的内壁扩展,成为完整的一层即内胚层,其外面的细胞层成为外胚层。以后在内胚层和滋养层(外胚层)之间出现中胚层。

(二)胚泡的附植

1. 附植的概念

胚泡在子宫内发育的初期阶段是处在一种游离的状态,并不和子宫内膜发生联系,以后胚泡增大,由于胚泡内液体的不断增加及体积的增大,在子宫内的活动逐步受到限制,与子宫壁相贴附,随后和子宫内膜发生组织及生理的联系,位置固定下来,这一过程称为附植,又称附着、植入或着床。

胚泡在游离阶段,单胎动物的胚泡可能因子宫壁的收缩由一侧子宫角到另一侧子宫角;对于多胎动物的胚泡也可向对侧子宫角迁移,称为胚泡的内迁。牛的胚泡一般无内迁现象。

2. 附植时间

动物胚泡的附植是一个渐进的过程,准确的附植时间差异较大。在游离期之后,胚泡与子宫内膜就开始了疏松附植。紧密附植发生在此后较长的一段时间,且有明显的种间差异,最终以胎盘建立为止。

胚泡附植的早晚与怀孕期的长短有一定关系。附植时间早的动物妊娠期短,反之妊娠期长。另外,子宫的环境条件和胚胎发育的同步程度对附植的顺利完成也具有重要的意义。

3. 附植部位

胚泡附着之处,是子宫中最有利于其发育的地方。牛、羊、猪的胚泡常定位在子宫角的子宫系膜对侧。那里子宫血管稠密,因而营养供给丰富,而且距离均等,避免拥挤。

牛、羊:一个卵受精时,胚泡常在同侧子宫角的下 1/3 处附植,而两个卵都受精时,则平均分布于两个子宫角中。

马:多附植于子宫角基部。产后第一次发情配种受孕后,胚泡多在上次妊娠时的空角处附植。

猪:两子宫角内有均等的胚胎附植。附植的位置取决于囊胚和子宫壁的关系,而不受任何外界因素对囊胚的影响。

(三)胎膜与胎盘

受精卵经过发育除了形成胚胎,最后发育成为胎儿以外,还形成许多胎儿的附属物即胎膜、胎盘(图 5-2)。它们是胎儿在子宫内发育阶段的临时器官,分娩后即脱离胎儿。

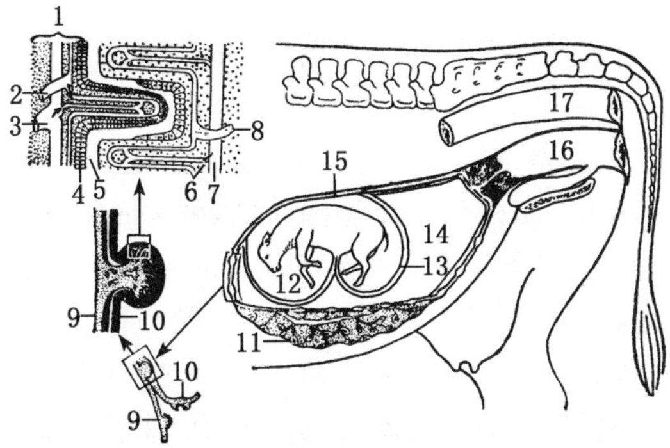

1,10. 尿膜绒毛膜　2. 胎儿静脉　3. 胎儿动脉　4. 细胞滋养层　5. 子宫腔
6. 基质　7. 母体动脉　8. 母体静脉　9. 子宫壁　11. 子叶
12,15. 羊膜绒毛膜　13. 尿膜羊膜　14. 尿囊腔及尿水　16. 阴道　17. 直肠

图 5-2　牛胎膜、胎盘结构简图

（引自：耿明杰. 畜禽繁殖与改良. 北京：中国农业出版社，2006）

1. 胎膜

胎膜又称胎儿附属膜。它在胎儿外面，包裹着胎儿。胎膜由卵黄囊、羊膜、尿膜、绒毛膜四个部分构成。

胎膜的作用是胎儿依靠胎膜从母体血液中获得营养物质和氧气，又通过胎膜将胎儿代谢产生的废物运出去，并能合成某些酶和激素。因此，它是维持胎儿发育并保护其安全的重要的暂时性组织器官，对胚胎的发育极为重要。

(1)卵黄囊　哺乳动物胚胎发育初期都有卵黄囊的发育，在卵黄囊上有完整的血液循环系统，是主要的营养器官，起着原始胎盘的作用。

原肠胚进一步发育后，分为胚内和胚外两部分，其胚外部分即形成卵黄囊。卵黄囊的外层和内层分别由胚外脏壁中胚层和胚外内胚层形成。

(2)羊膜　羊膜是包围在胎儿外面的一层透明薄膜，在胎儿脐孔处与胎儿皮肤相连，羊膜和胎儿之间的腔称为羊膜腔，内有羊水，能保护胚胎免受震荡和压力的损伤，同时为胚胎提供自由生长的条件。羊膜能自动收缩，使处于羊水中的胚胎呈轻微摇动状态，从而促进胚胎的血液循环。分娩时羊膜破裂，羊水流出，能够润滑产道。羊膜上分布着来自尿膜内层的许多血管，随着尿囊的发育逐渐萎缩退化。

(3)尿膜　尿膜是构成尿囊的薄膜。尿囊通过脐带中的脐尿管与胎儿膀胱相连，尿囊中存有尿水。尿膜分内外两层，内层与羊膜粘连在一起，称尿膜羊膜；外层与绒毛膜粘连在一起，称为尿膜绒毛膜。尿膜上分布有大量来自脐动脉、脐静脉的血管。牛、羊、猪的尿囊在胎儿的腹侧和两侧包围着羊膜囊，马、驴、兔的尿囊则包围着整个羊膜囊。

(4)绒毛膜　绒毛膜是位于最外层的胎膜，包围着尿囊、羊膜囊和胎儿。绒毛膜的外表面分布着大量弥散型(马、驴、猪)或子叶型(牛、羊)的绒毛，并与子宫黏膜相结合。马的绒毛膜填充整个子宫腔，因而发育成"两角一体"。反刍动物形成双角的盲囊，孕角较为发达。猪的绒毛膜呈圆筒状，两端萎缩成为憩室。

(5)脐带　脐带是连接胎儿腹部和胎膜之间的一条带状物。脐带内含有脐动脉、脐静脉、脐尿管和卵黄囊残迹。脐带是胎儿和胎盘联系的纽带，被覆羊膜和尿膜，其中有两支脐动脉，一支脐静脉(反刍动物有两支)，有卵黄囊的残迹和脐尿管。其血管系统和肺循环相似，脐动脉含胎儿的静脉血，而脐静脉则是来自胎盘，富含氧和其他成分，具有动脉血特征。脐带随胚胎的发育逐渐变长，使胚体可在羊膜腔中自由移动。

2. 胎盘

胎盘是由胎膜绒毛膜和妊娠子宫黏膜结合在一起的组织。胎盘中的绒毛膜部分称胎儿胎盘，与之相应的子宫黏膜部分称母体胎盘。哺乳动物胚胎通过胎盘从母体器官吸取营养。因此，对胎儿来说，胎盘是一个具有很多功能，并和母体有联系，但又相对独立的暂时性器官。

(1)胎盘类型　胎盘的类型根据绒毛膜表面绒毛的分布一般分为四类，即弥散型胎盘、子叶型胎盘、带状胎盘和盘状胎盘。

①弥散型胎盘　弥散型胎盘是动物中比较广泛的一种胎盘类型，这种类型的胎盘绒毛膜的绒毛分布在整个绒毛膜表面，马、驴、猪的胎盘属此类。猪的绒毛有集中现象，即少数较长绒毛聚集在小而圆的称绒毛晕的凹陷内。绒毛的表面有一层上皮细胞，每一绒毛上部都有动脉、静脉的毛细血管分布。与绒毛相对应，子宫黏膜上皮向深部凹入形成腺窝，绒毛插入此腺窝内，因此弥散型胎盘又称为上皮绒毛膜胎盘。

②子叶型胎盘　绒毛集中在绒毛膜表面的某些部位，形成许多绒毛丛，呈盘状或杯状凸起，称胎儿子叶；母体子宫内膜上对应分布有子宫阜(母体子叶)。牛的子宫阜是凸出的，而绵羊和山羊则是凹陷的。胎儿子叶上的许多绒毛，嵌入母体子叶的许多凹下的腺窝中，称子叶型胎盘。这种胎盘结构复杂，绒毛不容易从腺窝中脱出。因此，分娩时胎儿胎盘和母体胎盘分离较慢，多出现胎衣不下。

牛、羊为此种胎盘，其中绵羊的子宫阜数目为 90～100 个，平均分布在妊娠和未妊娠子宫角内；牛的为 70～120 个，环绕着胎儿发育。

③带状胎盘　绒毛膜上皮细胞与子宫黏膜深处的血管内皮相接触，分娩时母体胎盘组织脱落，血管破裂，故有出血现象。猫、狗等属此类。

绒毛膜在此区域与母体子宫内膜接触附着，而其余部分光滑。由于绒毛膜上的绒毛直接与母体胎盘的结缔组织相接触，所以此类胎盘又称为上皮绒毛膜与结缔组织混合型胎盘。

④盘状胎盘　子宫黏膜的血管消失，血液直达绒毛膜的上皮。人和灵长类属此类型。

(2)胎盘的作用　胎盘是连接母体和胎儿的纽带，是一个功能复杂的器官，具有物质运输、合成分解代谢及分泌激素等多种功能。是胎儿和母体进行气体、营养、代谢产物交换的接口，是胎儿防御的屏障，胎盘分泌某些激素，可调节和维持妊娠。

二、妊娠诊断技术

(一)妊娠母畜的主要生理变化

妊娠之后，由于发育中的胎儿、胎盘和黄体的形成及其所产生的激素都对母体产生极大的影响，因而，母体在形态上和生理上产生了很多变化，这些变化对妊娠诊断有很好的参考价值。

1. 母体全身的变化

妊娠后，随着胎儿生长，母体新陈代谢变得旺盛，食欲增加，消化能力提高，营养状况改善，体重增加，被毛光润。但妊娠后期，胎儿迅速生长发育，母体常不能消化足够的营养物质满足胎儿的需求，妊娠前半期所贮存的营养物质被消耗，所以尽管食欲良好或者更为旺盛，却常变得消瘦。

妊娠后半期，是胎儿生长发育最快的阶段，胎儿对钙、磷等矿物质需求量增多，如果含矿物质的补充饲料缺乏，往往会造成母畜体内钙、磷含量降低，母畜脱钙，出现后肢跛行、易发生骨折、牙齿磨损快、产后瘫痪等表现。

妊娠母体的性情一般变得温顺、安静、嗜睡，行动小心谨慎，易出汗。

妊娠后期，母畜腹部轮廓发生改变，即腹部膨大起来。在马属动物中因右侧有盲肠，胎儿被挤向左侧；牛、羊左侧有瘤胃，胎儿在右侧；猪在腹底，表现腹部往下垂。由于胎儿增大，占据了母体腹内的一定位置，腹内压力增高，内脏器官的容积减小，使排尿排粪的次数增多，但每次的量减少。呼吸次数增加，且呼吸方式由胸腹式呼吸变成胸式呼吸。妊娠后期，血中碱储下降，出现酮体较多，有时会导致“妊娠性酮血症”。此外，还出现血凝固能力增强，红细胞沉降速度加快等现象。由于组织水分增加，子宫压迫腹下及后肢静脉，以至这些部位特别是乳房前的下腹壁上，容易发生水肿，产后自行消失，多见于产前 10 d 的马。牛多不发生此现象，但个别乳牛发生时也比较明显。

妊娠后，乳腺发育显著，一般分娩前 2 周可挤出少量乳汁。

2. 生殖器官的变化

(1)卵巢　受精后，母体卵巢上的周期黄体转化为妊娠黄体继续存在，分泌孕酮，维持妊娠。妊娠早期，卵巢偶有卵泡发育，致使孕后发情，但多数不排卵而退化，闭锁。

(2)子宫　妊娠期间，随着胎儿的发育，子宫体积增大。子宫黏膜增生，子宫肌组织也在生长。子宫通过增生、生长和扩展的方式以适应胎儿生长的需要。同时子宫肌层保持着相对静止和平衡的状态，以防胎儿的过早排出。妊娠前半期，子宫体积的增长，主要是由于子宫肌纤维增生肥大所致，妊娠后半期则主要是胎儿生长和胎水增多，使子宫壁扩张变薄。由于子宫重量增大，并向前向下垂，因此至妊娠的后半期，一部分子宫颈被拉入腹腔，但至妊娠末期，由于胎儿增大，又会被推回到骨盆腔前缘。

(3)子宫颈　子宫颈是妊娠期保证胎儿正常发育的门户。子宫颈上皮的单细胞腺分泌黏稠的黏液封闭子宫颈管，称子宫栓。牛的子宫颈分泌物较多，妊娠期间有子宫栓更新现象，马、驴的子宫栓较少。子宫栓在分娩前液化排出。

(4)子宫动脉　由于胎儿发育的需要，随着胎儿不断地增大，血液的供给量也必须增加。妊娠时子宫血管变粗，分支增多，特别是子宫动脉(子宫中动脉)和阴道动脉子宫支(子宫后动脉)更为明显。随子宫动脉管的变粗，动脉内膜的皱襞增加并变厚，而且和肌层联系疏松，所以血液流过时造成脉搏从原来清楚的搏动变为间隔不明显的流水样的颤动，称为妊娠脉搏(孕脉)。这是妊娠的特征之一，在妊娠后一定时间出现，孕脉强弱及出现时间，随妊娠时间而不同。至怀孕末期，牛、马的子宫动脉可以粗如食指，孕角子宫中动脉的变化比空角的显著。

(5)阴道和阴门　妊娠初期，阴门收缩紧闭，阴道干涩；妊娠后期，阴道黏膜苍白，阴唇收缩；妊娠末期，阴唇、阴道水肿，柔软有利于胎儿产出。

(二)妊娠诊断的方法

在母畜配种或输精后，为及时掌握母畜是否妊娠，妊娠的时间及胎儿和生殖器官的异常情况，采用临床检查和实验室检验方法进行诊断，称之为妊娠诊断。

在母畜配种后应尽早地确定其是否妊娠，这对于保胎、减少空怀、提高产量和繁殖率是非常重要的。简便有效的妊娠诊断方法，尤其是早期妊娠诊断的方法，一直是生产中极为重要的课题。经过早期妊娠诊断，可以确定已妊娠的母畜，从而尽早加强饲养管理，做好保胎工作。而对未妊娠的母畜，则找出原因，及时采取措施进行配种。另外，在妊娠诊断中还可以发现某些生殖器官疾病，以便及时治疗。如果发生妊娠诊断错误，将极易造成发情母畜的失配和已妊娠母畜的误配，从而人为地延长产犊(仔)间隔时间。

1. 外部观察法

外部观察法是通过观察母畜的外部征状进行妊娠诊断的方法，此法适用于各种母畜。其缺点是不易做出早期妊娠诊断，对少数生理异常的母畜易出现误诊，因此常作为妊娠诊断的辅助方法。

母畜妊娠后，发情周期停止，食欲增强，膘情好转，被毛润泽，性情温顺，行动谨慎安稳。妊娠初期，外阴部干燥收缩、紧闭，有皱纹，至后期呈水肿状。妊娠中、后期，可见腹围增大，且向一侧突出(牛、羊为右侧，马为左侧，猪为下腹部)。在饱食或饮水后，可见胎动。乳房胀大，四肢下部或腹下出现浮肿现象，排粪、排尿次数增多。在产前1～2周，从乳房中能挤出清亮乳汁。

2. 腹部触诊法

腹部触诊法是用手触摸母畜的腹部，感觉腹内有无胎儿或胎动来进行妊娠诊断，此法多应用于猪和羊。腹部触诊法只适用于妊娠中后期。

(1)猪的触诊　先用手抓痒法使猪侧卧，然后用一只手在最后两乳头的上腹壁下压，并前后滑动，如能触摸到若干个大小相似的硬块(胎儿)，即为妊娠。

(2)羊的触诊　检查者面向羊的尾部，用双腿夹持母羊颈部进行保定，然后将两手从左右两侧兜住羊的下腹部并前后滑动触摸，如能摸到胎儿硬块或黄豆大小的胎盘子叶，即为妊娠。

另外，也可采取直肠-腹壁触诊法。母羊在触诊前应停食一夜，触诊时，母羊仰卧保定，用肥皂水灌肠，排出直肠宿粪，然后将涂润滑剂的触诊棒(直径1.5 cm，长50 cm，前端弹头形，光滑的木棒或塑料棒)插入肛门，贴近脊柱，向直肠内插入30 cm左右，然后一只手把棒的外端轻轻下压，使直肠内一端稍微挑起，以托起胎泡。同时另一只手在腹壁触摸，如能触及块状实体，为妊娠，如果摸到触诊棒，应再使棒回到脊柱处，反复挑动触摸。如仍摸到触诊棒，即为未孕。诊断时注意防止直肠损伤，配种已经115 d以后的母羊要慎用。

3. 阴道检查法

阴道检查法是用开膣器打开母畜的阴道，根据阴道黏膜和子宫颈口的状况进行妊娠诊断的方法。此法的缺点是当母畜患有持久黄体、子宫颈炎或阴道炎时，易造成误诊。阴道检查往往不能做出早期妊娠诊断，如果操作不慎还会导致孕畜流产，应作为一种辅助妊娠诊断法。母畜妊娠后，阴道黏膜苍白，表面干燥、无光泽、干涩，插入开膣器时阻力较大。子宫颈口关闭，有子宫栓存在。随着胎儿的发育，子宫重量的增加，子宫颈往往向一侧偏斜。

4. 直肠检查法

直肠检查法是用手隔着直肠壁触摸卵巢、子宫、子宫动脉的状况及子宫内有无胎儿存在等来进行妊娠诊断的方法，适合于大家畜。其优点是诊断的准确率高，在整个妊娠期均可应用。但在触诊胎泡或胎儿时，动作要轻缓，以免造成流产。

(1)妊娠母牛的直肠检查　摸到子宫颈，再将中指向前滑动，寻找角间沟，然后将手向前、向下、再向后，分别触摸，把2个子宫角都掌握在手内。经产牛子宫角有时不呈“绵羊角”状而垂入腹腔，不易全部摸到，这时可握住子宫颈，将子宫角向后拉，然后手沿着肠管向前迅速滑动，握住子宫角，这样逐渐向前移，就能摸清整个子宫角。摸过子宫角后，在其尖端外侧或其下侧寻找到卵巢。

寻找子宫动脉的方法是：将手掌贴着骨盆顶向前滑动，超过胛部以后，可以清楚地摸到腹主动脉的最后一个分支，即可摸到髂内动脉的分岔。左右髂内动脉的根部，各分出一支子宫动脉，子宫动脉和脐动脉共同起于髂内动脉起点处(图5-3)。

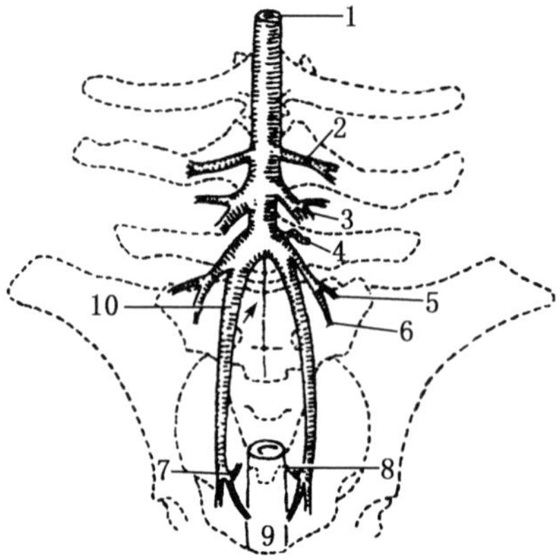

1. 腹主动脉　2. 卵巢动脉　3. 髂外动脉　4. 肠系膜后动脉　5. 脐动脉
6. 子宫动脉　7. 尿生殖动脉　8. 尿生殖动脉子宫支　9. 阴道　10. 髂内动脉

图5-3　母牛子宫动脉的解剖位置

(引自：许美解，李刚. 动物繁殖技术. 北京：化学工业出版社，2009)

诊断时应先触摸子宫颈、子宫分岔、子宫角，然后再检查子宫中动脉及卵巢。一般从子宫角、子宫中动脉的变化已确诊妊娠时，就不再摸卵巢。如果不慎破坏了妊娠黄体，会引起流产。

①未孕征状　子宫颈、子宫体、子宫角及卵巢均位于骨盆腔内，经产多次的牛，

子宫角可垂入骨盆入口前缘的腹腔内。两角大小相等,形状亦相似,弯曲如“绵羊角”状,经产牛有时右角略大于左角,弛缓,肥厚。能够清楚地摸到子宫角间沟,经过触摸子宫角即收缩,变得有弹性,几乎没有硬的感觉,能将子宫握在手中,子宫收缩像一球形,前部并有角间沟将其分为两半。卵巢大小及形状视有无黄体或较大的卵泡而有变化。

②妊娠征状

妊娠 18～25 d:子宫角变化不明显,一侧卵巢上有黄体存在,则疑似妊娠。

妊娠 30 d:两侧子宫角不对称,孕角比空角略粗大、松软,有波动感,收缩反应不敏感,空角弹性较明显。

妊娠 45～60 d:子宫角和卵巢垂入腹腔,孕角比空角约大 2 倍,孕角有波动感。用指肚从角尖向角基滑动中,可感到有胎囊由指间掠过,胎儿如鸭蛋或鹅蛋大小,角间沟稍变平坦。

妊娠 90 d:孕角大如婴儿头,波动明显,空角比平时增大 1 倍,子叶如蚕豆大小。孕角侧子宫动脉增粗,根部出现妊娠脉搏,角间沟消失。

妊娠 120 d:子宫沉入腹底,只能触摸到子宫后部及子宫壁上的子叶,子叶直径 2～5 cm。子宫颈沉移耻骨前缘下方,不易摸到胎儿。子宫中动脉逐渐变粗如手指,并出现明显的妊娠脉搏。

③注意事项　做早期怀孕检查时,要抓住典型征状。不仅检查子宫角的形状、大小、质地的变化,也要结合卵巢的变化,做出综合的判断。

母牛配种后 20 d 且已怀孕,偶尔也有假发情的个体,直肠检查怀孕征状不明显,无卵泡发育,外阴部虽有肿胀表现,但无黏液排出,对这种牛也应慎重对待,无成熟卵泡者不应配种;怀双胎母牛的子宫角,在 2 个月时,两角是对称的,不能依此而判为未孕。正确区分怀孕子宫和子宫疾病,怀孕 90～120 d 的子宫容易与子宫积液、积脓等相混淆。积液或积脓使一侧子宫角及子宫体膨大,重量增加,子宫有不同程度的下沉,卵巢位置也随之下降,但子宫并无怀孕征状,牛无子叶出现。

(2)妊娠母马的直肠检查

妊娠 14～16 d:少数马的子宫角收缩呈火腿肠状,角壁肥厚,内有实心感,略有弹性。一侧卵巢中有黄体存在,体积增大。

妊娠 17～24 d:子宫角收缩变硬更明显,轻捏子宫角尖端捏不扁,呈里硬外软。非孕角多出现弯曲,孕角基部有如乒乓球大的胚泡,子宫底部形成凹沟,子宫收缩性不敏感。卵巢上黄体稍增大。

妊娠 25～35 d:孕角变粗缩短,空角稍细而弯曲,子宫角坚实,如猪尾巴,胚泡大如鸡蛋,柔软有波动。

妊娠 36～45 d：子宫位置开始下沉前移，胚泡大如拳头，直径 8 cm 左右，壁软，有明显波动感。

妊娠 46～55 d：胚泡大如充满尿液的膀胱，并逐渐伸至空角基部，变为椭圆形，横径达 10～12 cm，触之壁薄，波动明显。孕角和空角间沟变浅，卵巢位置稍下降。

自此以后，胎儿增长迅速，胎泡继续增大下沉。4 个月左右，能摸到胎泡的后部，有时可摸到胎儿。两侧卵巢彼此靠近，一只手同时可以触及。妊娠 5 个月后，孕侧子宫动脉出现明显的妊娠脉搏。妊娠 6 个月时，可触感到胎动。

妊娠 8 个月后，胎泡增大，使胎泡向腹后部回移，容易摸到胎儿。

5. 超声波探测法

超声波诊断是利用超声波的物理特性和动物体组织结构声学特点密切结合的一种物理学的检查方法。①超声多普勒测定法是利用超声波碰到正在运动的物体时，以略微改变的频率返到探头，发生多普勒效应。主要用于探查猪和羊的胎动、胎儿心搏动及子宫动脉的血流动。②幅度调整型探测（A 型超声诊断）法是将超声波载入母牛体内，将胎囊中液体的反射波转变为电脉冲，进而再将电脉冲转变成以声响和灯光显示的报警信号，提示被检牛已孕。③B 型超声波法，是利用超声波将孕区回声强弱转化为图像信号进行妊娠诊断的。孕囊由于羊水形成的低回声区在屏幕上显示一个暗区，由此判断母畜是否妊娠。

第三节　分娩与助产技术

母体经过一定时期的妊娠，胎儿发育成熟，母体将胎儿、胎盘及胎水排出体外，这一生理变化过程称为分娩。

一、分娩预兆与分娩过程

随着妊娠期将近结束，母畜身体产生一系列的生理和形态上变化，这些变化使母畜适于分娩。根据乳房、外阴部、骨盆等变化往往可以预测分娩时间，以便事先做好助产的各项准备工作，保证母畜安全生产。

（一）分娩预兆

1. 一般预兆

（1）乳房变化　分娩前迅速发育，腺体充实，有些底部水肿，可挤出少量清亮胶状液体或乳汁，乳头增大变粗。

(2)外阴部变化　临近分娩前数天，阴唇柔软、肿胀、增大，黏膜潮红、稀薄滑润，子宫颈松弛。

(3)骨盆变化　骨盆及荐坐韧带松弛，荐骨活动性增大，尾根及臀部肌肉塌陷，骨盆血流量增多。

(4)行为变化　猪在分娩前1～12 h衔草作窝；羊前肢刨地，食欲下降，行为谨慎，僻静离群。

2. 各种家畜分娩预兆的特点

(1)牛的分娩预兆　母牛妊娠末期腹部下垂，乳房迅速胀大，乳头表面呈蜡状的光泽，分娩前数天可从乳头中挤出少量清亮胶样液体，至产前2 d乳头中充满初乳。从产前1周起，阴门发生水肿，并且皱襞展平。产前1～2周荐坐韧带即开始软化，至产前1～2 d，荐坐韧带变得非常松软，并且伸长，尾根与坐骨结节之间有明显的凹陷。若从阴门流出透明的线状黏液，预示近1～2 d内分娩。临产前2～3 h，孕牛精神不安、哞叫，回顾腹部，时起时卧。

(2)羊的分娩预兆　母羊在产羔前，有明显的荐部下陷，阴门肿大，乳房肿胀。在产羔前数小时，母羊表现精神不安，肢蹄刨地，频频转动或起卧，并喜欢接近其他母羊的羔羊。

(3)猪的分娩预兆　母猪分娩前，腹部大而下垂，卧下时能看到胎儿在腹内跳动。乳房和乳头肿胀而且膨满，产前10～15 d，乳房基部与腹壁分界线明显；产前1～2 d，多数经产母猪出现漏奶现象。母猪的阴唇水肿，在近分娩前3～5 d，肿胀的阴唇开始松弛，接近临产时，从阴门流出少量黏液。在产前6～24 h，母猪开始精神不安，并有衔草做窝现象。

(4)马的分娩预兆　母马妊娠末期，肷部下陷，腹部下垂，近分娩时腹部下垂现象减轻，而向两侧膨隆。近分娩前，乳房膨满、硬而充实，乳头粗大而近圆形，由于乳汁充盈而使两乳房呈现“八”字形。阴唇变化较晚，分娩前数小时才有明显变化。阴唇浆液浸润，皱襞展平，且松软，而且阴门拉长。产前数小时，母马表现不安，时常举尾，有时踢其下腹部或不断回顾腹部，时起时卧，母马的肘后和腹侧有出汗现象。

(5)兔的分娩预兆　兔产前数天乳房膨胀，能挤出乳汁，肷窝凹陷。外阴部肿胀、充血，黏膜潮红湿润。食欲减退，甚至绝食。产前数小时，开始衔草营巢、衔毛作窝。

根据各家畜分娩征兆，预测分娩时期时必须注意畜体本身的膘情状况，依据观察的所有表现，进行综合判定。此外，根据配种日期推算预产期，也是预测分娩时间的一种准确办法。

(二)分娩过程

分娩是母畜借助子宫和腹肌的收缩，把胎儿及其附属膜(胎衣)排出来的过程。分娩过程可分为三个阶段:开口期、胎儿产出期和胎膜排出期。

1. 开口期

也称第一产程，从子宫出现阵缩开始，至子宫颈完全开张到与阴道无明显界限为止。在此期，母畜只有阵缩，没有努责。

初产孕畜表现为食欲不振、轻度不安、时起时卧、徘徊运动、尾根翘起、常作排尿姿势，呼吸脉搏加快，经产孕畜一般表现不安。持续时间:牛 0.5～24 h、绵羊 3～7 h、猪 2～12 h。

2. 胎儿产出期

也称第二产程，是从子宫颈充分开大，胎囊及胎儿的前置部分楔入阴道(牛、羊)，或子宫颈已能开张，胎囊及胎儿楔入盆腔(马、驴)，母畜开始努责，到胎儿排出或完全排出(双胎或多胎)为止。母畜表现为兴奋不安，拱腰举尾，时起时卧，回顾腹部，呻吟并有出汗，前肢刨地，最后多数母畜侧卧不起，呼吸和脉搏加快。在此期间，阵缩与努责共同发挥作用。先是胎儿通过完全开张的子宫颈，渐渐进入骨盆腔，随后增强的子宫收缩力促使胎儿迅速排出。

由于牛的骨盆结构特殊，牛的产出期时间较长，为 0.5～4 h;绵羊的产出期约为 1.5 h;山羊需 3 h;马为 10～30 min;猪产出 2 个胎儿的间隔时间通常是 5～20 min，产出所用时间依胎儿多少而有不同，需 2～6 h。

3. 胎膜排出期

也称第三产程，是从胎儿产出到胎膜完全排出体外的阶段。当胎儿排出后母畜即安静下来，在子宫继续阵缩及轻度努责作用下，使胎膜逐渐从子宫内排出体外。

由于各种家畜胎盘构造类型不同，所以胎膜排出的持续时间差异较大。牛在胎儿产出后 2～8 h 排出胎衣，羊需 1～4 h，马 20～60 min，猪在胎儿全部娩出后 10～60 min。

二、助产与难产处理

(一)助产前的准备

(1)提前对产房进行卫生消毒。

(2)根据母畜配种记录和分娩征兆，把母畜在分娩前1～2周转入产房进行饲养管理。

(3)产房应安静，宽敞明亮，清洁干燥，冬暖夏凉，通风良好。

(4)在母畜进入前应清扫消毒，铺垫清洁柔软的干草。

(5)产前准备好常用的药品和有关器械，有条件还应备有常用的诊疗及手术助产器械。

(6)母畜分娩通常多在夜间，所以要昼夜安排好值班人员。

(二)正常分娩的助产

母畜正常分娩时，一般不需人为帮助。要充分利用动物自身的力量。此时，助产人员的主要任务是监视分娩状况，发现异常及时处理，并护理好新生仔畜。

(1)当母畜临近分娩时，应清洗消毒外阴部及周围，牛、马的尾根部用纱布缠好。

(2)分娩开始时，可将手臂伸入产道内，探明胎向、胎位、胎势是否正常，如有异常，可进行矫正处理。

(3)当胎儿头部已露出阴门外，胎膜尚未破裂时，应及时撕破使胎儿鼻端露出，以防胎儿窒息。

(4)羊水流尽，但胎儿尚不能产出，母畜产力又不足时，可拉住胎儿两前肢及头部，随着母畜努责，沿骨盆轴方向拉出胎儿，倒生时更应如此。

(5)在大家畜，当胎儿体宽部分通过阴门时，应用手保护阴门，防止会阴破裂。

(6)母畜站立分娩时，应去接住胎儿。

(7)牛、羊胎儿腹部通过阴门时，应用手握住脐带根部随胎儿一同拉出，以免脐带断在脐孔内。

(8)仔畜产出后，应用清洁毛巾擦去口、鼻腔的黏液，及时断脐，并用碘酊浸涂脐带断端，然后将仔畜放置于护仔栏内。

(9)当母畜分娩出胎儿后，要注意胎膜的排出，并及时移走，防止母畜吃掉。

(10)做好母畜处理。防止休克，疲劳；注意母畜后躯卫生和恶露排出；注意食欲、体温情况。

(三)难产救助及其预防

1. 难产的分类

由于发生难产的原因不同，常见的难产可分为产力性难产、产道性难产和胎儿性难产三大类。

(1)产力性难产　阵缩努责微弱;阵缩、破水过早及子宫疝气。

(2)产道性难产　子宫位置不正;子宫颈、阴道及骨盆狭窄;产道肿瘤。

(3)胎儿性难产　胎儿过大、过多;胎儿姿势不正(头、前后肢不正);胎儿位置不正(侧位、下位);胎儿方向不正(竖向、横向)。

在上述三种难产中,胎儿性难产最为常见。在临床上,往往难产的出现并不是单一原因引起的,如子宫颈狭窄伴以胎儿姿势反常;前肢和头部姿势可能同时发生不正等。在各种家畜中,由于牛的骨盆比较狭窄,骨盆轴不像马那么直而短,分娩时不利于胎儿通过,所以牛发生难产要比马、羊多见。

2. 难产的救助原则

(1)助产时,尽量避免产道的感染和损伤,注意器械的使用和消毒。

(2)母畜保定时,尽量将胎儿的异常部分向上,以利操作。

(3)为便于推回或拉出胎儿,尤其是产道干燥,应向产道内灌注润滑剂。

(4)矫正胎儿反常姿势,应尽量将胎儿推回到子宫内,前置部分最好拴上产科绳。

(5)拉出胎儿时,应随母畜的努责而用力。

(6)要尽量保证母仔安全,必要时可舍仔保母。

3. 难产预防

(1)不要让母畜过早配种受孕,要在其发育到一定体重和年龄后再进行配种。

(2)动物妊娠期间,要进行合理饲养,增加营养物质的供给。

(3)妊娠母畜要有适当的运动或轻度使役。

(4)母畜临产前要做好早期诊断。

三、新生仔畜和产后母畜的护理

(一)新生仔畜的护理

1. 注意观察脐带

脐带断端一般于生后1周左右干缩脱落,仔猪生后24 h即干燥。此期注意观察,勿使仔畜间互相舔吮,防止感染发炎,如脐血管闭锁不全,有血液滴出,或脐尿管闭锁不全,有尿液流出,应进行结扎。

2. 保温

新生仔畜体温调节能力差,体内能源物质储备少,对极端温度反应敏感。尤其在冬季,应密切注意防寒保温,确保产房适宜温度。

3. 早吃初乳,吃足初乳

初乳不仅含有丰富的营养(大量的维生素A,有利于防止下痢;大量的蛋白质无须经过消化，可直接被吸收）及较多的镁盐（软化和促进胎粪排出），而且含有大量抗体，可提高仔畜免疫力。

4. 预防疾病

由于遗传、免疫、营养、环境等因素以及分娩的影响，新生仔畜常在生后不久发生疾病，如脐带闭合不全、胎粪阻塞、白肌病、溶血病、仔猪低血糖、先天性震颤等。因此，应积极采取预防措施：一是做好配种时的种畜选择；二是加强妊娠期间的饲养管理；三是注意环境卫生。对于发病者针对其特征及时进行抢救。

（二）母畜产后生殖机能的恢复

从胎盘排出至母体生殖器官恢复到正常空怀的阶段称为产后期。产后期是子宫内膜的再生、子宫复原和重新进入发情周期的关键时期。

1. 子宫内膜的再生

分娩后，子宫黏膜表层发生变性、脱落，原属母体胎盘部分的子宫黏膜被再生的黏膜代替。在再生过程中，变性的母体胎盘、白细胞、部分血液、残留胎水及子宫腺分泌物等被排出，最初为红褐色，以后变为黄褐色，最后为无色透明，这种液体叫恶露。恶露排出的时间：马为 2～3 d，牛 10～12 d，绵羊 5～6 d，山羊 14 d 左右，猪 2～3 d。恶露持续时间过长，说明子宫内有病理变化。牛子宫阜表面上皮，在产后 12～14 d 通过周围组织的增殖开始再生，一般在产后 30 d 内才全部完成。

2. 子宫复原

指胎儿、胎盘排出后，子宫恢复到空怀时的大小。子宫复原时间：牛需 30～45 d，绵羊 24 d，猪 28 d。

（三）产后母畜的护理

在分娩和产后期中，母畜整个机体，特别生殖器官发生剧烈的复化，机体抵抗力降低，产出胎儿，子宫开张时，产道黏膜表皮可能造成损伤，产后子宫内又积存大量的恶露，即为微生物的侵入创造了条件，同时，分娩过程中，母畜丧失了很多水分。因此，对产后期的母畜应加以妥善安排。

（1）产后要供给母畜足够的水和麸皮汤等。

（2）保持母畜外阴部的清洁，要用消毒溶液清洗外阴部、尾部及后躯。

（3）供给优质、易消化的饲料，但不宜过多，否则易引起消化道及乳腺疾病。饲料可逐渐变为正常。

（4）青饲料不宜过多（奶牛例外），以免乳量分泌过多，引起乳房炎或仔畜拉稀。

（5）垫上清洁的草并勤换。

(6)役畜产后半个月内停止使役。

(7)母畜产后出现的一些病理现象,应及时妥善处理。

(四)胎衣不下及其处理

胎衣不下指母畜在产出胎儿后,胎衣在第三产程的生理时限内未能排出。

1. 牛的胎衣不下

牛产后排出胎衣的正常时间12 h,如超过此时间,则表示异常。

(1)病因　主要与产后子宫收缩无力、怀孕期间胎盘发生炎症及胎盘结构有关。

(2)症状　胎衣不下分为部分不下及全部不下两种。①胎衣全部不下,胎儿胎盘的大部分仍与母体胎盘连接,仅见一部分已分离的胎衣悬吊于阴门之外。牛脱露出的部分主要为尿膜绒毛膜,呈土红色,表面上有许多大小不等的胎儿子叶。②胎衣部分不下,即胎衣大部分已经排出,只有一部分或个别胎儿胎盘(牛、羊)残留在子宫内,从外部不易发现。在牛,诊断的主要根据是恶露排出的时间延长,有臭味,其中含有腐烂胎衣碎片。

(3)治疗　治疗胎衣不下有药物疗法和手术疗法两大类。①药物疗法。牛产后经过12 h,如胎衣仍不排出,即应根据情况选用下列方法进行治疗:一是当出现体温升高,产道有外伤或坏死时,应用抗生素做全身治疗;二是肌肉或皮下注射催产素促进子宫收缩;三是在子宫内注入5%～10%盐水1 000～1 500 mL,可促使胎儿胎盘缩小,与母体胎盘分离;四是分娩后1周内的牛,禁止导管灌注(易造成阴道穹窿和子宫壁穿孔)。应向子宫内投放四环素或其他抗生素,起到防止腐败、延缓溶解的作用,等待胎衣自行排出。②手术疗法。即剥离胎衣。胎衣不下的病牛药物治疗无效时,可在子宫颈管尚未缩小到手不能通过以前(产后2～3 d),进行剥离。剥离胎衣应遵循的原则是,容易剥离就坚持剥,否则不可强行剥离,以免损伤子宫,引起感染;而且胎衣不能完全剥净时,其后果与不剥无异。体温升高的病畜,说明子宫已有炎症,不可进行剥离,以免炎症扩散,加重病情。对这样的病例可继续采用药物疗法。

(4)术后处理　胎衣剥离完毕后,用虹吸管将子宫内的腐败液体排出,并向子宫内投放抗菌防腐药物,每天或隔天1次,持续1～3 d。如有子宫炎症,应同时治疗。

(5)预防　怀孕母畜要饲喂含钙及维生素丰富的饲料;舍饲牛要适当增加活动时间,产前1周减少精料;分娩后让母畜自己舔干仔畜身上的黏液,尽可能灌服羊水,并尽早让仔畜吮乳或挤乳。分娩后立即注射葡萄糖酸钙溶液或饮益母草及当归煎剂或水浸液,亦有防止胎衣不下的效用。如有条件,分娩后注射催产素50 IU,可降低胎衣不下的发病率。

2. 猪的胎衣不下

猪的胎衣通常在全部仔猪产出以后不久排出,如经3 h后,胎衣未排出,称为胎衣不下。

(1)病因 常由于饲养管理不当,如运动不足、缺少维生素及矿物质等引起,其他如流产、难产、子宫炎等也可引起。

(2)症状 母猪全部产出仔猪后,胎衣全部或部分滞留在子宫内,也有部分脱出阴门外的,母猪常卧地不起,不断努责,精神不振,食欲减少或消失,但喜饮水。阴户内流出暗红色带臭味的液体,常引起败血症而死亡。

(3)治疗 母猪胎衣不下时,多数情况无法用手工剥离,使用催产素效果不明显。如产后2 h不排出胎衣,可向子宫内灌注10%盐水500 mL,促使胎衣缩小排出。子宫内注入土霉素油混悬液,可预防滞留胎衣腐败分解,对已出现全身症状者采用抗感染的全身疗法和对症治疗。

(4)预防 在母猪妊娠期,应注意饲料中的矿物质和蛋白质的含量,勿使缺少。同时将妊娠母猪饲养于较宽敞的猪舍,每天给予适当运动,母猪膘情以保持不肥不瘦为宜,以便母猪在分娩时子宫和腹肌均有一定的收缩力,不易发生胎衣滞留。

【本章小结】

本章主要讲述了配子的受精生理、母畜的妊娠、分娩等三个生殖阶段。在受精生理中,主要讲述了精子和卵子在母畜生殖道内的运行、精子的获能以及受精过程。受精过程包括精子溶解放射冠、精子穿过透明带、精子进入卵黄、原核形成和配子配合等阶段,受精过程中发生透明带反应和卵黄封锁作用,可防止更多的精子穿入透明带或进入卵黄膜内。

受精和妊娠是雌性动物生殖生理中两个连续阶段。妊娠包括妊娠生理和妊娠诊断两部分内容。妊娠生理主要讲述了胚胎早期发育和生长规律以及母体妊娠过程中的生理变化,并以此作为母畜妊娠诊断的基础。妊娠诊断的方法主要有外部观察法、腹部触诊法、直肠检查法、阴道检查法和超声波探测法等,其中前三种方法是生产中常用的妊娠诊断方法。

分娩是母畜怀孕期满,胎儿发育成熟,母体将胎儿及附属物从子宫排出体外的生理过程。该部分讲述了分娩预兆与分娩过程、助产与难产处理、新生仔畜和产后母畜的护理等内容,为进一步学习、掌握接产、助产等技术的操作奠定基础。

【复习思考题】

1. 各种家畜胚胎附植的时间和部位如何？
2. 妊娠诊断有哪几种方法？简述牛妊娠前 3 个月的诊断要点。
3. 母畜分娩前有哪些预兆？母畜分娩过程分哪几个阶段？
4. 家畜正常分娩时怎样进行助产？
5. 难产类型有哪几种？应如何救助？
6. 如何对产后母畜和新生仔畜进行护理？

第六章 发情控制与胚胎生物工程

知识目标

- 了解和掌握家畜发情控制的基本方法；
- 掌握各种动物的发情控制技术及注意事项；
- 掌握不同发情控制技术的作用特点与不同家畜发情控制方法的差异；
- 掌握胚胎移植的意义、基本原理及操作程序；
- 了解动物体外受精、胚胎嵌合、动物克隆及基因转移的概念、方法和意义。

技能目标

- 学会各种动物发情控制的处理方法；
- 学会各种生殖激素的使用方法、剂量及注意事项；
- 在教师指导下对牛、羊能进行胚胎移植操作。

第一节 发情控制

用某些激素、药物或管理措施，人工控制雌性动物个体或群体发情并排卵的技术，称为发情控制。它包括同期发情、诱导发情和超数排卵等。发情控制的目的，一是使分散发情的群体集中发情，以方便配种管理和后代统一管理；二是促使由于生理和病理等因素乏情的动物恢复发情，以提高其年产胎次；三是诱发单胎动物产双胎或提高胚胎移植中供体一次提供的胚胎数。总之，发情控制重在提高配种管理效率和挖掘雌性动物的繁殖潜力。

一、诱导发情

诱导发情是对处于乏情状态（生理性或病理性乏情）的母畜，利用某些外源生殖激素或其他手段，人工引起母畜正常发情排卵并进行配种的技术。采用诱导发情技术可以达到缩短母畜的繁殖周期，增加年产胎次，提高母畜繁殖率和经济效益的目的。

(一)诱导发情的机理

乏情的母畜主要有两种，一种是处于生理性乏情(如季节性乏情、哺乳期乏情)的母畜，其垂体前叶的FSH和LH分泌量减少，活性低，不足以引起卵泡的发育和排卵，造成此时期内母畜卵巢上既无卵泡发育，也无黄体存在；另一种是处于病理性乏情的母畜，这种母畜有的因卵巢上有持久黄体存在，抑制卵泡发育，而有的则因卵巢萎缩、硬化、静止等造成卵巢机能下降，使母畜长期不发情。根据动物的繁殖活动始终是在内分泌系统和神经系统的共同作用下进行的基本原理，诱导发情即是利用外源激素(如促性腺激素等)或某些生理活性物质以及环境条件的刺激(或改变)，通过内分泌和神经的作用，激发卵巢的机能，使卵巢从相对静止的状态转为活跃状态，进而促进卵泡的生长发育，促使母畜恢复发情。

(二)诱导发情的处理方法

诱导发情最直接最快引起效应的方法是激素处理；在神经刺激中，异性刺激所产生的效应最明显，在生产中采用的“公畜效应”表明了此方法的特殊作用。

1. 羊的诱导发情

大多数绵羊品种1年1产，产后有一个很长的乏情期。如果在乏情期进行诱导发情处理，就可缩短产羔间隔期，使母羊2年产3胎。

(1)对季节性乏情的绵羊，在母羊的乏情季节中，可连续12～16 d使用孕激素制剂处理(阴道栓、埋植、肌肉注射孕酮，每日10～12 mg)，在停药的当天肌肉注射PMSG 750～1 000 IU，2～4 d即开始发情。注射氯地酚10～15 mg亦具有促进母羊发情排卵的效果。

(2)在非发情季节，对乏情母羊用孕激素处理6～9 d，在停药前48 h，每公斤体重肌肉注射PMSG 15 IU，同期发情率可达95%以上，第一情期受胎率为70%左右。

(3)在发情季节到来之前数周，在母羊群中放入公羊，通过“公羊效应”将刺激母羊乏情期很快结束，提早母羊的配种季节。据观察，母羊与公羊接触后平均41 h会排卵。如果在配种季节快结束时，将结扎输精管的公羊放入母羊群中，可使母羊的性周期活动延迟停止。利用“公羊效应”几乎可以使绵羊、山羊的季节性发情提早6周。也可以采用“补饲催情”的办法施行诱导发情，即在母羊发情季节临近时，通过补饲精料，增加营养水平，加强管理来促使母羊发情。

2. 猪的诱导发情

(1)产后乏情母猪一次肌肉注射3~4 mL三合激素,一般2~4 d有97%以上的母猪发情,其中有60%~70%可以受胎,如发情配种未受胎,一般21 d便可自然发情。对断奶后长期不发情的母猪,每头注射PMSG 250~1 000 IU,HCG 500 IU,10 d将有80%以上的母猪发情,其中有90%可以受胎。生产上,常用PG 600(PMSG 400 IU,HCG 200 IU)肌肉注射治疗母猪乏情,效果良好。

(2)现代化养猪业中提高母猪繁殖力的重要技术措施之一是早期断奶,这种方法能有效地诱发母猪提前发情配种。在我国一般采取哺乳1个月左右(28~35 d)断奶,断奶后1周左右即可发情,如果在断奶时注射PMSG,则可得到更好的发情效果。哺乳期施行早期断奶,可以使从分娩到发情配种的间隔时间缩短,达到2年5胎。但仔猪断奶时间越早,断奶至发情出现的间隔时间就越长。

(3)断奶后乏情的母猪,也可用公猪进行异性刺激或者用公猪尿液给乏情母猪嗅闻若干次,均能引起多数母猪发情。

3. 牛的诱导发情

(1)对于产后泌乳的奶牛,在产后14 d,采用GnRH类似物LRH-A_2或LRH-A_3肌肉注射,每天1次,每次200~400 μg,连用2~3 d即可引起发情和排卵。

(2)对持久黄体或黄体囊肿性乏情的母牛,每头肌肉注射$PGF_{2\alpha}$或氯前列烯醇0.2~0.4 mg,使黄体消退,即可引起发情。如采用子宫内灌注前列腺素的方法,其剂量是肌肉注射的1/2。

(3)对产后长期不发情或欲使产后提前配种的奶牛以及一般的乏情母牛,用18-甲基炔诺酮,每头15~25 mg皮下埋植处理12 d,在结束处理的当天,注射PMSG 800~1 000 IU,即可引起发情。对于哺乳期乏情母牛,还要结合减少哺乳次数和断奶等措施。

(4)从母牛产后2周起,采用孕激素作预处理10 d,在结束处理的当天,再注射PMSG 1 000 IU,即可诱导母牛发情。

二、同期发情

(一)同期发情的意义

同期发情是利用某些激素制剂人为地控制并调整一群雌性动物发情周期的过程,使之在预定的时间内集中发情,以便有计划地合理组织配种。同期发情的意义有:①能集中对母畜输精,有利于人工授精的普及和推广;②有利于商品家畜及畜产品的批量生产,便于组织集约化、科学化生产;③是鲜胚移植的关键程序之一,也有利于用冷冻胚胎对受体母畜集中移植。

(二)同期发情的机理

母畜在发情周期中，卵巢上的变化可分为卵泡期和黄体期。在卵泡期中，卵巢上有卵泡的生长发育；而在黄体期中，则有黄体的形成与退化。卵泡期结束即进入黄体期，黄体期结束即进入卵泡期。由此可见，黄体是发情周期运转的关键。在黄体期内，黄体分泌的孕酮抑制了卵泡的发育，当黄体退化时，孕酮的水平降至底限，从而使卵泡开始发育。通过控制黄体期的长短，可暂时打乱发情周期的规律，进而调整发情周期的进程。同期发情技术就是以体内分泌的激素在母畜同期发情中的作用为理论依据，应用外源激素或其类似物直接或间接作用于卵巢，使卵巢的生理机能处于相同阶段，人为地干预母畜的发情周期，进而把发情周期的进程调到基本一致的时间内，即发情同期化。

使母畜发情同期化的途径有两种，一是延长黄体期，对母畜使用孕激素，经过一定时间后，同时停药，即可引起母畜的同时发情；二是缩短黄体期，利用 $PGF_{2\alpha}$ 溶解黄体，使黄体退化，人为地中断黄体期，使孕酮分泌停止，从而使垂体促性腺激素释放，引起发情(图 6-1)。

(三)同期发情的药物及使用方法

1. 抑制卵泡发育的制剂

孕激素类物质有孕酮、甲孕酮、甲地孕酮、炔诺酮、氯地孕酮、氟孕酮、18-甲基炔诺酮、16-次甲基甲地孕酮等。这些药物能抑制卵泡的发育和成熟，使母畜不能发情排卵，这相当于延长黄体期。

抑制卵泡发育的孕激素制剂，其用药期通常相当于一个自然黄体期的持续时间，可分 9～12 d 的短期处理和 16～18 d 的长期处理两种方法。短期处理法的同期发情率较低，但受胎率接近或相当于正常水平。如在短期处理开始时，肌肉注射 3～5 mg 的雌二醇(可促使黄体提前消退和抑制新黄体的形成)和 50～250 mg 的孕酮(可阻止即将发生的排卵)，可提高同期发情率；长期处理法的同期发情率较高，但受胎率偏低，其原因是由于外源孕激素的作用时间较长，改变了母畜生殖的环境，对受精和妊娠不利，孕激素制剂的用药方式如下：

(1)阴道栓塞法　将泡沫海绵栓或脱脂棉团经灭菌后，浸吸一定量孕激素与植物油混合药液，塞于子宫颈外口附近，药液缓慢但持续不断地释放至周围组织，被机体吸收，经一定时间后取出，适用于牛、羊。为防止海绵栓刺激阴道黏膜产生轻度的炎症，可在海绵栓中添加适宜的杀菌、消炎药物。优点是一次用药，省事，缺点

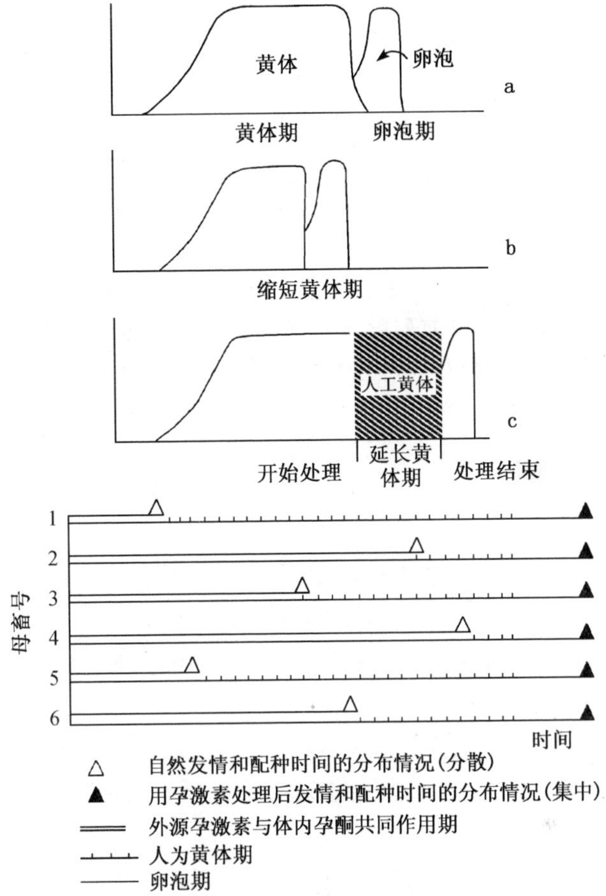

a. 自然发情周期　　b. 缩短黄体期($PGF_{2\alpha}$处理)

c. 延长黄体期(孕激素处理)

图 6-1　同期发情两种处理方式的比较

(引自:张忠诚. 家畜繁殖学. 第4版. 北京:中国农业出版社,2004)

是第一情期受胎率较低,且易发生栓塞脱落现象。

(2)皮下埋植法　将成型的孕激素制剂或装有孕激素药物的带孔塑料细管埋植于皮下,经若干天取出,埋植期间药物缓慢吸收,此法可用作群体处理。用药量小,不易丢失。

(3)注射法　每日将一定量的孕激素药物作皮下或肌肉注射,连续若干天后停药。此法药量较准确,但较繁琐。

(4)口服法　每日将一定量的孕激素制剂均匀拌于饲料中,以单个饲喂较为准确，经一定时间后同时停药。这种方法可用于舍饲母畜，但较费工、费时，用药量大，且个体摄取剂量不够准确。

2. 溶解黄体的制剂

在同期发情处理中，$PGF_{2\alpha}$ 具有明显溶解黄体的作用，所以只限于正处于黄体期的母畜。

其用药方法是将少量 $PGF_{2\alpha}$ 溶液直接注入子宫或肌肉注射，只处理 1～2 次即可。子宫灌注药量减半。但羊一般不适于子宫灌注。

猪在发情周期的第 10～16 天，牛、山羊和马在发情周期的第 5～16 天，黄体对前列腺素敏感。新生黄体对前列腺素不敏感。经前列腺素处理后的牛、山羊、马，一般在 2～4 d 后有 75%左右的母畜集中表现发情，在群体中总有 25%左右的母畜正处于非黄体期或新生黄体期。一次前列腺素处理，猪的同期发情率较低。如果要使全群母畜同期发情，可在第一次使用前列腺素处理后 10～12 d，再用前列腺素处理一次。

3. 促进卵泡发育、排卵的药剂

在使用前两类同期发情药物的同时，如果配合使用促性腺激素，可以增强发情同期化的效果和提高发情率，并可促使卵泡更好的成熟和排卵。常用的促进卵泡发育、排卵的药剂有 FSH、LH、PMSG、HCG 和 GnRH 及其类似物，其使用方式可采用肌肉注射法。

使用孕激素进行同期发情处理后，第一次发情的受胎率往往较低，但第二次发情的受胎率可达到正常。这是由于孕激素能影响精子在母畜生殖道内的运行和生活力。因此，在用孕激素处理结束后，立即配合应用 PMSG 等，将会提高母畜的受胎率。

(四)各种动物同期发情方法

1. 牛的同期发情

(1)孕激素埋植法　将 18-甲基炔诺酮 15～25 mg/头及少量消炎粉装入塑料细管中，管壁有小孔，便于药物向外释放进入体组织，利用兽用套管针埋入耳部皮下，经 9～12 d，在埋植处作切口将药管取出，同时注射 PMSG 500～800 IU。取管后 2～5 d 大多数母牛发情。

(2)孕激素阴道栓塞法　与牛的诱导发情相同，只是群体母牛同时处理，对于舍饲母牛，口服孕激素也是可行的。

(3)前列腺素法　国产 15-甲基 $PGF_{2\alpha}$ 和 $PGF_{1\alpha}$ 甲酯的效价高于 $PGF_{2\alpha}$。子宫灌注量为 1～2 mg，肌肉注射加倍。前列腺素配合 PMSG 时，可在前列腺素处理前 2 d 注射 PMSG 500～800 IU，可使发情时间提前且较集中。

2. 绵羊的同期发情

(1)孕激素阴道栓塞法　与牛的处理方法大致相同，只是栓塞物较小，药量也相应减少，相当于牛的 1/3，由于母羊发情周期比母牛短，处理时间也要短，长期处理 14～16 d，短期处理 7～8 d，取出栓塞物当天注射 PMSG 350～700 IU。在孕激素处理结束后 1～3 d，90％以上母羊发情。

(2)前列腺素注射法　在母羊发情季节开始后，对母羊注射 2 次 $PGF_{2\alpha}$ 或其类似物，其间隔时间为 9～10 d，每次用量 $PGF_{2\alpha}$ 10～20 mg 或氯前列烯醇 100～200 μg 或 15-甲基 $PGF_{2\alpha}$ 0.5～1 mg，可以使母羊发情高度同期化，但受胎率较低，如果注射时间相隔 14 d，则这种发情的受胎率正常。前列腺素注射后 30～50 h 发情。

(3)孕激素-前列腺素结合使用　先用孕激素处理 7～9 d，然后注射 $PGF_{2\alpha}$ 和 PMSG，此法同期发情率高，受胎率也较高，但较繁琐，费用偏高。

3. 猪的同期发情

(1)同期断奶法　对成年母猪，同期断奶诱导天然同期发情是一种切实可行的办法。母猪在哺乳期间垂体促性腺功能受到抑制，造成泌乳性乏情，断奶后，垂体很快恢复周期性活动，1 周左右出现发情并排卵。如果在断奶同时注射 PMSG 750～1 000 IU 和 HCG 500 IU，则可以提高同期发情率和受胎率。

(2)药物法　青年母猪皮下埋植 500 mg 去甲睾酮 20 d，或每日注射 30 mg，持续 18 d，停药后 2～7 d 内发情率可达 80％以上，受胎率 60％～70％。

对牛羊有效的某些激素制剂，虽然能抑制猪发情，但停药后，卵泡囊肿的情况较普遍，发情不排卵也常见，受胎率低。

三、超数排卵

超数排卵简称超排，是指在母畜发情周期的适当阶段(黄体消退期)，应用外源性促性腺激素，诱发卵巢上比自然情况下较多的卵泡发育成熟，并排出具有受精能力的卵子的方法。

(一)超数排卵的原理

在自然状态下，母畜卵巢上约有 99％的有腔卵泡发生闭锁、退化，只有 1％能发育并成熟排卵。在每次发情之前，具有优势的卵泡加速生长，几乎吸收利用了全部的促性腺激素而使其他的有腔卵泡闭锁、退化。因此，应用超过体内正常水平的外源促性腺激素，使将要发生闭锁的有腔卵泡发育，从而成熟排卵。

(二)超数排卵使用的激素

1. PMSG

随着 PMSG 的剂量增大,卵巢的反应也会增强,发情提前。但激素的剂量过大,超排效果不稳定,不但不能增加排卵数,反而容易引起卵巢囊肿。由于 PMSG 在体内半衰期较长,使用时只做一次肌肉注射即可。

使用 PMSG 作超排处理效果良好,药效比较稳定,卵巢体积不会过度增大,处理后卵巢恢复正常,排卵率高,残余的成熟卵泡少。

2. FSH

FSH 在体内半衰期短,注射后在较短时间内便失去活性。因此,使用时需做分次注射。另外,FSH 的注射剂量是由多到少的递减过程。

3. $PGF_{2\alpha}$

$PGF_{2\alpha}$ 在超排处理中常作为配合药物使用,不仅能使黄体提早消退,而且能提高超排效果。

4. 促排卵类药物

经超排处理的供体,卵巢上发育的卵泡数要多于自然发情的卵子数,仅靠内源性促排卵激素不能达到超排目的。因此,在供体母畜出现发情时,需要静脉注射外源性 HCG、GnRH 和 LH 等,增强排卵效果,减少卵巢上残余的卵泡数。

5. 孕激素

如用孕激素作超排预处理,可以提高母畜对促性腺激素的敏感性。

超排处理的时期应选择在发情周期的后期,即黄体消退时期。此时卵巢处于由黄体期向卵泡期过渡的阶段。但在自然情况下,母畜的发情周期长短并非不变,不但个体之间有差异,而且同一个体各次发情周期的时期也不一致。所以,在发情周期的后期用药作超排处理,不一定能和卵巢机能的转变阶段相吻合。用药物处理的时间如果是在黄体尚未临近消退阶段,或黄体已经消退,卵泡已明显发育并开始出现发情时,由于处理时间和卵巢机能发育的步调不一致,效果往往不佳。

为了获得良好的超排效果,必须在注射促性腺激素的同时,使卵巢上的黄体在一定时间内退化。如果在发情周期的中期进行处理,需要在使用促性腺激素后 48～72 h 配合注射 $PGF_{2\alpha}$,促使黄体消退。

(三)超数排卵的方法

1. 牛的超数排卵

(1)FSH+PG 法　在发情周期第 9～13 天(即黄体期)中的任何一天开始肌

肉注射 FSH，以递减剂量连续肌肉注射 4 d，每天等量注射 2 次（间隔 12 h）。总剂量按牛的体重、胎次作适当调整，国外进口的 FSH，一般经产牛用 300～400 mg，育成牛用 200～300 mg，日递减差以 20 mg 为宜；国产纯化的 FSH（中国科学院动物所），经产牛为 8～10 mg，育成牛为 6～8 mg，日递减差以 0.2～0.4 mg 为宜；其他国内（宁波、武汉）产品为 400 IU 左右，日递减差以 20 IU 为宜。在注射 FSH 第 5、6 次的同时，肌肉注射氯前列烯醇 0.4～0.6 mg，若采用子宫灌注，剂量可减半。

（2）FSH＋孕激素＋PG 法　在发情周期的任何一天给供体牛阴道内放入阴道栓（进口的 CIDR、国产的海绵栓），计为 0 d，然后于第 9～13 天任何一天开始肌肉注射 FSH，递减法连续注射 4 d 共 8 次，在第 7 次肌肉注射 FSH 时取出阴道栓，并肌肉注射氯前列烯醇，一般在取出阴道栓后 24～48 h 发情。

（3）PMSG＋PG 法　在供体发情周期的第 11～13 天中的任意一天肌肉注射 PMSG 一次，按每千克体重 5 IU 左右确定 PMSG 总剂量，在注射 PMSG 后 48 h 和 60 h，同时各肌肉注射 $PGF_{2\alpha}$ 0.4～0.6 mg，母牛出现发情后 12 h，即第一次输精的同时，肌肉注射与 PMSG 等剂量的抗 PMSG，以消除其半衰期长的副作用。

2. 羊的超数排卵

（1）FSH＋PG 法　在发情周期第 17 天（绵羊为第 12 或第 13 天）开始肌肉注射（或皮下注射）FSH，以递减剂量连续注射 3 d，共 6 次，每次间隔 12 h，第 5 次注射 FSH 同时肌肉注射氯前列烯醇 0.1 mg。FSH 总剂量国产的为 150～300 IU，澳大利亚产的为 13～15 mL。

（2）PMSG 法　在供体发情周期的第 16～18 天（绵羊为第 12～13 天），一次性肌肉注射或皮下注射 PMSG 800～1 500 IU，出现发情后或配种当天肌肉注射 HCG 500～750 IU。

3. 猪的超数排卵

猪的超数排卵一般采用 PMSG，而不用 FSH，外源注射 PMSG 的时间在性周期的第 15～17 天。PMSG 和 HCG 的剂量，按照初情期前（PMSG 400 IU＋HCG 200 IU，56 h 后注射 HCG 500 IU）、初情期后（PMSG 1 200 IU，96 h 后注射 HCG 500 IU）和经产母猪（PMSG 1 200～1 400 IU），依次递增，一般 PMSG 为 500～2 000 IU，HCG 为 500～750 IU。

4. 兔的超数排卵

（1）FSH＋LH 法　供体母兔以总剂量 60 IU FSH 每天上午 7:00、下午 5:30 两次皮下注射，连续 3 d，每天 2 次，每次 10 IU 促使多卵泡发育，第 4 天上午 7:00 进行输精，随后立即静脉注射 2.5 mg LH（或 100 IU 的 HCG）促进排卵。

（2）PMSG＋LH 法　供体母兔以总剂量 150 IU 的 PMSG 每天上午 7:00 皮

下注射，连续 3 d，第 4 天上午 7:00 进行输精，然后注射 2.5 mg 的 LH（或 100 IU 的 HCG）。

（四）影响超数排卵效果的因素

在超排情况下，由于人为提供的外源激素的参与，家畜生殖内分泌轴的活动，特别是卵巢本身经历着异常的刺激。超数排卵是极为复杂的过程，人们对超排方法的选用还没有十分把握，超排效果不够稳定，特别是个体之间差异很大。其影响的因素主要有：家畜的个体情况（如品种、年龄、胎次、产后日期、产奶量、生殖力、超排次数等），环境条件（如季节和月份、饲料条件和日粮水平、畜舍环境卫生等），超排处理方式（如促性腺激素的质量、种类、用量、处理时间和方法等）。因此，为了提高家畜超数排卵的效果，应综合考虑上述各方面因素。

第二节 胚胎移植

一、概念和意义

（一）胚胎移植的概念

胚胎移植是指将一头良种母畜配种后的早期胚胎取出，移植到另外一头或数头同种的、生理状况相同或相似的母畜生殖道的适当部位，使之继续发育成新个体的过程。其中，提供胚胎的母畜称为供体，接受供体胚胎并代之完成妊娠、分娩及哺育仔畜的母畜称为受体。经胚胎移植产出的后代，其遗传物质来自亲代，即供体母畜和与之交配的公畜，而胚胎发育所需要的营养物质则来自受体母畜。胚胎移植实际上是产生胚胎的供体和养育胚胎的受体分工合作共同繁殖后代的过程。

（二）胚胎移植的意义

1. 充分发挥良种母畜的繁殖潜力，提高繁殖效率

胚胎移植中，对优良种母畜一年内多次超排获得大量胚胎，由受体代孕，使其比自然繁殖力提高数十倍甚至数百倍。

2. 加速品种改良，扩大良种畜群

由于优良种母畜的繁殖力大大提高，也提高了优良品种的扩群速度，加速了品

种改良步伐。我国引进的波尔羊、杜柏羊、荷斯坦牛、良种肉牛都采用了胚胎移植扩群的方法。

3. 诱产双胎，提高生产效率

在肉牛及肉羊生产中，可以向已配种的母畜（排卵卵巢的对侧子宫角）移植1枚胚胎，这样，本来已受胎的那些母畜由于增加了一个外来胚胎而怀双胎。另一种诱产双胎的方法是向发情但未配种的母畜移植2枚胚胎。

4. 防疫需要和克服不孕

在养猪业中，为了培育无特异病原体猪群，向封闭猪群引进新的个体时，作为控制疾病的一种措施，往往采用胚胎移植技术代替剖腹取仔的办法。此外，在优良母畜容易发生习惯性流产或难产以及其他原因不宜担负妊娠过程的情况下，也可以采用胚胎移植，使之正常繁殖后代。

5. 作为生物学的研究手段

胚胎移植是研究受精过程、胚胎学和遗传学等基础理论的有效方法之一，也是研究胚胎分割、胚胎嵌合、体外受精、性别鉴定、核移植、基因导入等其他胚胎工程技术实施的必不可少的环节。

二、基本原理

(一)胚胎移植的生理学基础

1. 母畜发情后生殖器官的孕向发育

在发情后的最初一段时期（周期性黄体期），不论是否已受精，母畜生殖系统均处于受精后的生理状态下，在生理现象上，妊娠与未孕并无区别。所以，发情后的母畜生殖器官的孕向变化，是进行胚胎移植时使不配种的受体可以接受胚胎，并为胚胎发育提供各种条件的主要生理学依据。

2. 早期胚胎的游离状态

胚胎在发育早期有相当一段时间（附植之前）是独立存在的，它的发育基本上靠本身贮存的养分，与子宫还没有建立实质性联系。因此，这个时期的胚胎可以从供体中取出，并且在离开活体情况下短时间内存活，当放入与供体相同的环境中，即可继续发育。

3. 胚胎移植不存在免疫问题

受体母畜的生殖道（子宫和输卵管）对于具有外来抗原物质的胚胎和胎膜组织，一般来说，在同一物种之内，并没有免疫排斥现象，不会影响移植胚胎的发育和附植。

4. 胚胎遗传特性不受受体影响

移植的胚胎，在一定时期会与受体子宫内膜建立生理上和组织上的联系，保证了胚胎的正常发育。但受体并不会对胚胎产生遗传上的影响，不会影响胚胎固有的优良性状。

(二)胚胎移植的基本原则

1. 胚胎移植前后所处环境的一致性

胚胎移植前后所处环境的一致性指胚胎移植后的生活环境与胚胎的发育阶段相适应，具体包括以下几个方面。

(1)供体和受体种属上的一致性　供体与受体二者属于同一物种，但这并不排除种属不同但在进化史上血缘关系较近、解剖和生理特点相似个体之间胚胎移植成功的可能性。

(2)生理上的一致性　受体母畜和供体母畜在发情时间上应具备同期性。一般相差不超过 24 h，否则移植成功率显著下降。

(3)胚胎收集和移植部位的一致性　从供体输卵管内收集到的胚胎应该移植到受体的输卵管内，从供体子宫内收集到的胚胎应该移植到受体的子宫内。

2. 胚胎发育的期限

从生理学角度，胚胎收集和移植的期限不能超过周期黄体的寿命，最迟要在周期黄体退化之前数日以及胚胎附植之前进行。

3. 胚胎的质量

在胚胎移植的操作过程中，胚胎不应当受到任何不良因素(物理、化学、生物等)的影响，移植的胚胎须经过鉴定确认是发育正常的才可用。

按照上述原则，胚胎移植只是胚胎生存空间位置上的改变，而不是生理环境的改变。这种空间位置上的改变不会影响胚胎的生长发育，所以将胚胎从一头母畜体内直接移植到另一头母畜体内，或经过运输再移植，仍可以存活并正常发育，直到分娩。

三、胚胎移植的操作程序

以牛胚胎移植为例，基本程序见图 6-2。

(一)供体和受体的选择

供体应该是良种母畜，不仅应具有较高的育种价值，而且应该有良好的繁殖机能，易配易孕，没有遗传缺陷，分娩顺利，健康无病，特别是无繁殖疾病和传染性疾

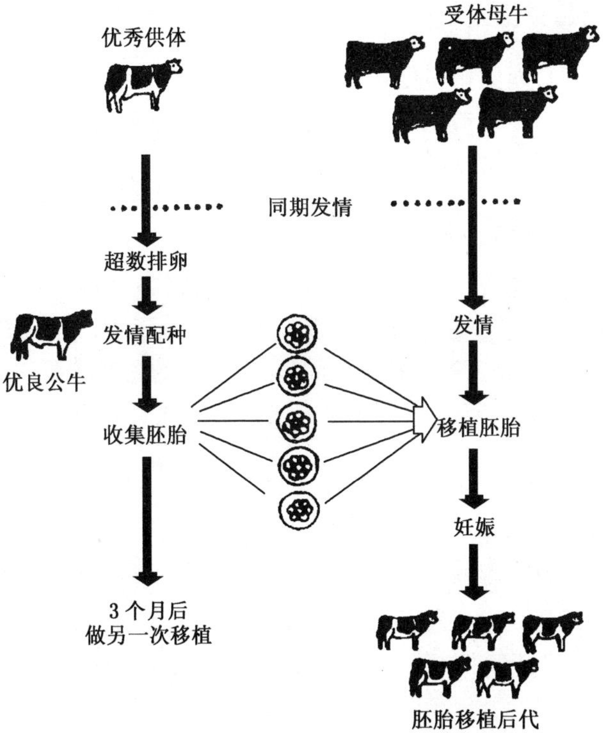

图 6-2 牛胚胎移植的操作程序示意图

(引自:杨利国. 动物繁殖学. 北京:中国农业出版社,2003)

病,营养良好,体质健壮。经产母畜应在生殖机能恢复正常后方可作为供体,如猪和牛在分娩 2 个月后方可用作供体母畜。已证明对超数排卵处理反应良好的母畜可反复用作供体。

每头供体需准备数头受体,受体母畜可选用非优良品种的个体,但应具有良好的繁殖性能和健康状态,体格较大,体况中上等。在拥有大量母畜的情况下,可选择与供体发情时间相同的自然发情个体作受体。由于在一般情况下难以找到足够数量的自然发情母畜作受体,所以多采用对受体母畜进行同期发情处理。

(二)供体和受体的同期发情

胚胎移植时,必须对受体进行同期发情处理,使受体和供体母畜的发情同期化,其发情时间差最好控制在±12 h之内,若超过±24 h,则妊娠率急剧下降。

(三)供体的超数排卵

对供体母畜进行超数排卵处理是胚胎移植技术程序中不可缺少的一个环节，是在母畜发情周期的适当时期，利用外源性促性腺激素处理，增进卵巢的生理活性，诱导许多卵泡同时发育成熟并排卵。

(四)供体的发情鉴定与配种

超数排卵处理结束后，要密切观察供体的发情征状，每天早、中、晚至少观察3次。当母畜表现发情后，为了得到较多发育正常的胚胎，应根据育种的需要，使用活力高、密度大的优良公畜的精液，而且可以适当的增加输精剂量及人工授精的次数，授精间隔8～12 h。

(五)胚胎的采集

1. 胚胎采集时间

胚胎收集的时间不应早于排卵后的第一天，最早应在受精卵完成第一次卵裂之后，否则不易辨别卵子是否受精。收集时间一般在配种后的3～8 d，牛最好是在配种后的6～8 d，即胚胎发育至桑葚胚或者早期囊胚，以便用非手术法收集和移植。

胚胎采集时间的确定应根据畜种、胚胎所处部位、采胚方法的不同以及胚胎的生命力来确定，只有这样才能提高采胚率和移植妊娠率。

2. 胚胎采集方法

胚胎的采集是利用冲卵液将胚胎由生殖道中冲出，并收集在器皿中。收集胚胎有两种方法，即手术法和非手术法，前者可用于各种家畜胚胎的收集，后者仅适用于牛、马等大家畜，且只能在胚胎进入子宫角后收集。

(1)手术法收集胚胎　根据畜种的不同及外科手术的要求，在腹中线或腹侧作一切口，先将一侧输卵管及子宫角移出腹腔，观察卵巢上的排卵情况后，用注射器吸取冲卵液注入输卵管或子宫角内进行冲洗。然后将该侧送回腹腔，并移出另一侧，用同样方法进行冲洗。手术法冲洗胚胎有以下两种方式：

①输卵管冲洗法　由子宫角向输卵管伞部冲洗(上行法)：用注射器的磨钝针头刺入子宫角顶端，注入冲洗液，然后在输卵管的伞部接取冲卵液，这种方式适用于牛、羊、兔等。

由输卵管伞向子宫角-输卵管结合部冲洗(下行法)：冲洗的方向是由伞部注入冲洗液，在子宫角上端接取冲卵液。猪和马的子宫角与输卵管的接合部有一活塞结构，用第一种方式，冲洗液不易通过，因此多采用第二种方式。

输卵管冲洗法只有当胚胎处于输卵管时才可采用，其优点是采胚率高，冲洗液用量少，检胚快。缺点是从输卵管插入细管或冲洗，容易造成输卵管及伞部损伤。

②子宫角冲洗法　从供体母畜腹中线切口引出子宫角后，用拇指和食指或止血钳夹住子宫角基部，并在子宫角基部用一钝形针穿刺子宫壁，取一塑料管沿着针孔插进子宫腔，然后用注射器将 30～50 mL 冲洗液从子宫角顶端向子宫角基部方向注入，胚胎随冲洗液由细管流入集卵器皿，或者相反。这种方式适合于各种家畜。优点是手术过程只需拉出子宫角，缺点是因子宫腔大，冲洗液用量大，采胚率偏低。

冲胚操作，要求迅速准确，以防止对伤口、生殖器官和冲卵液的污染，力求避免给动物带来刺激和对生殖器官造成损伤。一般来说，术后生殖器官容易发生不同程度的粘连，严重时会造成不孕，这是手术法收集胚胎最大的缺点。冲洗之后，应立即缝合伤口，母畜应单独饲养，并随时观察其伤口的愈合情况（图 6-3）。

(2)非手术法收集胚胎　牛、马也可采用非手术法收集胚胎，由于这种采集方

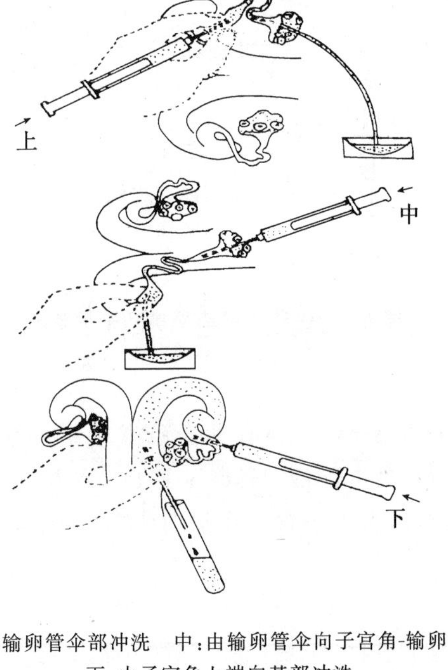

上：由子宫角向输卵管伞部冲洗　中：由输卵管伞向子宫角-输卵管结合部冲洗
下：由子宫角上端向基部冲洗

图 6-3　手术法冲洗胚胎

（引自：Hafez. Reproduction in Farm Animals. 第 4 版）

法比手术法简单易行，而且对生殖器官的伤害程度较小，因此在生产中较多采用。

非手术法收集胚胎可利用双通式或三通式导管采卵器，其差别在于双通式采卵器冲卵液注入和流出是经同一管道完成的，而三通式采卵器冲卵液的注入和流出是经过两个不同的管道完成的。无论是双通式还是三通式采卵器，其外管前端均连接一气囊。当冲卵器插入子宫角大弯处时，从进气口向气囊中充入气体，充气量的多少依子宫角粗细以及导管插入子宫角的深浅而定。认为气囊位置和充气量合适时，抽出钢芯，由进液孔注入冲洗液，每侧子宫角需冲洗液 100～500 mL。冲洗液的导出应顺畅迅速，并尽可能将冲洗液全部收回。为此，冲胚时最好用手在直肠内将子宫角提高并略加按压，以利于冲洗液流出。胚胎的回收率与冲洗液回收的完全程度呈正相关。

应用非手术法收集胚胎时，只有当胚胎都进入子宫角后方可进行。因此，用非手术法收集牛的胚胎时，一般在配种后的 6～8 d 进行(图 6-4)。

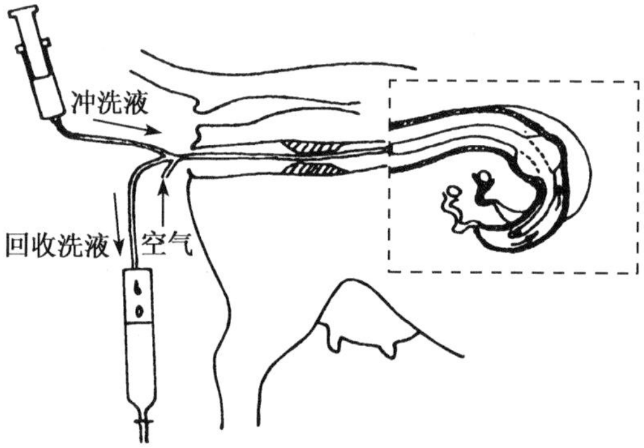

图 6-4 牛非手术法采集胚胎示意图

(引自：徐相亭，秦豪荣. 动物繁殖. 北京：中国农业大学出版社，2008)

收集胚胎的冲洗液有多种，主要有杜氏磷酸盐缓冲液(D-PBS)、布林斯特氏液、合成输卵管液(SOF)、惠屯氏液、Ham's F-110 以及 TCM-199，尤以 D-PBS 最常用。在收集胚胎时，冲洗液可不含牛血清白蛋白，但在培养和保存时则需加入。

(六)胚胎的检查

胚胎的检查包括两个过程，一是检胚，二是胚胎鉴定。胚胎的检查是指在立体显微镜下，从冲洗液中寻找胚胎。胚胎的鉴定则是将检查的胚胎应用各种手段对其质量和活力进行评定(或等级分类)。

1. 胚胎检查方法

为了减少体外不利因素对胚胎造成的影响，从母畜生殖道冲出的冲洗液应保持在37℃环境中，冲胚结束后将冲洗液置于30℃的无菌箱中，最好在箱内检查，如果条件不具备，可在20～25℃的无菌操作室内检查。如冲洗液量较大，全部检查花费时间太多，可采取两种方法。一种方法是静置法，即把盛冲洗液的容器在无菌室内静置20～30 min，胚胎下沉到容器底部，吸出上面的冲洗液，剩下几十毫升即可，然后将这些冲洗液倒入平皿或表面皿，在立体显微镜下进行检查，为防止胚胎沾到容器上，要用冲洗液冲洗容器，这部分单独倒入平皿检查。另一种方法是将冲洗液倒入带有滤网(直径小于胚胎直径)的过滤器中，将多余的冲洗液从滤网中漏出，最后剩下几十毫升即可。检查出的胚胎用吸卵器移入含有20%犊牛血清的PBS培养液中进行鉴定。

2. 胚胎的鉴定

胚胎移植前正确鉴定胚胎的质量，是移植能否成功的关键之一。目前鉴定胚胎质量和活力的途径主要有以下几种。

(1)形态学法　这是目前鉴定哺乳动物胚胎最广泛、最实用的方法。一般是在30～60倍的实体显微镜下或120～160倍的生物显微镜下对胚胎进行评定，评定的内容包括：①卵子是否受精(未受精卵的特点是透明带内有分布均匀的颗粒，无卵裂球)；②透明带形状，厚度，有无破损等；③卵裂球的致密程度，卵黄周隙内是否有游离细胞或细胞碎片，细胞大小是否有差异；④胚胎的发育程度是否与胚龄一致，胚胎的透明度，胚胎的可见结构是否完整等(图6-5和图6-6)。

根据胚胎的形态特征将胚胎分为A(优)、B(良)、C(中)、D(劣)四个等级。A、B、C级胚胎为可用胚胎，D级为不可用胚胎。

A级：胚胎发育阶段与胚龄一致，胚胎形态完整，轮廓清晰，呈球形，分裂球大小均匀，结构紧凑，色调和透明度适中，无游离的细胞和液泡(或很少)，变性细胞比例<10%。

B级：胚胎发育阶段与胚龄基本一致，轮廓清晰，分裂球大小基本一致，色调和透明度及细胞密度良好，可见到一些游离的细胞和液泡，变性细胞占10%～30%。

C级：胚胎发育阶段与胚龄不太一致，轮廓不清晰，色调变暗，结构较松散，游离的细胞或液泡较多，变性细胞达30%～50%。

D级：有碎片的胚胎，细胞无组织结构，变性细胞占胚胎大部分，约75%。

(2)荧光活体染色法　将二醋酸荧光素(FDA)加入待鉴定的胚胎中，培养3～6 min，活胚胎显示荧光，死胚胎无荧光。这种方法比较简单，而且可验证上述形态学对胚胎做出的分类结果，因此，在生产上应用的也比较多。

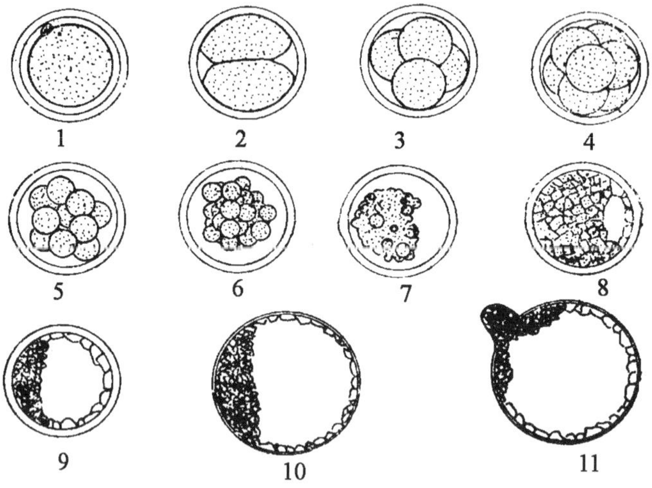
1.1 细胞　2.2 细胞　3.4 细胞　4.8 细胞　5.16 细胞　6. 早期桑葚胚
7. 致密桑葚胚　8. 早期囊胚　9. 囊胚　10. 扩张囊胚　11. 孵化囊胚

图 6-5　不同发育阶段的正常胚胎

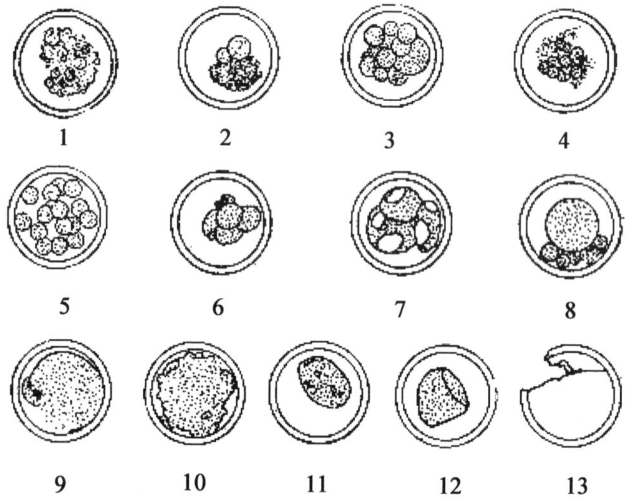
1. 致密桑葚胚,透明带不圆　2. 卵裂球突出的桑葚胚　3. 卵裂球不规则　4. 卵裂球碎裂的桑葚胚
5. 卵裂球松散　6. 细胞团不规则　7. 细胞有空泡　8～12. 退化的单细胞卵　13. 破裂的空透明带

图 6-6　形态不正常的胚胎

(3)测定代谢活性法　即通过测定胚胎的代谢活性，鉴定胚胎的活力。其方法是将待鉴定的胚胎放入含有葡萄糖的培养液中，培养 1 h 后，测定葡萄糖的消耗量，每培养 1 h 消耗葡萄糖 2～5 μg 以上者为活胚胎。

(七)胚胎的保存

胚胎的保存是将胚胎在体内或体外正常发育温度下，暂时贮存起来而不使其失去活力，或者是将其保存于低温或超低温情况下，使细胞处于新陈代谢和分裂速度减慢或停止，即使其发育基本处于暂时停顿状态，一旦恢复正常发育温度时，又能继续发育。目前，哺乳动物胚胎的保存方法有常温保存、低温保存和超低温冷冻保存。

胚胎常温保存是将胚胎在 15～25℃温度下于培养液中保存，低温保存是将胚胎在 0～10℃温度下保存，冷冻保存是将胚胎置于超低温环境中(－196℃)长期保存。

(八)胚胎的移植

胚胎移植有手术法和非手术法两种方式，前者适用于各种家畜，后者仅适用于牛、马等大家畜。用作受体的母畜发情周期阶段应与供体母畜一致。

1. 手术法

在受体腹部作一切口，找到排卵侧的卵巢并观察黄体发育情况，根据胚胎的发育阶段，用注射器或移植管将胚胎注入排卵卵巢同侧子宫角上端或输卵管壶腹部内，然后迅速复位、缝合。

2. 非手术法

牛的非手术移植法是指把握子宫颈后，将胚胎移植枪插入与黄体同侧的子宫角内，注入胚胎。

第三节　胚胎生物工程

一、体外受精

体外受精是动物胚胎生物工程的重要研究内容之一。自从 1951 年 Chang 和 Austin 分别发现哺乳动物精子获能现象之后，体外受精技术的研究就得到了飞速发展，到目前为止，多数饲养的哺乳动物的体外受精均获得成功，并获得了试管后代。体外受精技术的发展为体外工厂化大量生产质优价廉的胚胎提供了可能，并为广泛开展胚胎移植提供了条件。

(一)卵母细胞体外成熟

在自然繁殖的状况下，母畜卵巢上绝大多数卵泡发育到一定程度后即发生闭锁。而应用超数排卵技术可以获得更多的卵子并使之在体外发育成熟和受精，从而获得更多的胚胎。

1. 卵巢上卵子的采集方法

母畜屠宰剖腹后，立即无菌采集卵巢，在实验室将卵子从卵泡中吸出，置于离心管中静置 10～15 min，然后在实体显微镜或倒置显微镜下选出可培养的卵子，并将之置于培养液中。此外，也可以通过剖腹术或腹腔镜技术从活体卵巢上采集卵子。

2. 未成熟卵子的培养

卵巢上采集的卵子尚未完全成熟，需要进一步成熟培养，才能与精子受精。

(二)精子体外获能

精液一般都要经过数次离心洗涤，以获得高浓度的活力旺盛的精子。然后将精子在获能液中孵育 15 min 左右，使其获得受精能力。

(三)体外受精

精卵体外受精主要采用两种方法，一种是利用受精液进行精卵共孵育法；另一种是辅助受精法。精卵共孵育法是将成熟的卵母细胞移入受精液微滴中，再加入获能精液。精子显微注射法是采用显微操作方法将处理后的精子核或完整的精子直接注入卵质，完成受精过程。

二、胚胎嵌合

胚胎嵌合又称胚胎融合，是近年来继胚胎分割后的一项新的生物技术。动物胚胎嵌合不但对品种改良及新品种培育具有重大意义，而且为不同品种间的杂交改良开辟了新的渠道，对分析胚胎的发生机制和基因表现机制以及了解性别分化或免疫机理等均具有极为广泛的利用价值。将两枚胚胎细胞（同种或异种动物胚胎）融合共同发育成为一个胚胎即为嵌合胚胎。将该胚胎移植给受体，妊娠产仔，如该仔畜具有以上两种动物胚胎的细胞则称之为嵌合体动物。胚胎嵌合体的制作方法有早期胚胎聚合法、分裂球聚合法和囊胚注入法。

(一)早期胚胎聚合法

从宫管接合部采集早期胚胎。用物理方法、酶处理法或酸处理法除去胚胎的透明带,将除去透明带的胚胎用培养液洗涤几次,分别进行配对,将配对后的胚胎移到含有钙离子的37℃培养液中,使之聚合。聚合后的胚胎用培养液洗2次,在培养液中培养20～24 h,使之发育到囊胚。用常规方法将发育为囊胚的嵌合胚胎移植给同步化处理的受体。最后通过技术手段判断出生个体是否为嵌合体动物。

(二)分裂球聚合法

这种方法一般是在1个透明带中,将发育阶段不同的分裂球或将分裂球与特殊的细胞(如肿瘤细胞)聚合在一起。从2～16细胞期至桑葚胚后期的分裂球都可以采用这种方法培育出嵌合体。

(三)囊胚注入法

在哺乳动物的受精卵发育到囊胚分化为两种明显不同的组织——内细胞团和滋养层细胞以后,将目的细胞或细胞团注入到囊胚腔,使注入细胞与内细胞团结合共同发育,以获得嵌合体。

三、动物克隆

克隆是英文clone的音译,它是指由一个细胞或个体以无性繁殖方式产生遗传物质完全相同的一群细胞或一群个体。在动物繁殖过程中,它是指不通过精子和卵子的受精过程而产生遗传物质完全相同的新个体的一门胚胎生物技术。哺乳动物的克隆技术包括胚胎分割和细胞核移植两种,一般情况下,仅指细胞核移植技术,其中又包括胚胎细胞核移植和体细胞核移植技术。

(一)胚胎分割

胚胎分割是运用显微操作系统将哺乳动物附植前胚胎分成若干个具有继续发育潜力部分的生物技术,运用胚胎分割可获得同卵孪生后代。在畜牧生产上,胚胎分割可用来扩大优良家畜的数量;在实验生物学或医学中,可运用同卵双生后代作为实验材料,以消除遗传差异,提高试验结果的准确性。

在进行胚胎切割时,先将发育良好的胚胎移放在含有操作液滴的培养皿中,操作液常用杜氏磷酸缓冲液,然后在显微镜下用切割针或切割刀把胚胎一分为二。

目前，胚胎分割与胚胎冷冻这两项技术已紧密结合在一起，分割成的半胚在冷冻解冻后经移植，仍可发育成新个体，并可用来生产异龄同卵双生后代，在育种方面发挥作用。毫无疑问，胚胎分割和胚胎冷冻技术可为实施胚胎移植提供大量的胚胎，从而促进了胚胎移植技术的推广应用。

(二)核移植

1. 供体核的准备

(1)胚胎细胞　剥离胚胎的透明带，用钝头玻璃吸管反复吹吸以分离成单个卵裂球。胚胎细胞因分化程度低，较易获得核移植后代。

(2)体细胞　1997年，Wilmut等取绵羊乳腺细胞在特定实验条件下增殖培养6 d，诱使细胞处于“静止”状态，以便其染色质结构调整，核进行重组，经核移植后获得了世界上第一只体细胞克隆羊——多莉(Dolly)，这一成果开辟了哺乳动物体细胞核移植新的里程碑。进一步证实了基因活性学说的正确性，证明高度分化的体细胞仍然具有基因组的等同性，其细胞核仍然具有支持哺乳动物全程发育的全能性。此后，用不同动物不同组织来源的体细胞进行核移植均得到了后代。

2. 受体细胞的去核

将超数排卵回收的卵母细胞或体外培养成熟的卵母细胞置于含细胞松弛素B和秋水仙胺的培养液中，通过显微操作仪，用一尖玻璃吸管穿透透明带进入卵周隙，再用去核吸管吸除第1极体以及处于分裂中期的染色体和周围的部分细胞质。

3. 核卵重组

将去核卵母细胞和供核卵裂球或其他供核细胞置于含5 $\mu g/mL$ 细胞松弛素B的PBS中平衡10 min，然后在显微操作仪下，用去核吸管吸取一枚分离出的完整卵裂球，注入去核卵母细胞的卵周隙中。

4. 卵母细胞的激活

核移植技术操作过程中的关键步骤是卵母细胞的激活及其与核供体的融合。常采用电刺激的方法人工激活卵母细胞。

5. 核供体与受体的融合

核供体与受体的融合一般采用两种方法，一种是利用仙台病毒诱导重组胚融合，另一种是电融合法，它具有激活卵母细胞与诱导膜融合的双重作用，即通过一定场强的直流脉冲刺激，使二者相邻界面的细胞膜穿孔，形成细胞间桥从而达到融合。

四、基因转移

基因转移是指将外源基因通过显微操作，整合到某种动物的基因组中，并使之在转录及翻译的水平上得以表达，从而改变该物种的生物学特性。从1982年第一只转基因鼠产生至今，已先后获得了转基因兔、猪、绵羊、山羊、牛等。

转基因动物的制作涉及了生命科学的许多领域，是一门综合性的技术。其主要技术路线包括：目的基因的分离，表达载体的构建，基因受体（早期胚胎）的获得，基因的导入，转基因胚胎的移植，被转基因的整合表达检测以及转入基因的遗传稳定性测试等。其中目的基因的分离和导入是这项技术实施的关键步骤。

基因转移在动物生产及育种上具有重要的意义，如基因转移可以提高家畜的经济性状；用家畜生产有用的生物活性物质；将特定的基因片段转入家畜基因组中，得到的转基因动物可能对某种疾病产生特异性的抗病性；利用转基因猪生产人类所需要的器官等。基因导入的方法主要有以下几种。

1. 显微注射法

该方法是借助显微操作仪，将装有目的基因的毛细管针插入受精卵的原核中，注入基因。世界上第一只转基因小鼠就是用这种方法获得的。在家畜上使用该技术的难度较大，其原因一方面是由于家畜所能提供的受精卵数目较少，而且难以把握早期胚胎的发育时序；另一方面是由于家畜受精卵的细胞质中含有不少脂肪和色素等透光度低的颗粒，降低了原核的可见度，干扰了操作的精确性。显微注射导入基因是发展最早的转基因技术，目前仍然是使用最广、效率最高的方法。

2. 逆转录病毒感染法

该方法是将目的基因整合到逆转录病毒的原病毒基因组中，然后将原病毒注入早期胚胎，或是给动物的培养细胞接毒后与胚胎一起培养，使病毒感染胚胎。1990年Harvey用猫白血病病毒作为载体，成功地将外源基因导入羊的基因组中并得到表达。该方法已被广泛地应用于基因表达机制、基因产物、细胞缺陷症和人类遗传病治疗等研究领域，具有整合的外源基因一般可自行复制，无须复杂的显微操作等优点，但整合成功率和基因表达率低，效果不稳定。

3. 胚胎干细胞介导法

这一方法的理论依据在于囊胚期的内细胞团含有尚未分化的胚胎干细胞，将这些干细胞植入正常发育的囊胚腔之后，很快便与受体内细胞团聚集在一起，参与正常胚胎的发育。用电穿孔或磷酸钙沉淀法，将外源DNA转移到胚胎干细胞中，或用逆转录病毒作为载体感染胚胎干细胞，然后筛选整合阳性的部分并将之植入受体囊胚腔。由此发育成的个体其染色体中可能整合了外源基因。

【本章小结】

本章主要讲述了动物的发情控制、胚胎移植和胚胎生物工程。

发情控制是用某些激素、药物或管理措施，人工控制雌性动物个体或群体发情并排卵的技术，是生产中实用性很强的繁殖技术，包括同期发情、诱导发情和超数排卵等。通过发情控制，可以更好地控制动物的繁殖活动，提高动物的繁殖效率，使动物繁殖更好地在人为控制下进行，便于生产的组织与管理。

胚胎移植是将一头良种母畜配种后的早期胚胎取出，移植到另外一头或数头同种的、生理状况相同或相似的母畜生殖道的适当部位，使之继续发育成新个体的过程。胚胎移植可以充分提高优良母畜的繁殖潜力，是提高母畜生产效率的新的技术途径。

胚胎生物工程指对卵子、精子和胚胎在体外条件下进行的各种操作和处理，包括体外受精、胚胎嵌合、动物克隆和基因转移等技术。

近年来，随着生物技术研究的快速发展，畜禽繁殖科学领域出现了许多新理论、新技术。目前在国际上，针对母畜的初情期、性成熟、发情、配种、妊娠、分娩等各个繁殖环节，初步形成了一套完整的繁殖控制技术，为提高畜禽繁殖率展现了广阔的前景。

【复习思考题】

1. 试述母畜同期发情在畜牧生产中的意义。
2. 简述母畜同期发情的原理。
3. 母畜处于发情周期的什么阶段进行超排处理的效果最好？如果不能确定母畜发情周期的阶段，如何进行超排处理？
4. 从原理上分析不同的同期发情方案对同期发情效果的影响。
5. 从经济上和推广角度分析哪些同期发情方案更易得到广泛应用。
6. 诱导发情和同期发情在处理方法和效果上有何异同点？
7. 胚胎移植的生理学基础和基本原则是什么？
8. 胚胎移植的意义及技术程序如何？
9. 简述体外受精、胚胎嵌合、动物克隆和转基因的概念和方法。

第七章　家禽繁殖技术

知识目标

- 了解家禽生殖器官的形态结构和各部位的生理功能；
- 掌握家禽精液的采集和处理方法；
- 掌握鸡、鸭、鹅的输精方法、过程及注意事项；
- 了解优良种禽的选择技术。

技能目标

- 能进行家禽精液品质检查，学会精液稀释方法；
- 会进行鸡的采精与输精技术操作。

第一节　家禽的生殖器官

家禽属于鸟类，鸟类为了适应飞翔，其繁殖器官的生理解剖特点及繁殖方式明显不同于家畜。了解家禽生殖器官基本构造、功能和特点，对学习家禽的人工授精技术、提高家禽受精率和改善种禽品质都具有重要意义。

一、公禽的生殖器官

公禽生殖器官由睾丸、附睾、输精管和交配器官构成(图 7-1)。其特点是睾丸位于体腔内，交配器官不发达或发育不完全，没有哺乳动物所具有的副性腺。

(一)睾丸

公禽有两个睾丸，位于腹腔脊柱两侧、肾脏前叶的下方，形状似蚕豆，通常左侧略大于右侧。睾丸大小和色泽因品种、年龄、生殖季节而有很大的变化。性成熟前体积小，颜色呈黄色；性成熟后，尤其在繁殖季节，显著增大，呈乳白色；当性功能减退时，则又变小，通常因表层血管分支丰富而呈淡红色。自然条件下，成年公鸡在春季性机能特别旺盛，睾丸颜色逐渐变白，体积变大，形成大量精子。肉用成熟公鸡睾丸平均重 15～20 g，蛋用公鸡睾丸平均重 8～12 g。

睾丸外面包有浆膜和一层薄的白膜，睾丸内的间质不发达，不形成睾丸小隔和纵隔。睾丸实质主要为精细管，在生殖季节加长、增粗，同时间质细胞也增多。睾丸的主要功能是产生精子和分泌雄性激素。

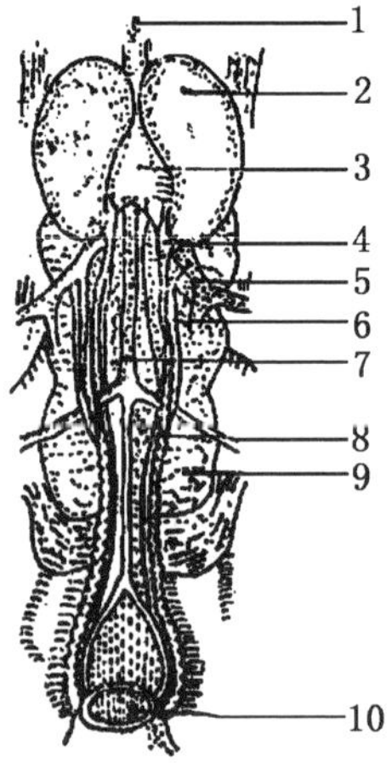

1. 后腔静脉 2. 睾丸
3. 睾丸系膜 4. 附睾
5. 髂静脉 6. 输尿管
7. 主动脉 8. 输精管
9. 肾脏 10. 泄殖腔

图 7-1 公鸡生殖器官

（引自：徐相亭，秦豪荣. 动物繁殖. 北京：中国农业大学出版社，2008）

（二）附睾

家禽的附睾位于睾丸内侧凹陷部，由睾丸网、输出小管和附睾管组成。精细管汇集于睾丸网，经若干条输出小管与附睾管相连，附睾管则与输精管相连。输出小管和附睾管不仅是精子进出输精管的通道，而且还具有分泌功能。与哺乳动物相比，附睾较短而不发达，附睾头、体和尾部界限不明显。

（三）输精管

输精管有 2 条，左、右各 1 条，是极端弯曲的细管，它与输尿管平行，开口于泄殖腔。输精管由前至后逐渐变粗，形成一膨大的圆锥形体，即输精管乳头，突出于泄殖腔内。在繁殖季节输精管加长增粗，弯曲度变大，常因贮有精液而呈现乳白色。精子从睾丸生成后，需经附睾、输精管才能成熟。输精管的主要作用是贮存精子，特别是输精管乳头中存有大量精子。

（四）交配器官

公鸭、鹅的交配器官称阴茎，公鸡没有真正的阴茎，只有退化的交配器。它位于泄殖腔的腹壁侧中央部，有一小隆起称阴茎乳头即交配器。公鸡交配时，交配器充血、勃起围成输精沟，精液由输精管乳头流入输精沟，排入母鸡外翻的阴道口。

刚孵化出的公雏，其交配器比较明显，可以用来进行雌、雄鉴别。

公鸭、鹅的阴茎较为发达，位于肛道腹侧偏左，呈囊状（图 7-2）。勃起时因充满淋巴液而产生压力，使阴茎从泄殖腔内压出，呈螺旋锥状体，其表面有螺旋形的输精沟。交配时输精沟闭合成管状，精液则从合拢的输精沟射出。勃起伸出的输精沟由左、右并列的两枚纤维淋巴体构成，且两者不对称，左侧比右侧大。鸭阴茎基部的直径约 3 cm，勃起时伸出可长达 10～12 cm，鹅阴茎长达 6～7 cm。

二、母禽的生殖器官

母禽生殖器官由卵巢和输卵管组成，其右侧生殖器官在孵化的第 7～9 天就停止发育，到出雏时仅留残迹（图 7-3），左侧卵巢和输卵管发育正常，具有生殖能力。

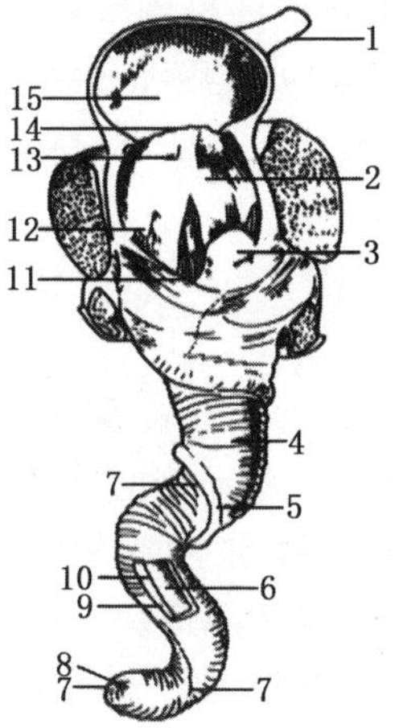

1. 直肠　2. 泄殖道　3. 软骨
4. 大螺旋纤维淋巴体　5. 小螺旋纤维淋巴体
6. 腺管　7. 阴茎沟　8. 腺管开口
9. 小梁间隙　10. 弹性体　11. 至肛道的裂隙
12. 输精管乳头　13. 输尿管泄殖腔口
14. 粪泄殖褶　15. 粪道

图 7-2　成年公鸭的阴茎和泄殖腔

（引自：周新民，陈桂银. 鸭高产生产技术手册. 上海：上海科学技术出版社，2006）

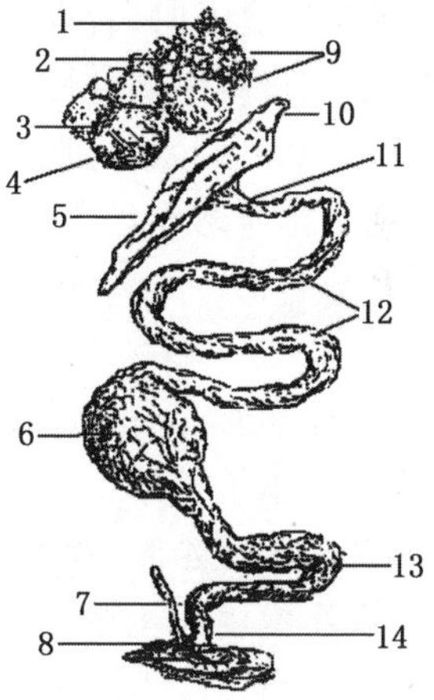

1. 卵巢柄　2. 小的卵母细胞
3. 成熟卵母细胞　4. 破裂痕
5. 输卵管开口　6. 峡部　7. 退化的输卵管
8. 泄殖腔　9. 排空的卵泡　10. 漏斗部
11. 漏斗部的颈　12. 蛋白分泌部
13. 子宫　14. 阴道

图 7-3　母鸡的生殖器官

（引自：徐相亭，秦豪荣. 动物繁殖. 北京：中国农业大学出版社，2008）

（一）卵巢

卵巢位于腹腔左侧，左肾前叶的前方，左肺的后方，以短的系膜附于腰部背侧壁上。卵巢由皮质和髓质构成。卵巢上含有许多未成熟卵泡的部分是皮质，髓质由血管、神经和平滑肌的血管区构成。雏禽卵巢小，黄白色，椭圆形。性成熟后，形状很不规则，形成很多大小不同的卵泡，形似葡萄。卵泡突出于卵巢表面，呈结节状，肉眼可见卵泡1 500～2 500个；在显微镜下观察，大约有12 000个；有人估算1只母鸡大约含有几百万个卵母细胞。最初生殖细胞位于中央，随着卵黄的积累，生殖细胞逐渐升到卵黄表面，即卵黄膜下。移行通道以淡色卵黄填充，形成倒瓶状的蛋黄芯。

未受精的蛋，生殖细胞在蛋的形成过程中，一般不再分裂，在蛋黄表面形成一个不透明的灰白色小点，叫胚珠。受精蛋因生殖细胞继续分裂，形成中央透明、周围暗淡的同心圆结构，叫胚盘。禽卵泡没有卵泡腔和卵泡液，排卵后不形成黄体，卵泡膜于2周内退化消失。成熟母鸡产蛋时卵巢重40～60 g，休产时仅4～6 g。

左卵巢功能衰退时，右生殖腺有时能继续发育，如成为卵睾体或睾丸，则发生性反转现象，在母鸡中偶可见到。卵巢的主要功能是产生卵细胞和分泌雌激素、孕激素等。雌激素可刺激输卵管迅速发育，促使母禽出现第二性征，接受公禽交配；孕激素则刺激排卵诱导素产生，并参与蛋的形成。

(二)输卵管

在幼禽，输卵管是一条细而直的小管，到产蛋期发育为管壁较厚、长而弯曲的管道，长度可达躯干长的1倍以上，至停产期则逐渐回缩。输卵管前端开口于卵巢下方，后端开口于泄殖腔，背侧以背侧韧带悬挂于腹腔背侧偏左，腹侧附着游离的腹侧韧带，游离缘厚而短缩，内有丰富的平滑肌，向后固定于阴道。输卵管根据其形态结构和功能特点，由前向后可分为漏斗部(喇叭部)、膨大部(蛋白分泌部)、峡部(管腰部)、子宫部和阴道部等五个部分。主要功能是进行卵母细胞的受精和胚胎的早期发育(表7-1)。

表7-1 母鸡输卵管各部分的生理作用

输卵管各部分	长度/cm	卵的停留时间	生理作用
漏斗部	3～9	18 min	承接卵子，受精作用
膨大部	30～50	2～3 h	分泌稀蛋白和浓蛋白
峡部	10	75 min	形成内外蛋壳膜，注入水分
子宫部	10～12	18～20 h	注入水分和盐类，形成蛋壳和角质膜，蛋壳着色
阴道部	10～12	几分钟	鸡蛋等待产出

1. 漏斗部

呈漏斗状，是输卵管的起始部，中央有一宽的输卵管腹腔口，四周有一游离的浆膜褶，产蛋期间长度为 3～9 cm。漏斗部是接纳卵子和精卵结合受精的部位。卵子在此约停留 18 min。

2. 膨大部

膨大部是输卵管最长的一段（30～50 cm），管径大，壁较厚，黏膜形成发达的皱褶，前端连接漏斗部，界限不明显，后端以明显窄环与峡部区分。膨大部密生管状腺和单细胞腺两种腺体，其中管状腺分泌稀蛋白，单细胞腺分泌浓蛋白。随着卵黄的滚动式跌落，形成卵黄系带。卵在此部停留 2～3 h。

3. 峡部

峡部又称管腰部，是膨大部和子宫交界处较狭窄的部位，为输卵管较窄和较短的一段，长 10 cm，内部纵褶不明显。其主要作用是分泌部分蛋白和形成蛋白内外壳膜。卵在此停留 75 min。

4. 子宫部

子宫部前与峡部相连，后接阴道部，长 10～12 cm，呈袋状，管壁厚，肌肉发达，黏膜形成纵横的深褶。黏膜内有分泌钙质、角质和色素的壳腺，肌层中分布螺旋状的平滑肌纤维。主要作用是形成蛋的硬壳、角质膜和形成蛋壳上的色素。蛋在子宫部停留 18～20 h。

5. 阴道部

阴道部是输卵管的最后一部分，长 10～12 cm，开口于泄殖腔背壁的左侧。阴道肌膜发达，由于黏膜内无腺体，形成皱褶较其他部分细。交配时，阴道翻出接受公鸡射出的精液，大量的精子从阴道部向输卵管漏斗部运行，而部分精子迅速进入精窝腺皱褶内贮存，以后在一定时期内陆续释放，使受精作用能够持续进行。贮存在黏膜皱褶中的精子可存活 20～30 d，精子在输卵管内运行很快，经过 26 min 就可到达输卵管上端。蛋产出时，阴道自泄殖腔翻出，因此蛋并不经过泄殖腔。阴道的主要作用是使蛋产出和贮存精子。

鸡从排卵到蛋的产出约需 24 h 以上，当一个蛋产出以后，要经过 30～60 min 才排出下一个卵子。因而每天产蛋的时间总要比前一天推迟，并经过连续数天产蛋后，会停产 1～2 d，然后再连续产蛋数天。自然光照下，产蛋多在早上，下午 3 时以后很少产蛋，下午到达阴道的蛋一般在第二天早上产出。

第二节　家禽的采精及精液处理

随着现代化养禽业迅速发展，饲养管理制度不断发生改变，种禽由原来的平养改为笼养，人们纷纷采用人工授精进行家禽繁殖，使受精率大大提高，种蛋和雏禽成本大幅降低。采精和精液处理是家禽人工授精技术的重要环节。近年来家禽的人工授精技术虽然取得较大进展，但仍有许多问题没有完全解决，精液的保存就是其中之一。

一、采精

（一）种公禽的选留

1. 选留原则

（1）对种公禽生长发育和健康的选择　选择种公禽，除调查其双亲的生产性能及繁殖性能外，还应注意种公禽本身的生长发育和健康状况。作为采精的种公禽要求第二性征明显，无生殖器官疾病和传染性疾病。

（2）对种公禽性反射能力的选择　可将公禽双翅提起，选择尾巴上翘，有性反射和泄殖腔大而松弛者；或用手指刺激尾根，尾根上翘者适合于人工采精。

（3）选留的公禽须进行采精训练并检查精液品质　采精前公、母禽应隔离，实行单笼饲养，公禽经隔离 1 周后便可开始训练。开始训练时，每天 1～2 次，经 3～4 d 后，大部分公禽都可采出精液。对于长期采不出精液或精液量少、精子密度小及精子活力不高的公禽予以淘汰。

（4）采精前的准备　采精前应剪掉公禽泄殖腔周围的羽毛，并将所有可能接触精液的部位严格消毒，以防止病原微生物的感染。采精前 3～4 h 应停水、停料，以减少粪便对精液的污染（表 7-2）。

表 7-2　种公禽的精液品质指标

指　标	公　鸡		公　鸭	公　鹅
	蛋用型	肉用型		
射精量/mL	0.35	0.4～0.5	0.3	0.2
精子活力	0.7	0.7	0.7	0.45～0.5
精子密度/(亿/mL)	15～30	15～30	20	15～20

2. 种公鸡的选留

选择种公鸡除考虑品种特征、生产性能、健康状况外，还要选择性欲旺盛、精液品质好的个体。

第一次选择在公鸡 60～70 日龄时进行，按公母比例 1∶(15～20)选留。第二次选择，蛋鸡在 6 月龄，兼用品种和肉用品种在 7 月龄，按公母比例 1∶(30～50)选留。

选留的公鸡应生长发育正常,健壮,冠发达而鲜红,泄殖腔大、松弛,性反射好,乳状突充分外翻、大而鲜红,精液品质好。供采精用的公鸡,最好单笼饲养,以免因斗架、爬跨而影响采精量。遇到采精时经常排粪尿和出血的公鸡,应予以淘汰。

3. 种公鸭的选留

留作种用的公鸭采精前应与母鸭分开饲养。18 周龄时可放入 1～2 只母鸭同养,促进性器官发育;20 周龄时公鸭实行单笼饲养;23 周龄训练采精,并检查精液品质。在采精训练中对性反射弱,不排精或排精量少,阴茎畸形和阴茎发育不良的公鸭均应淘汰。

4. 种公鹅的选留

选留的公鹅要求体型大,体质健壮,躯体各部位发育匀称。大头阔脸,眼大且明亮有神,喙长而钝、紧合有力,颈粗长,胸部宽且深,背直而宽,体形呈长方形与地面近于水平,尾稍上翘,脚粗壮有力,胫长,两脚间距宽,蹼厚大,站立时轩昂挺直,鸣声响亮,雄性特征明显。检查生殖器官的发育状况,根据螺旋状交配器的长短、粗细、软硬程度及纤毛样组织颜色的深浅判定公鹅交配器发育是否正常。选留交配器长而粗,发育正常,伸缩自如,性欲旺盛,精液品质优良的公鹅留作种用。

(二)采精操作

1. 采精用具

包括集精杯、保温杯、恒温干燥箱、毛剪以及 75％的酒精、蒸馏水、生理盐水、稀释液、棉花球等。

2. 采精方法

(1)鸡的按摩采精法　采精前,先剪去公鸡泄殖腔周围羽毛和尾部下垂羽毛,用消毒液消毒泄殖腔周围,再用生理盐水擦去残留消毒液。采精时,由两人操作:一人保定公鸡,用双手各握住公鸡一条腿,使公鸡头部向后,另一人专门负责按摩和挤出精液称为双人背腹式按摩法。采精员先用左手轻轻将尾羽由前向后顺拢两次,再如此按摩数次,引起公鸡性感。采精员的右手中指和无名指间夹着集精杯,集精杯口向外。当左手按摩数次后,待公鸡有性反射时,左手迅速翻转,将尾羽向背部压住,使拇指与食指分开,做捏住泄殖腔外缘的准备。与此同时右手掌紧贴公鸡腹部柔软处,使拇指与食指分开,置于耻骨下缘,抖动触摸数次,当泄殖腔外翻露出交配器时,左手的拇指与食指立刻轻轻挤压,公鸡就能排精。在挤压前,右手在触摸后便迅速将集精漏斗口翻向泄殖腔开口处承接精液。收集精液的集精杯多用优质茶色玻璃制成。如果采集的精液少或没有采出精液时,还可以再按以上手法进行 1～2 次。

采精时注意避免精液被粪便污染，或被输尿管物质所沾染。手指的挤压力不能过大，以免损伤组织，造成血液渗出后混入精液。种公鸡采精后，间隔 10～20 min 可再进行第二次采精。第二次采得的精液量和精子数比第一次采得的精液量和精子数都几乎少一半，但受精率提高 5%～10%。

(2)鸭(鹅)的按摩采精法　术者坐在凳子上，将公鸭(鹅)放在膝盖上，鸭(鹅)头伸向左臂下，助手位于采精员右侧保定公鸭(鹅)双脚。采精员整个左手掌心向下紧贴公鸭(鹅)背腰部，并向尾部方向抚摩，同时用右手手指握住泄殖腔环按摩揉捏，一般 8～10 s。当阴茎即将勃起的瞬间，正进行按摩着的左手拇指和食指稍向泄殖腔背侧移动，在泄殖腔上部轻轻挤压，阴茎即会勃起伸出，射精沟闭锁完全，精液会沿着射精沟从阴茎顶端快速射出，助手使用集精杯收集精液。熟练的采精员可单人操作。在阴茎勃起的瞬间，左(右)手拇指和食指稍微向背侧方移动，在阴茎的上部轻轻挤压，使精液沿螺旋状阴茎的排精沟射出流下，右(左)手迅速持集精器接取精液或用注射器迅速沿排精沟吸取精液。左(右)手松开(停止按摩)，让阴茎慢慢缩回。最后将精液注入集精杯中，用盖盖好。

按摩法采精要特别注意公鸭(鹅)的调教。调教良好的公鸭(鹅)只需背部按摩即可顺利取得精液，同时可减少由于对腹部的刺激而引起粪尿污染精液。采精时按摩用力要适当，过重易引起生殖器出血，污染精液。按摩手势不正确，按摩泄殖腔上部时挤压到直肠，往往会造成排粪。采精时，集精杯不要靠近泄殖腔，防止公鸭(鹅)突然排粪造成精液污染。

(3)台禽诱情法　利用母禽(台禽)对公禽进行诱情，促使公禽射精。此法主要用于鸭、鹅的采精。

鸭：先将公鸭泄殖腔周围的羽毛剪短，并用生理盐水和消毒液洗净消毒。采精时用产蛋的母鸭作试情母鸭。将母鸭放入公鸭笼内，训练有素的公鸭即会啄住母鸭头部羽毛，并开始骑乘。采精员戴上已消毒好的手套，靠近笼边，帮助公鸭在母鸭背上站稳，当公鸭尾部左右摆动时，采精员轻轻按摩公鸭泄殖腔上部的坐骨，试探阴茎是否勃起呈球状硬块，再轻轻挤压，公鸭就会伸出阴茎并迅速射精。采精员应迅速用左手的集精杯接住，并防止随射精而排出的粪便污染精液。在公鸭性欲旺盛、采精技术熟练时，只需 1～2 min 即可采到精液。

鹅：首先将母鹅固定于诱情台上(离地 10～15 cm)，然后放出经调教的公鹅，公鹅会立即爬跨台鹅，当公鹅阴茎勃起伸出交尾时，采精人员迅速将阴茎导入集精杯而取得精液。有的公鹅爬跨台鹅而阴茎不伸出时，可迅速按摩公鹅泄殖腔周围，使阴茎勃起伸出而射精。

3. 采精频率

家禽的采精次数以隔 1 d 采 1 次为好。所采精液浓稠，呈乳白色。公禽经过 48 h 的性休息之后，精液量和精子密度都能恢复到最高水平。如果配种任务大，也可以在 1 周内采精 4～5 次，或每天采精 1 次，但要注意增加蛋白质饲料和补充维生素 A 和维生素 E。

4. 采精注意事项

(1)在采精季节，注意公禽的营养平衡和适当的运动，确保精液质量和射精量。

(2)采精人员最好固定专人，以便公禽形成稳定的条件反射，有利于采精。

(3)公禽采精的当天，须于采精前 3～4 h 停水停料，以防排出粪、尿，污染精液。

(4)采精前一定将集精杯、贮精器、输精器等用清水、蒸馏水清洗干净，并烘干消毒后备用。

(5)采精前先将公禽泄殖腔周围的羽毛剪去，并用酒精或生理盐水棉球擦干净，如用酒精则待其挥发后才可采精。

(6)精液收集后，须置于 35～40℃ 温水中暂存。输精应在 30 min 内完成。

二、精液处理

(一)精液品质检查

1. 外观检查

家禽精液正常为乳白色、不透明的浓稠液体。被粪便污染时为黄褐色；被尿酸盐污染时，有粉白色棉絮状块；血液混入时为粉红色；大量透明液混入时，则精液呈水渍状。被污染的精液，易使精子发生凝集，精液品质急剧下降。

2. 活力检查

在 37～38℃ 条件下检查精子活力。取一滴精液放在载玻片上，密度大时可加一滴生理盐水，盖上盖玻片，置于 200～400 倍显微镜下检查，观察精子运动情况，作出评定。此法快速、简单，但误差较大。还可用血细胞计数板计算一定容积内死精子数，再计算同样容积内总精子数，从而算出精子活力。活力检查于采精后 20～30 min 内完成。

3. 密度检查

用 3% 的氯化钠水溶液对原精液稀释 200 倍，用血细胞计数法计算精子密度。简便计算公式为：$C = n \times 10^7$。式中 C 为精子密度，即每毫升原精液所含精子数；n 为 5 个中方格的精子总数。

4. 畸形率检查

家禽畸形精子的类型以头部畸形的比例较少，而以尾部畸形居多，其中包括尾部盘绕、折断和无尾等。正常公鸡的精液中畸形精子占总精子数的5%～10%。

(二)精液稀释

精液的稀释是指在精液里加入一定比例配制好的，适宜精子存活并能保持精子受精力的稀释剂。公禽精液量少，密度大，而母禽输精次数频繁，用原精液输精，公禽一次的射精量，仅够少数几只母禽输精。精液若经稀释，便可增加输精的母禽数，提高繁殖效率。例如1只蛋用型公鸡，每次采精0.3 mL，若用原精液输精，每次输0.025 mL，仅能给12只母鸡输精；若将精液以1∶2稀释，每次输精0.03 mL，输入有效精子数不少于0.5亿～0.7亿个，便可输约30只母鸡。常规输精时鸭的稀释倍数以1～3倍效果较好。

1. 稀释液配制

精液如果立刻使用不作保存，可用简单的稀释液，例如生理盐水、等渗葡萄糖溶液。如果保存，选用较复杂的配方，例如Lake液、BPSE液等。家禽精液稀释液配方见表7-3。

表7-3 家禽精液常用稀释液的成分 g

成 分	Lake液	磷酸缓冲液	BPSE液	生理盐水	等渗溶液
葡萄糖					5.7
果糖	1.00		0.50		
谷氨酸钠(H_2O)	1.92		0.867		
氯化镁($6H_2O$)	0.068		0.034		
醋酸钠	0.857		0.43		
柠檬酸钠	0.128		0.064		
磷酸二氢钾		1.456	0.065		
磷酸氢二钾($3H_2O$)		0.837	1.27		
TES			0.195		
氯化钠				0.9	

注：①各稀释液除加表中成分外，再加100 mL蒸馏水。

②TES为N-三甲基-2-氨基乙烷磺酸。

③每毫升稀释液中加青霉素1 000 IU，链霉素1 000 μg。

2. 稀释精液时注意事项

(1)用于稀释保存的精液应是无粪便污染、透明液少的新鲜精液,采精后应尽快稀释,通常在 10～15 min 内进行。

(2)稀释前要检查精液品质,对活力低、密度差的精液不应稀释。稀释的精液,在使用之前还要检查活力。

(3)精液稀释要在等温条件下进行,凡与精液接触的器皿,稀释液都要与当时的精液温度相等或接近,防止精液温度急剧变化。稀释液的渗透压和酸碱度要与精液相同。

(4)稀释时,精液和稀释液应放在同一个 30～33℃的水浴中,待 3 min 等温后,将稀释液沿试管壁慢慢加入精液中,充分混匀,注意不要起气泡。

(5)因乳酸积累而改变精子生存环境的酸碱度,会导致某些酶的活性被抑制,因而使精子丧失受精能力甚至死亡。在使用一定稀释液稀释后,在 2～5℃保存 24 h,输精后 2～8 d,种蛋受精率超过 90%,与新鲜精液的受精率很相近。

第三节 家禽的输精

采用人工授精技术,可以减少公禽的饲养量,充分利用优良种禽,防止自然交配引起的损伤和生殖道疾病的传播,克服无法进行自然交配或交配困难等因素。输精是家禽人工授精的关键技术,是提高家禽受精率的保证。

一、鸡的输精

1. 输精方法

给母鸡输精时,一定要把母鸡泄殖腔(图 7-4)的阴道口翻出(俗称翻肛),再将精液准确地注入阴道口内。大群进行人工授精时,输精应该由 3 人进行,两人翻肛,一人注入精液。翻肛人员用左手握住母鸡的双腿,使鸡头朝下,右手置于母鸡耻骨下给母鸡腹部施加压力,泄殖腔外翻时,阴道口在左上方露出,呈圆形,右侧开口为直肠口。当阴道口外露后,输精员将吸有精液的输精管,插入阴道口内 2～3 cm 注入精液,同时解除对母鸡腹部的压力。

在笼养母鸡人工授精时,可不必将母鸡从笼中取出来,翻肛人员只需用左手握住母鸡双腿,将母鸡腹部朝上。鸡背部靠在笼门口处,右手在腹部施加一定压力,阴道口随之外露,即可进行输精。

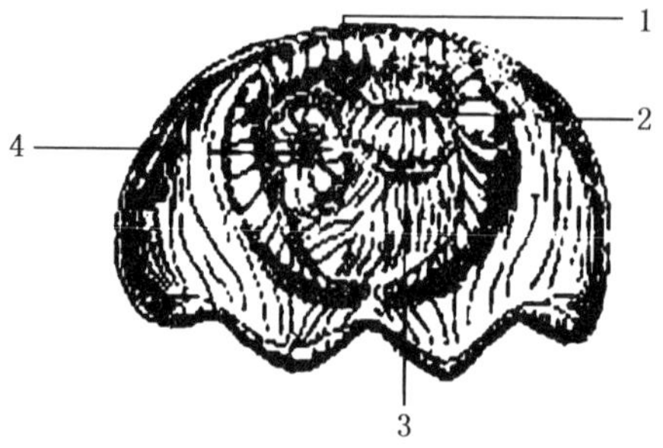

1. 输尿管开口 2. 肛门开口 3. 粪窦 4. 输卵管开口

图 7-4 母鸡泄殖腔

（引自：徐相亭，秦豪荣. 动物繁殖. 北京：中国农业大学出版社，2008）

输精管多为 1 mL 注射器，以一胶管与 4 cm 长塑料细管或细玻璃管相连。一根细管装一个输精剂量给 1 只母鸡输精，每输完 1 只母鸡更换一根细管，以防止交叉感染。也有根据输精剂量选用相应的微量取样器，末端配以吸嘴，每输完 1 只母鸡更换一只吸嘴。

2. 输精量和输精时间

输精间隔为每 5～7 d 输精 1 次，每次输入原精液 0.025～0.03 mL，其中含有效精子不少于 1 亿个。输精时间一般在下午 4 时以后，此时母鸡基本上产蛋结束。母鸡第一次输精时，应注入 2 倍精液量，输精 48 h 后便可收集种蛋。

3. 输精时注意事项

（1）精液采集后，应尽快在 30 min 内输精结束。

（2）捉取母鸡和输精动作要轻缓，插入输精管时不可用力过猛，勿使空气进入。

（3）遇有硬壳蛋时动作要轻，而且要将输精管偏向一侧缓缓插入输精。

（4）输精器材要洗净、消毒、烘干，每输 1 只母鸡更换 1 次输精管或吸嘴。注入精液的同时，助手要放松对母鸡腹部的压力。

二、鸭的输精

1. 输卵管外翻输精

输精员用左脚轻轻踩压母鸭背部，用左手挤压泄殖腔下缘，迫使泄殖腔张开，以暴露阴道口再用右手将吸有精液的输精器从阴道口注入精液，同时松开左手。采用本法，部位准确，受精率高，但操作时阴道部易受感染，不熟练时易将蛋压破。输精时做好消毒工作，以防阴道部炎症。

2. 手指引导输精

输精员用左手食指从泄殖腔口轻缓插入泄殖腔，往泄殖腔左下侧寻找阴道口所在。阴道口的括约肌较紧，而直肠口较松。待找到阴道口时，左手食指尖定准阴道口的括约肌，与此同时右手将输精器的头部沿着左手食指的方向插入泄殖腔的阴道口后，将食指抽出，并注入精液。这一方法最适用于阴道口括约肌紧缩的母番鸭。

输精也可两人配合完成。一人穿上塑料围裙以避免鸭粪污染衣服。将母鸭赶入舍内围住，将鸭头部放在两腿之间，尾部朝上，用右手轻压尾根，左手在泄殖腔下缘轻翻，即可翻出呈椭圆形的输卵管，并用左手食指压住粪道口。输精员右手持输精器，左手拿精液瓶，待将母鸭泄殖腔输卵管部翻出后，将输精器与母鸭体成 90°角，直线插入输精器，再将输精器朝水平方向推入，输精器插入阴道 2～3 cm 时，将精液注入。输精结束后，保定者左手放松，等到泄殖腔恢复原状时，放开母鸭。在输精过程中，每只母鸭输精时间不宜太长，最佳速度为 10～12 只/min。

3. 输精量和输精时间

鸭每次输新鲜稀释精液 0.1～0.2 mL，每次输入活精子 0.3 亿～0.5 亿，首次输精时应加倍。鸭的精子一般在输精后 6～7 d 受精率即急速下降。家鸭 5～6 d 输 1 次精，可获得较高受精率。公番鸭与母麻鸭杂交时，每 3 d 输精 1 次。母鸭宜在上午 8～11 时输精为好，因为此时母鸭的子宫内硬壳蛋尚未完全形成。

三、鹅的输精

1. 手指探测法

须 2 人配合。一人使母鹅蹲于长板凳上，双手轻轻按住腿及翅膀。另一人用右手食指伸入泄殖腔，探测位于左下侧之阴道口，左手将装好精液的注入器沿右手食指至阴道口，插入阴道后注入精液。

此法仅食指插入探测，操作简单，母鹅不会过度挣扎，但手指探测须有熟练的技巧，否则不易测知阴道口。因不能目睹精液注入阴道，注入器的活塞如未固定好，精液在到达阴道前即已漏失而无法察觉。

2. 阴道外翻法

须 2～3 人配合。2 人操作时须先将精液装入注入器，固定者兼做注入的工作。母鹅跨骑于长板凳上，胸部贴于板凳末端，腹部以下则悬在外面。操作者站在母鹅左侧，右手心将尾羽往前翻并往下压，同时右手将腹部上托，使腹压增大，右手食指与拇指张开泄殖腔口，此时直肠口先翻出，接着阴道口外翻。当腹部加压后，母鹅不再挣扎，固定者迅速取注入器，插入阴道深部后，将腹部放松，让生殖道回缩,同时注入精液。3 人操作时,另一人持注入器,负责注入精液。

3. 输精量和输精时间

输精量主要取决于精液品质的好坏。输精时如果使用原精液,一般每次输入的精液量为 0.03～0.05 mL;如果用稀释的精液,用量为 0.05～0.1 mL。每次输精时每只母鹅至少应输入 0.3 亿～0.5 亿个有效精子。如果在鹅产蛋期开始第一次输精时,剂量还应增加 1 倍。

因上午有些鹅还要产蛋,此时抓鹅会影响产蛋,鹅的输精时间以每日下午 4～6 时以后为好。由于鹅的受精持续期比鸡和火鸡短,一般在受精后 6～7 d 受精率即急速下降。因此,要获得高的受精率,以 5～6 d 输精 1 次为宜。

【本章小结】

本章主要讲述了家禽的生殖器官和家禽的人工授精技术。家禽的生殖器官包括公禽生殖器官和母禽生殖器官。公禽生殖器官由睾丸、附睾、输精管和退化的交配器官构成,睾丸位于体腔内,交配器官不发达或发育不完全,没有副性腺,这与公畜的生殖器官不同;母禽生殖器官由卵巢和输卵管组成,输卵管由前向后依次为漏斗部、膨大部、峡部、子宫部和阴道部。母禽右侧生殖器官在出雏时仅留残迹,只有左侧卵巢和输卵管发育正常,具有生殖能力。

家禽人工授精主要包括采精、精液品质检查、精液稀释和输精,其中采精和输精是家禽人工授精的主要技术,是本章重点介绍的内容,也是学习(实训)的重点项目。采精前要按比例选留好种公禽,要做好采精前的准备工作,采精时关键要掌握好采精技术要领和熟悉采精时应注意的问题。输精是家禽人工授精的关键技术,是提高家禽受精率的保证,输精时要选择好输精时间、掌握好输精量、采用正确的输精方法。人工授精技术可充分提高优秀种公禽的利用率,加快品种改良速度,使种蛋受精率大大提高,种蛋和雏禽成本大幅降低,从而促进养禽业健康、快速发展。

【复习思考题】

1. 母禽的生殖器官由哪几部分组成?其主要形态特点如何?
2. 母鸡的输卵管按功能分为几部分?简述各部位的主要作用。
3. 用双人背腹式按摩法如何采取公鸡的精液?
4. 简述笼养鸡的输精技术要点。
5. 如何对鸭、鹅进行采精?
6. 简述鸭、鹅的输精要点。

第八章　宠物繁殖技术

知识目标

◆ 了解犬、猫生殖器官的形态结构与主要功能；

◆ 掌握犬、猫的性成熟、发情、交配、妊娠、分娩特点；

◆ 熟悉犬、猫的产后护理。

技能目标

◆ 能辨别犬、猫生殖器官的畸形，做好初选工作；

◆ 掌握犬、猫的发情鉴定、配种及妊娠诊断技术；

◆ 掌握犬、猫的助产及产后母仔护理技术。

第一节　犬的繁殖技术

犬是季节性发情的动物，一般在春季(3～5 月份)和秋季(9～11 月份)各发情 1 次。犬的配种方法有自然交配、辅助交配和人工授精 3 种。严格选种选配，搞好发情鉴定、妊娠诊断和分娩管理，对提高犬的繁育质量将起到很大的作用。

一、犬的生殖器官

(一)公犬的生殖器官

公犬的生殖器官由性腺(睾丸)、输精管道(附睾、输精管、尿道)、副性腺(前列腺)、外生殖器(阴茎)组成，如图 8-1 所示。

1. 睾丸和附睾

犬的睾丸较小，位于阴囊内，左右各一个，呈卵圆形，长轴自后上方向前下方倾斜。成年中型犬睾丸体积为 3 cm×2 cm×1.5 cm，两睾丸总重约为 30 g，约占体重

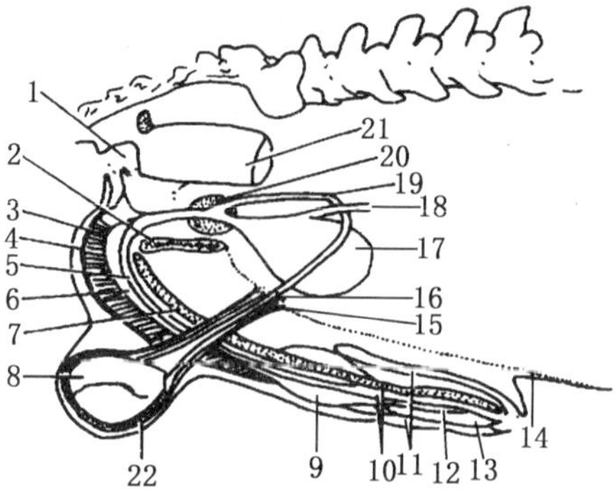

1. 外肛门括约肌　2. 耻骨联合　3. 阴茎退缩肌　4. 球海绵体肌　5. 尿道
6. 尿道海绵体　7. 阴茎海绵体　8. 附睾　9. 龟头球　10. 包皮腹侧
11. 包皮背侧　12. 龟头体　13. 阴茎骨　14. 腹膜　15. 腹股沟管
16. 阴囊动脉、静脉　17. 膀胱　18. 输尿管　19. 输精管
20. 前列腺　21. 直肠　22. 阴囊

图 8-1　公犬生殖器官侧面图

(引自:中国农业大学.家畜繁殖学.北京:中国农业出版社,2000)

的 0.32%。

胚胎期的睾丸位于胚胎腹腔内,在两肾的附近。大部分犬出生时,睾丸已降落到阴囊,迟的也在半岁内降到阴囊。

犬的附睾相对较大,由 12～25 条睾丸输出小管构成。

2. 输精管和精索

输精管起自附睾尾,经腹股沟管进入盆腔,绕过同侧的输尿管,向后弯至膀胱颈的背面,开口于阴茎基部的尿道(骨盆部)。精索很长,斜行于阴茎的两侧。

3. 副性腺

犬只有前列腺和尿道小腺体,没有精囊腺。犬的前列腺非常发达,体积大,位于尿生殖道起始部背侧,耻骨前缘,为黄色球状对称的腺体,质地结实。中型犬前列腺的长度为 1.4～2.8 cm。

4. 阴茎

公犬的阴茎由阴茎根、阴茎体、龟头和包皮组成,它是公犬的交配器官。犬的龟头内有一块长 8～10 cm 的阴茎骨,起导向作用。阴茎骨中上部的外围环绕着阴茎头球,性兴奋时充血膨大,直径 6 cm 左右,自然交配时卡在阴道内实现锁结,采精时用手按摩阴茎头球可引起射精。

5. 阴囊

犬的阴囊位于腹股沟部与肛门之间,呈一袋状囊腔,有明显的阴囊颈,内含睾丸、附睾和部分精索。犬出生时，睾丸已经进入阴囊内，或在腹腔内靠近腹股沟环处，出生后不久下降到阴囊内。当睾丸下降后，腹股沟管闭合。若腹股沟环过大，游离性较大的小肠可能从此口进入阴囊，形成腹股沟疝或阴囊疝，可进行手术整复。阴囊有保护睾丸、附睾、精索和调节睾丸、附睾温度的作用。

(二)母犬的生殖器官

母犬的生殖器官如图 8-2 所示。

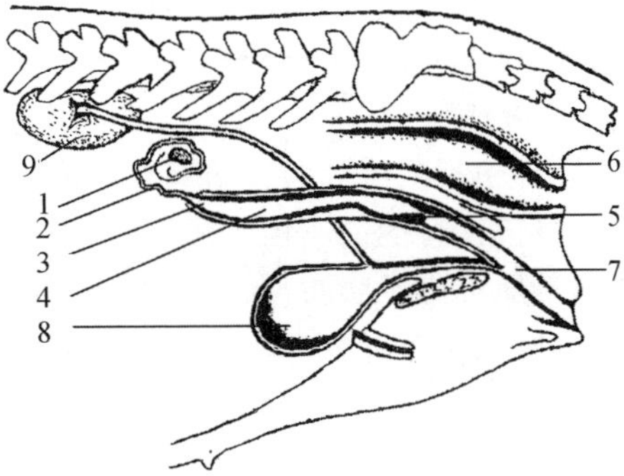

1. 卵巢　2. 输卵管　3. 子宫角
4. 子宫体　5. 子宫颈　6. 直肠
7. 阴道　8. 膀胱　9. 右肾

图 8-2　母犬生殖器官示意图

(引自:安铁洙. 犬解剖学. 长春:吉林科学技术出版社,2003)

1. 卵巢

卵巢是产生卵子和分泌雌性激素的重要腺体。犬的卵巢成对存在，位于第 3～4 腰椎之间即肾脏的后部，长约 2 cm，直径约 1.5 cm，呈长卵圆形或蚕豆状，并随发情周期而变化。青年母犬的卵巢稍柔软，表面光滑；老龄犬的卵巢萎缩变硬，表面有大小不等的凸起和凹陷，凹陷中有闭锁卵泡和陈旧黄体，整个卵巢结缔组织增多。在排卵前，卵巢体积和重量增加，排卵时最大，卵泡直径可达 4～6 mm。排卵后卵巢体积变小，卵泡壁收缩、塌陷，内腔被迅速生长的黄体所填充，形成球形或椭圆形的黄体。

2. 输卵管

输卵管长度为 4～10 cm，直径 1～2 mm。犬的输卵管口直接进入卵巢囊，包埋在卵巢囊的脂肪中。

3. 子宫

犬的子宫属双角子宫类型。子宫角细长，腔径均匀，没有弯曲，近于直线，分支处呈“V”字形。中等体型大小的犬，其子宫体长度为 2～3 cm，子宫角长 12～15 cm。子宫颈位于骨盆腔内，壁厚 1～2 cm，中央通路是子宫颈管。犬的子宫颈短，为 0.5～1.0 cm，界线清晰。

4. 阴道

犬的阴道较长，从子宫颈延伸到阴道前庭，以不太明显的处女膜为界。完全处于骨盆腔内。前部与子宫相接，较细，无明显的穹窿。阴道大小和长度因品种不同而有差异，中型犬的阴道长度为 9～15 cm，腔径 1.5～2.5 cm。

5. 阴道前庭

阴道前庭是阴道与阴门裂的短管，前部以不太明显的环状处女膜皱襞为界，后部与阴唇相连。犬只有前庭小腺，位于隆起的前庭腹壁的黏膜正中部，纵行两列并排开口。阴道前庭的宽度与犬妊娠与否及体型大小有关。一般未妊娠成年犬的阴门裂宽 3.0 cm 左右，尿道口到阴门下连合的长度约为 5.0 cm，阴道前庭连接部的直径为 1.5～2.0 cm。

6. 外阴部

外阴部包括阴唇和阴蒂两部分。两阴唇的上部联合，与肛门皮肤之间没有明显界线，下部连合的前端稍离体下垂，呈突起状。阴唇光滑而柔软，富含弹性结缔组织、平滑肌纤维及脂肪组织。母犬阴唇在发情期充血、肿大。阴唇黏膜是由多角形上皮细胞和角化细胞形成的复层扁平上皮。

阴蒂是阴唇下连合的前端内侧的圆锥形小突起。由两个勃起组织构成，海绵体的阴蒂脚附着在坐骨弓的中线两旁；阴蒂头相当于公犬的阴茎龟头部分；游离部分长约 0.6 cm，直径 0.2 cm 左右。

二、犬的性成熟与性行为

(一)犬的性成熟

犬的性成熟受品种、环境、气候、地区、管理水平及营养状况的影响。即使是同一品种，乃至同窝的犬只，性成熟期也存在个体差异。一般来讲，小型犬性成熟较早，大型犬性成熟较晚；管理水平较高，营养状况较好的犬，性成熟较早。一般认为小型犬出生后 8～12 个月，大型犬出生后 12～18 个月达到性成熟。例如，北京犬、博美犬、西施犬等小型犬，交配过早容易引起母犬难产，同时也影响母犬的发育；而纽芬兰、大丹犬、圣伯纳犬等大型犬，18 月龄后身体才发育成熟。通常情况下，公犬的性成熟一般稍晚于母犬。

过早配种会严重影响幼犬的发育，并导致产仔数量少、仔犬体形小、体质弱，甚至死胎增多。公犬的适宜配种年龄一般在 18 月龄至 2 岁，母犬的初配适期在第 2～3 次发情即 18 月龄左右。

(二)犬的性行为

公犬达到性成熟以后随时可产生性欲，通过气味联系寻找母犬，对母犬表现一些求偶行为。爬跨是公犬的基本性行为方式。在群养时，犬群中地位较高的犬才能爬跨。年轻公犬在没有优势个体的压制时，性成熟略能提早。经常接触母犬对公犬性行为的表现是必要的。公犬在与母犬隔绝的环境中饲养，长大以后可能表现出不正常的爬跨方向，甚至不会爬跨母犬。公犬的性行为不受季节和时间的限制，而母犬则只在发情时才产生性兴奋。公犬性活动无规则性，在母犬集中发情的繁殖季节，睾丸进入功能活跃状态。当公犬嗅到母犬发情时的特殊气味，便可引起性兴奋。

母犬在发情前期表现兴奋不安，不服从命令，饮水量增加，食欲减少，频频排尿，主动接近公犬，注视并挑逗公犬，对公犬有求偶行为，但不接受交配；少数青年母犬进食减少或不食，甚至出现痉挛、强直或兴奋、震颤现象。母犬进入发情期后，经常前肢伫立以引起公犬的注意，接受公犬交配。有的母犬呈交配姿势，尾巴向背后高高卷曲或向一侧歪斜。有些经产母犬没有挑逗行为，直接接受公犬交配。有的母犬有选择公犬的行为，这可能与公犬的性欲或求偶方式有关。有的母犬虽然呈交配姿势，但其子宫、阴道、阴唇等因肿胀、敏感而不允许公犬交配。在发情母犬中，经常看到，有的发情母犬爬跨公犬，并有送腰等交配动作。当母犬拒绝公犬交配时，则发情期结束。进入发情后期后，各种发情征候逐渐减弱消失。

三、犬的发情与配种

(一)犬发情周期的特点

犬是季节性发情的动物，一般在春季 3～5 月份和秋季的 9～11 月份各发情一次。母犬的发情周期大约持续半年，表现为以下几个阶段。

1. 发情前期

发情前期为发情的准备阶段，时间为 7～10 d。卵子接近成熟，生殖道上皮开始增生，腺体活动开始加强，分泌物增多，阴道充血，外阴肿胀、潮红、湿润，流出混有血液的黏液。不爱吃食物，饮水量增大，举动不安。当遇公犬时，闻公犬外阴部，频频排尿吸引公犬，但不接受交配。

2. 发情期

发情期持续 6～14 d，是发情征兆最明显并接受交配的时期。在此期间，母犬表现为非常兴奋、敏感、易激动；外阴继续肿胀、变软，流出的黏液由红色逐渐变淡，出血减少或停止。当公犬爬跨时，臀部对向公犬，站立不动，将尾偏向一侧，阴门开张，接受交配。母犬的交配时间应在发情开始后的第 10～14 天进行。

3. 发情后期

母犬外阴的肿胀消退，性情变得安静，拒绝公犬交配。发情后期第 3～5 天，卵巢形成黄体，血中孕酮含量迅速升高。如果此次发情未交配或配后未孕，则发情后期可持续 30～90 d，平均 60 d，随后进入乏情期。如果怀孕，发情后期则是怀孕期和泌乳期。

4. 乏情期

生殖器官进入不活跃状态。一般为 3 个月左右，然后进入下一个发情前期。

（二）犬的发情鉴定

1. 外部观察法

从第一次见到发情母犬阴户滴血算起，青年母犬一般在其后的第 11～13 天，经产母犬在其后的第 9～11 天，配种较为合适。此时触摸母犬尾根部时，尾巴翘起，偏于一侧，站立不动，接受交配。母犬的年龄每增加 2 岁，或胎次每增加 4 窝，首次配种时间应提前 1 d。绝大多数母犬的最佳配种期是在母犬阴户滴血后的 9～13 d。有极少数经产母犬在多次产仔后发情 5～6 d 阴户即停止滴血，在随后的 1～2 d 内配种也可受孕。

在母犬发情期间如没能掌握母犬阴户滴血的确切日期，可根据母犬阴道分泌物的颜色变化和外阴肿胀程度来确定其最佳配种期。母犬阴道分泌物的最初颜色为红色，当其颜色由红色转为稻草黄色后 2～3 d 配种效果最佳。当发情母犬的阴户水肿明显减轻并开始变软时或用手打开母犬的阴户观察，当阴道内黏膜由深红色变成浅红色或桃红色时配种较合适。

2. 试情法

生产实践中，有少数母犬在发情期时不出现阴户滴血，也有老龄母犬发情时阴户肿胀不明显、阴户分泌物少。可采用试情法来确定其最佳配种期，以防漏配。将母犬带到公犬面前以诱导和检测母犬是否愿意接受公犬交配来鉴定发情阶段。一般情况下，处于发情期的母犬，见到公犬后会表现轻佻，尾偏向一侧，故意暴露外阴，并出现有节律的收缩，站立不动，表现出愿意接受交配的行为等。一般母犬在愿意接受公犬爬跨后的 2～3 d 为最佳配种期。

3. 阴道检查法

通过阴道涂片的细胞组织分析，来确定母犬发情阶段。发情前期阴道中含有很多具有角质化的上皮细胞，很多红细胞，少量白细胞和大量的碎屑。发情期涂片含有角质化的上皮细胞和很多红细胞，而白细胞不存在。排卵后，白细胞占据阴道壁，同时出现退化的上皮细胞。发情后期涂片中含有很多白细胞、非角质化的上皮细胞以及少量角质化的上皮细胞。

采用阴道开膣器打开子宫颈口，观察子宫内部的变化，可以初步确定雌犬的发情状态。发情前期，子宫颈阴道部因充血和间质浮肿而增大，膜层形成许多皱襞，管腔内潴留的黏液有流动性;发情旺期,子宫颈管弛缓变大,颈口开张明显,黏膜湿润,可见黏液流动;发情后期,子宫颈管充血和肿胀逐渐消退;间情期,子宫颈管呈收缩状态,颈管紧闭,黏膜表面的黏液干涩。

(三)犬的自然交配

把公犬与母犬牵到交配场地让其自由交配。交配时间需要 40 min 左右,在此期间交配场所要保持安静。为提高受胎率,可在第一次交配后 1～2 d 内再交配 1 次。对公犬来说,自然交配大体上要经过勃起、插入、射精、锁结、交配结束等过程。

1. 勃起

公犬经发情母犬刺激以后,阴茎呈不完全勃起状态。阴茎在插入母犬的阴道前,海绵体呈充血状态,阴茎的静脉尚未闭锁,只是动脉血流入多于静脉血流出。犬的阴茎中有阴茎骨,是靠阴茎骨支持而使阴茎在半举起状态下插入阴道。

2. 插入

公犬爬跨到母犬背上,用两前肢抱住母犬。母犬此时站立不动,脊柱下凹,会阴部抬高,便于阴茎插入阴道。公犬的腹部肌肉特别是腹直肌的突然收缩,后躯来回推动,而将阴茎插入母犬的阴道内。阴茎插入阴道后,由于母犬阴唇肌肉的收缩而使阴茎静脉闭锁。阴茎动脉血液仍继续流入,使阴茎龟头体变粗,龟头球膨胀。此时,阴茎才完全勃起。

3. 射精

犬的射精过程分为三个阶段。第一阶段是当犬阴茎刚插入阴道时,就开始射精,这时的精液呈清水样液体,不含有精子。第二阶段是经过几次抽搐动作后,再加上阴道节律性收缩,阴茎充分勃起,而将含有大量精子的白色乳样精液射入子宫内。第三阶段射精是在锁结时发生的,此时的精液为不含精子的前列腺分泌物。

4. 锁结

犬完成第二阶段射精以后,阴茎尚处于完全勃起状态,阴道括约肌仍在收缩。因此,公犬从母犬背上爬下时,生殖器官不能分离而呈臀部触合姿势,称为锁结。锁结阶段一般持续 5～30 min,甚至更长的时间。

5. 交配结束

第三阶段射精完毕后,公犬性欲降低,母犬阴道的节律性收缩也减弱,阴茎停止勃起而变软,由阴道中抽出,缩入包皮内。公、母犬分开后,各躺在一边舔着自己的外生殖器,公犬不再对母犬表现出兴趣。

(四)犬的辅助交配

有的母犬虽已到适配期,但交配时表现出慌乱、蹦跳、咬公犬、拒绝交配的情况。究其原因,可能是公犬缺乏“性经验”,或公、母犬体型大小悬殊等而不能完成交配,或母犬择偶性强拒绝接受某只公犬。工作人员可辅助公犬将阴茎插入母犬阴道,或抓紧母犬脖圈,协助固定,托住腹部,使其保持站立姿势,迫使母犬接受交配。

交配场所应选在固定场地或被动一方的领地,以免因陌生环境影响而增大交配的困难。交配前应让公、母犬彼此熟悉和调情。遇到个别母犬极不配合甚至撕咬公犬,应用口笼套好母犬。一人用皮带牵着,另一人抱着它并用手托着其后股,不要让母犬坐下或左右摆动身体;如果公犬过高,就拿一块适当高度的木板放在母犬脚下垫起来,让公犬交配;有的母犬因有选择公犬的倾向而拒绝交配,可以换一条公犬。往往在换公犬后,交配即可顺利进行。判断交配是否成功,可视母犬阴户外翻程度。若阴户外翻很明显,说明交配成功;若阴户自然闭合,则视为失败。

对缺乏性经验的初配公犬,可令其观摩别的公犬交配,或令其与经产母犬交配以激发正常的性行为。因犬的交配特殊,锁结的臀部触合状态持续时间较长,不能强行使它们分开,要等交配完毕自行解脱。吃食后 2 h 内不宜交配,以免公犬发生反射性呕吐。公犬不要频繁交配,壮年公犬每天交配 1 次,连续配种 3～4 d 应休息 1 d,偶尔在 1 d 内交配 2 次,应间隔 6 h 以上,次日必须休息。

(五)犬的人工授精

1. 采精

(1)采精准备　采精架宽 65 cm,长 145 cm,高 120 cm,架内固定铁管长 80 cm。前端上方固定横板,分为左右两扇,右侧扇固定,左侧扇可张开又合并,中间有直径 12～18 cm 的圆孔,用以卡住犬颈部。保定者先将犬脖子套住,放在保定架上,犬颈部用活页板孔卡住。犬精液的收集采用玻璃或塑料集精杯,长 15 cm,直径上为 5 cm,下为 0.5 cm。采精前认真清洗集精杯,消毒 15～20 min,放在装有 40℃温水的保温杯里备用。

(2)采精操作　采精者左手把住犬后躯尾部,右手用 0.1%的高锰酸钾和 42℃温水洗擦干后,握住犬的阴茎,上下按摩几次,当阴茎球节开始膨胀,阴茎勃起后,即发现有透明的副性腺分泌液射出。当副性腺分泌液射出 3 mL 后,右手的集精杯要立即对准阴茎的龟头,这时握阴茎的右手要稍用力按摩阴茎,第一部分精液射出。右手继续按摩阴茎约 5 s ,第二部分精液射出。有时阴茎充分勃起后仍不射精时，可用右手拇指、食指轻轻按摩一下阴茎体，右手注意不要压住阴茎下面的输精管。大型犬 1 次射精量 1.5～2 mL，小型犬 1 次射精量不足 1 mL。采到的精液要立即用等温的稀释液 1∶1 稀释，并马上镜检，随后根据鲜精的活力和密度确定稀释倍数。

2. 精液稀释

配制稀释液时，可选用以下几种稀释液：

(1)牛奶稀释液　鲜牛奶 100 mL，隔水加热至 92～95℃ 10 min，温度降至 40℃以下除去奶皮，加入青霉素钾盐 10 万 U 或氨苄青霉素 0.1 g。

(2)托-果-柠稀释液　托利斯(三羟甲基氨基甲烷)2.4 g，果糖 1.0 g，柠檬酸钠 1.3 g，蒸馏水加至 80 mL，高压灭菌后降至 40℃以下加入新鲜蛋黄 20 mL 和青霉素钾盐 10 万 U 或氨苄青霉素 0.1 g。

(3)柠檬酸钠稀释液　柠檬酸钠 3 g，蒸馏水加至 97 mL，高压灭菌后降至 40℃以下加入新鲜蛋黄 3 mL，青霉素钾盐 10 万 U 或氨苄青霉素 0.1 g。

3. 输精

犬用注射式输精器，长度 260 mm，直径 2 mm。扩阴管长度 160 mm，直径 8 mm。在确定母犬发情后，选择适宜时间输精。将母犬放在适当高度的台上站立保定或做后肢举起保定，输精人员将输精枪以与母犬背腰水平线大约成 45°的角度向上插入 5 cm 左右，随后以平行的方向向前插入。输精枪到达子宫颈口时，输精人员会感到明显的阻力，此时将输精枪适当退后再行插入。输精枪通过子宫颈口后，输精人员会有明显的感觉。将输精枪尽量向子宫内缓慢推送，有的甚至可达子宫角。当输精枪不能再深入时，输精人员将输精枪后退少许，即可缓慢注入精液。输精后抬高母犬的后躯 3～5 min，防止精液倒流。隔日进行第 2 次输精。犬的一次输精量为 1 mL，内含有效精子 1 亿个左右。

四、犬的妊娠诊断

犬的妊娠期在 55～69 d，平均 63 d。犬的妊娠诊断可选用以下方法。

(一)外部检查法

母犬交配后 1 周左右，阴部开始收缩软瘪，可以看到少量黑褐色液体排出，食欲不振。怀孕 2～3 周后乳房开始逐渐增大，食欲增强，被毛光亮，性情温顺，行动迟缓，小心翼翼。少数母犬怀孕 25 d 左右会出现一段时间的妊娠反应，有时呕吐、食欲不振，有的会出现偏食。1 个月左右，可见腹部膨大、乳房下垂、乳头富有弹性，乳腺逐渐膨大，甚至可以挤出乳汁。体重迅速增加，排尿次数增多。50 d 后在腹侧可见“胎动”，在腹壁用听诊器能听到胎犬心音。有的犬在交配后虽也呈现腹部膨大，乳腺发胀，或能挤出少量乳汁，但未妊娠，这叫假妊娠。分辨真、假妊娠的办法是检查犬的体重是否明显增加。如果腹部增大，但体重没有明显增加的为假妊娠。

(二)触诊法

指隔着母体腹壁触诊胎儿的方法。检查时，一手固定犬的头部或胸部，另一手呈倒“八”字形，由前向后逐步检查，如摸到富有弹性的肉球，证明已经妊娠。

妊娠到18 d时，胚胎刚在子宫角内嵌植，此时子宫角变化不大。第19天以后子宫角出现卵圆形局部膨胀，每一个膨胀的局部子宫角内有一个正在生长的胚胎。第21天时，胚胎长到1.2 cm×0.9 cm，触诊如豌豆样。妊娠24～33 d，胎儿长到2.5～4 cm大小，如乒乓球样，有一定的紧张度，是触诊的最佳时期。妊娠35～44 d，触诊整个子宫角呈宽的圆桶形，张力减弱，很难摸到胎儿。

腹部触诊法需注意以下几个方面：

(1)检查时间不宜过早　检查时间应在配种后25～28 d，此时的胚胎约有麻雀蛋大小，过早不宜检查到胚胎，过晚则可通过外观直接判断母犬妊娠与否。

(2)触诊部位要准确　触诊部位是子宫角，应在倒数第2对乳房外侧1指左右，如遇到母犬腹壁紧张、肥胖、体型过大等情形，较难做出准确判断。

(3)宜在早晨空腹时进行　如遇到母犬胃肠道过于充盈、膀胱积尿或直肠内有宿粪等情形，可能会降低判断的准确性。因此，最好在母犬早晨喂食之前、排净宿粪之后检查。

(4)注意力度适中　因为此时的胚胎还较弱小，如检查力度较大，可能会伤及胚胎；力度过小，可能不易感觉。

(5)与粪便相区别　正常的胚胎在子宫角内似葡萄状，表面较光滑、有弹性，且位置不固定，可滑动；粪便在肠道内呈条形，表面粗糙、无弹性，且位置相对固定，不易滑动。

(三)尿液检查法

犬在妊娠后5～7 d，尿液中会出现一种与人绒毛膜促性腺激素结构相似的激素，采用人用的“速效检孕液”可以测试出犬尿液中是否含有类似人绒毛膜促性腺激素的物质。如检查呈阳性者即为怀孕，阴性者为未怀孕。

(四)超声波法

超声波法是通过线形或扇形超声波装置探测胚泡或胚胎的存在来进行妊娠诊断。犬仰卧或侧卧保定,剪掉下腹部被毛,探头及探测部位充分涂抹耦合剂,使探头与皮肤紧密接触。

目前常用的有B型超声仪、A型超声仪和D型超声仪(多普勒仪)。B型超声波检查法能探测出18～19 d的胎犬,甚至可以鉴别胎犬的性别、数量以及死活,最佳的检查时间在妊娠后28～35 d。A型超声波检查法可用于18～20 d以后的怀孕诊断,在怀孕32～60 d时,其准确率为90%。多普勒仪检查法可用于发现怀孕19～25 d的胎犬心脏跳动,怀孕36～42 d的准确率为85%,怀孕43 d到怀孕结束的准确率为100%。

应用B超进行早期妊娠诊断时,需要与积液的肠管或子宫积液相鉴别。当横切面和纵切面均为圆形液性暗区,且管壁较厚、回声较弱时则为孕囊;而横切面为圆形、纵切面为条形液性暗区,且管壁较薄者则为管腔积液。

(五)X线检查法

在怀孕30～35 d,可见子宫的外形;在49 d胎犬骨骼变化,能充分显示出反差。少数母犬怀孕40 d作X线检查,胎犬的椎骨和肋骨明显可见。检查时,根据母犬的大小在腹腔内注射二氧化碳200～800 mL。X线诊断法主要用于妊娠后期确定胎儿数或比较胎儿头骨与母体骨盆口的大小,以预测难产的可能性。但要避免反复使用,最好不作为早期妊娠诊断,因为放射线对胚胎早期的发育影响很大。

(六)血液检查法

根据母犬的血液参数的改变,可判断是否怀孕,并能区分妊娠与假妊娠。从怀孕20 d起,血红细胞容量持续下降,到临产前降到最低值30,而未怀孕母犬为45。从怀孕21 d起,血小板增加,临产前达50万/mL;白细胞升高,在第49天左右达最大值,然后下降,但超过3万/mL时为异常。

五、犬的分娩与护理

(一)犬的分娩

1. 分娩预兆

临近分娩时,外阴部和阴唇肿胀、充血、松弛,提前30 h左右从阴门流出透明黏液。产前 1～2 d 乳房迅速膨大,可挤出乳汁。分娩前 1 d,体温下降 0.5～1.0℃,骨盆尾根可上下掀动。临产前母犬食欲不振,不安、气喘,呼吸加快,寻找隐蔽的场所分娩,有的母犬有做窝行为。

2. 分娩过程

犬分娩时母犬常取侧卧姿势,不断回头顾腹,此时子宫肌阵缩加强,出现努责,并伴随着阵痛。分娩过程分为开口期、产出期和胎衣排出期三个阶段。

(1)开口期　开口期是从子宫开始阵缩到子宫颈充分扩张为止。此期持续的时间差别较大,一般为 3～24 h。母犬轻微不安,烦躁,时起时卧,来回走动。常做排尿动作,有时也有少量粪尿排出。呼吸、脉搏加快,一般初产犬表现明显,经产犬相对比较安静。

(2)产出期　产出期是从子宫颈充分扩张到所有胎儿全部排出为止。母犬极度不安,烦躁情绪增强。阵缩和努责同时发生,而且强烈。当母犬发现包着胎膜的胎儿出现在阴门时,就会用牙齿撕破胎膜,露出胎儿。撕破胎膜可润滑产道,利于胎儿排出。胎儿产出后,母犬会拽出并吃掉胎膜和胎盘,咬断胎儿的脐带,并不停地舔仔犬的全身,特别是舔去仔犬鼻和嘴处的黏稠羊水,确保仔犬呼吸畅通。同时还会舔自身阴部,以清洁阴门。一般在第 1 头仔犬娩出后的 2 h 内,第 2 头仔犬就会娩出。产仔间隔 0.5～1 h。所以,胎儿数量多时要产数小时。当所有仔犬娩出后,母犬就安静下来精心地保护和照顾仔犬,不停地用力舔仔犬的肛门及其周围,以刺激仔犬胎粪排出。

(3)胎衣排出期　胎衣排出期是从胎儿排出后到胎衣完全排出为止。轻微的阵缩,偶有轻微的努责。胎衣一般在每头仔犬娩出后 15 min 内排出,有的可能与下一头仔犬娩出时一起排出。母犬通常会吃掉胎衣,用于补充能量有利于分娩。同时舔拭阴部流出的黏液,清洁阴门。这一阶段的母犬比较安静,处于疲劳状态。

(二)犬的助产

1. 分娩前的准备

(1)产房的准备　提前 7～10 d 准备好产房。产房经彻底清扫消毒后,要求安静、宽敞明亮、清洁干净、通风良好、光线稍暗,并铺垫少量清洁柔软的干草。母犬在 5～7 d 前进入产房,以熟悉环境。

(2)母体清洁的准备　母犬进入产房后,每天对其乳房进行清洁、按摩,临产前 1 d,对其外阴部、肛门、尾部及后躯用温水擦洗干净并消毒。对于长毛犬,可将其外阴部被毛剪短,或用纱布将其尾巴悬于身体的一侧,以利于分娩。

(3)用品和药品的准备　母犬产前需准备必要的用品和药品。常见的用品主要有肥皂、毛巾、绷带、注射器、棉线、剪刀、脸盆等，药品有消毒液(如0.1%新洁尔灭、75%酒精、5%碘酒等)、抗菌药、催产素等。有条件的，为了防止难产发生，可准备诊疗器械、手术助产器械等。

(4)人员的准备 助产人员首先必须学习相应的助产知识，以便做到处事不惊。因犬夜间分娩较为多见，故要加强夜间值班。

2. 正常分娩的助产

母犬正常分娩时，一般不需人为的干预，助产人员的主要任务是监护分娩状况和护理仔犬。当母犬体质虚弱、胎犬难以正常分娩时，需人工助产。助产人员要将手洗净，用酒精棉消毒或用0.1%新洁尔灭液洗手消毒。如果接产者手上有外伤，应戴乳胶手套，以防感染。

母犬产出胎儿和胎膜后，如母犬不能自行咬破胎膜，应人为地及时撕破胎膜，离脐根2 cm处剪断脐带，断端用碘酒涂擦消毒；也可以直接用手指拧断，不需结扎止血，脐带断口会自然止血。抠去仔犬口腔和鼻腔中的黏液，以保证仔犬的呼吸畅通；对于较深处的黏液，可将仔犬后肢提起倒出口腔和鼻腔深处的黏液，或握住仔犬的头颈部，轻轻下甩(操作时，用两手的拇指和食指分别固定仔犬头的两侧，手掌固定仔犬的颈部，保证头、颈、背在同一直线上)。及时擦去仔犬身上的黏液，以防仔犬感冒。对于“假死”仔犬，在及时清理口腔和鼻腔中的黏液后，立即进行人工呼吸，轻压其胸部和躯体，抖动其全身，直到仔犬发出叫声并开始呼吸为止。

3. 异常分娩的助产

异常分娩多是由于产力不足、胎儿较大、产道狭窄或胎位不正所引起，在助产时应分别对待。

(1)母犬产力不足 有些母犬特别是初产母犬和年老的母犬，由于生理原因出现阵缩、努责微弱，无力产出胎儿。此时要使用催产素，同时用手指压迫阴道刺激母犬增强努责。

(2)胎位不正 犬正常的胎位是两前肢平伸将头夹在中间，朝外伏卧。产出的顺序是前肢、头、胸腹和后躯，正常胎位的分娩一般不会出现难产。尾部朝外的胎位分娩也属正常。只有当胎位不正引起产出困难时，才修正胎位。方法是用手指伸进产道，将胎儿推回，然后纠正胎位。手指触及不到时，可使用分娩钳。

(3)胎儿过大或产道狭窄 采取牵引术进行助产，方法是消毒外阴部，向产道注入充足的润滑剂。先用手指触及胎儿掌握胎儿的情况，再用两手指夹住胎儿，随着母犬的努责慢慢拉出，同时从外部压迫产道帮助挤出胎儿，或使用分娩钳拉出胎儿。使用分娩钳时应尽量避免损伤产道。

(三)产后护理

1. 产后母犬的护理

分娩结束后，母犬体力消耗过大，身体虚弱，要给母犬饮一些葡萄糖水、牛奶和淡的盐水。产后1～2 d，供给足够的饮水及少量的肉食。3～4 d后增加肉食数量，每日四餐。第5天开始，虽然体质虚弱期已过，但供应的营养物质除保证母犬需要外，还要考虑泌乳需要。饲喂量要比空怀母犬的标准量增加3～4倍，注意添加矿物质和维生素，并适当地进行运动。

母犬产后立即进入子宫复旧及排出恶露的阶段。恶露呈暗红色，产后12 h变为血样分泌物，数量增多，2～3周后变为黏液状。大约经历4周，子宫复旧完毕，恶露停止排出。在排出恶露阶段，母犬外阴部、尾、乳房及其他部位被恶露污染，变得污秽不洁，要在不影响母犬休息的情况下，用温水仔细地清洗并擦干。同时注意产房的保温和防潮，及时更换已污染的垫褥或垫草。

2. 新生仔犬的护理

仔犬出生时，上颌无牙，眼闭耳聋，靠嗅觉和触觉辨别方向，能自寻乳头。经过10 d左右才睁开双眼，开始有视觉和听觉；到21 d就已经非常活泼，此时可以补饲用开水调制的奶粉及肉末；5～7周龄时，可进行断乳。若分娩正常，第1天不许触摸仔犬，第2天才可仔细检查，确定性别及健康状况。若1窝产仔过多，可取出较弱犬给其他母犬代养或人工哺乳。产后几天内，母犬护仔意识极强，非常敏感。要谢绝陌生人参观，更不要用手去摸仔犬或破坏窝形，否则母犬会攻击陌生人或弃仔，甚至吞食仔犬。

第二节 猫的繁殖技术

一、猫的生殖生理

(一)公猫的生殖器官

成年公猫睾丸体积为14 mm×8 mm，位于肛门下侧。阴囊紧贴身体，阴囊皮肤上有毛。公猫的前列腺位于尿道背侧，没有覆盖尿道腹面(图8-3)。公猫阴茎尖端指向后方，其末端有100～200个角化小乳凸，长度为0.75 mm，小乳凸指向阴茎基部。当公猫长到6～7月龄时，这种小乳凸发育到最大。

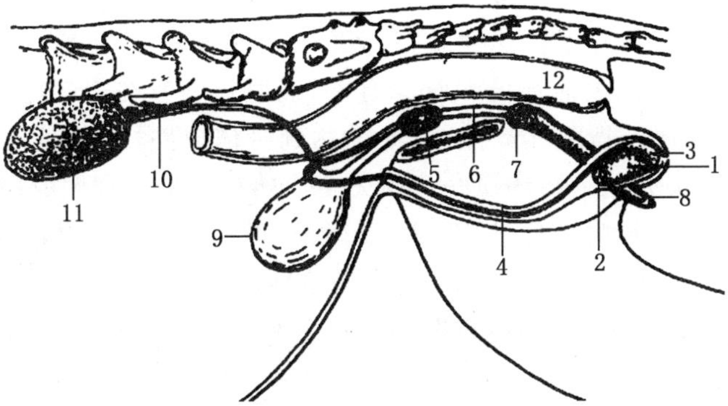

1. 睾丸 2. 附睾头 3. 附睾尾 4. 输精管 5. 前列腺 6. 尿道
7. 尿道球腺 8. 阴茎 9. 膀胱 10. 输尿管 11. 肾脏 12. 直肠

图 8-3 公猫生殖器官

（引自：张忠诚．家畜繁殖学．第4版．北京：中国农业出版社，2004）

(二)母猫的生殖器官

母猫的生殖器官与母犬相似(图8-4)。猫的卵巢1对，长8～9 mm，宽3～4 mm，位于第3～4腰椎下。发情期卵巢上有3～7个卵泡得到发育，卵泡直径可达2～3 mm。输卵管长4～5 cm，前2/3直径很大，后1/3直径很小。子宫为双角子宫，中等大小的猫子宫角长5.5 cm，子宫体长约1 cm，子宫颈仅0.2～0.3 cm。阴道较短，不足2 cm。

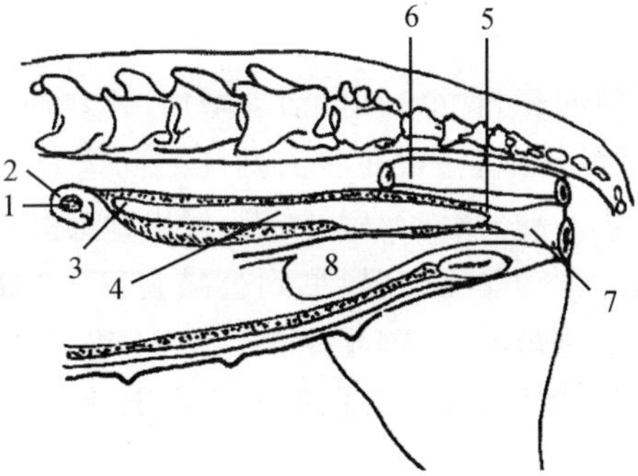

1. 卵巢 2. 输卵管 3. 子宫角 4. 子宫体
5. 子宫颈 6. 直肠 7. 阴道 8. 膀胱

图 8-4 母猫生殖器官示意图

（引自：包玉清．宠物解剖与组织胚胎．2008）

(三)性成熟

一般来说,母猫 8 个月已达性成熟,而公猫性成熟期则为 10～14 个月。性成熟的时间与猫的品种、生活环境和营养有关,暹罗猫一般在 7～8 月龄,波斯猫在 10～18 月龄时发情。猫刚性成熟时,并未达到身体成熟,也就是说猫的骨骼、肌肉、内脏等器官都还在发育,还没有达到完全成熟。如果一到性成熟就让猫交配、怀孕产仔,则会严重影响到公、母猫的生长发育,并出现早衰现象,其后代大多也发育缓慢、体型瘦小、多病、成活率低。母猫要达到体成熟后才能让其交配繁殖。常见短毛品种的公猫出生 1 年后,长毛品种的公猫出生 1.5 年后配种较好,母猫在 1 岁时配种为宜。

(四)发情周期和发情表现

母猫性成熟后就出现周期性发情。母猫的发情属于季节性多次发情,发情集中在 3～4 月份及 6～7 月份。

1. 发情周期

母猫发情周期的长短受品种、年龄、季节的影响,长者达 30～75 d。一般每隔 20～28 d 发情一次,发情期持续 3～7 d,接受交配的时间为 2～3 d。发情周期主要由日照时间的长短来控制。一般而言,持续 14 h 的光照即可确保生殖活性。

猫属于诱发排卵动物,通过交配、爬跨、药物刺激等才排卵。一般在交配 24 h 后卵子排出并受精。在发情持续期内交配,均有较高的受孕率。有的母猫发情后即被其他的母猫或去势的公猫骑乘,导致发情终止与排卵,出现假孕。

2. 发情表现

母猫在发情时,眼睛明亮,食欲减退,活动增加,喜欢外出游荡,特别是夜间,显得焦躁不安。性情温顺的母猫,喜欢在主人两腿之间磨蹭。如果用手抚摸和压低猫背部,发情母猫会静止不动。有时高举尾巴,发出“咪咪”的叫声。有时发出粗大的叫声,借以招引公猫。主动靠近公猫,见到公猫会发出“嗷嗷”的叫声,并表现出与公猫特殊的亲昵感,身体蹲下来,踏足举尾,允许公猫爬跨。如果发情母猫被关在室内,会到处乱闯,很不安宁,如有公猫在笼子旁走动或听到公猫的叫声,母猫会狂暴地抓挠门窗,急于出去。

母猫在发情期外阴部会发生一系列变化,可分四期。第一期阴毛刚刚分开,外生殖器肿胀,阴唇稍稍裂开;第二期阴毛完全分开,外阴部肿胀明显,阴唇呈明显的两大瓣,有少量的白色黏液;第三期外阴强烈肿胀和外翻,呈明显的四瓣,有多量的黏液;第四期外阴部肿胀逐渐消退,萎缩发干,阴毛逐渐恢复毛笔状。通常在第二、三期最容易交配成功。

(五)交配

当公猫认为某只母猫是它交配的对象时,公猫在准备交配的环境四周“射尿”,布置交配的环境。当公猫认为母猫已经被它吸引住,会不时地舔着阴茎,围着母猫不安地跑来跑去,企图接近母猫。公猫迅速咬住母猫的颈脖进行交配,母猫蹲伏下来接受公猫的爬跨。公猫前爪揉压母猫的两侧,后爪在母猫的臀部踩来踩去。约几分钟后,公猫才能将阴茎插入母猫的阴道内,阴茎插入阴道后母猫立即发出响亮的叫声。交配后,公猫放开母猫或被母猫从背上抛下来。这时,母猫在地上急速地打滚,来回转动身子像滚“绣球”一样,然后母猫停下来,舔其前肢、身体和生殖器处。公猫立刻跳跃着飞快地逃走,怕母猫会用前爪拍打攻击它,在离母猫较远的地方,低头舔自己的生殖器。公猫再试图靠近母猫时,则会立即遭到母猫的攻击。如果交配后不久母猫还与公猫亲近,很可能是没有交配成功。

猫交配的适宜时间是在母猫发情后的第 2 天晚上进行。一般情况下,一次即能受孕成功。但为了提高受胎率,配种次日复配 1 次。在配种期间为了保持公猫良好的体况,应严格控制公猫的交配次数。公猫每天不能超过 2 次,每次间隔 10 h 以上。母猫在一个发情期不能超过 3 次。频繁的交配,会使猫变得疲惫不堪,严重影响其健康状况。

如希望纯种猫繁殖后代时,挑选种猫非常重要。公猫要求纯种,2 周岁以上,健康,有生育能力,与母猫非近亲。交配前要进行健康检查,看是否进行过预防接种,是否有皮肤病、跳蚤,并进行便检,看是否有寄生虫。母猫第一次交配要为其选择经验丰富的公猫,引领不熟练的母猫在短时间交配成功。对不适于繁殖的公猫和母猫,要及时做去势和绝育手术。

(六)妊娠

猫的妊娠期一般在 52～71 d,平均 58 d。卵子受精后不断地进行卵裂,同时向子宫方向移动,约在配种后第 6 天进入子宫,此时已形成囊胚,第 12 天时伸长呈椭圆形,第 13 天时囊胚定向,胚极朝向子宫内膜,并在子宫上皮和胚胎之间形成连接复合物,第 14 天定位附植,通过胎盘血液循环来提供营养物质,一直到胎儿排出体外。

一般配种未成功时,未怀孕的母猫在 20 d 之内可能出现第二次发情。但在假妊娠时,母猫也出现乳头潮红,腹围增大,不再发情等怀孕表现,有的乳腺还能挤出乳汁等。到 40 d 左右观察不到猫仔的胎动情况,反而感觉母猫的腹部一天天缩小,乳头也逐渐恢复了正常状态。这种假孕现象是由于内分泌失调造成的,虽然没有受孕,黄体却未消失,因而出现了假妊娠现象。

(七)分娩

临产前母猫往往寻找僻静处待产,若在不熟悉场所分娩或分娩时外界环境不安静时,可能造成产后不照料仔猫。猫分娩时咬破胎膜,咬断脐带,吃下胎衣,并不断改变位置,每产出1只仔猫,母猫会快速舔食仔猫被毛上的黏液,并咬断脐带。有的母猫先舔清自身,然后舔仔猫。通常产出胎儿的间隔时间为5～60 min,一般每2个胎儿一组接着排出,然后再经过10～90 min产出另一组2个胎儿,产出全部胎儿需2～6 h,但有的可达到1 d以上。有些猫产出1～2个胎儿后,分娩出现中断,过12～24 h继续进行分娩。在每个胎儿产出不久,其胎膜即被排出,但也可能在产出2个胎儿或者所有胎儿后,才排出所有的胎膜。在多数情况下,母猫会吃掉胎膜。

(八)哺乳和离乳

猫窝产仔1～6只,平均4只。哺乳期为4～6周。若母奶不足,可实行人工哺乳。人工哺乳采用添加乳糖的奶粉较好。哺乳4周后可对仔猫离乳,离乳初期可喂人工乳,然后喂给人工乳加猫粮,最后喂猫粮加颗粒饲料,改换食料不宜太快,应有3周以上的过渡时间。

二、猫的繁殖管理

(一)猫的妊娠诊断

1. 视诊

母猫交配后20 d左右即可看到怀孕的征候,不再发情,乳头变硬且颜色逐渐变成粉红色,乳房增大,食量逐渐增加,活动量减少,行动比较稳重、迟缓,爱睡觉,喜欢伸直身体、躺着睡觉,外阴部肥大并变为肉红色,排尿频繁。妊娠1个月左右,腹部明显增大,乳房膨胀,食欲旺盛,毛色亮丽。在妊娠最后2周,从腹壁上可观察到胎动。

2. 腹壁触诊

猫的腹壁比较松弛,容易触诊,最适触诊时间在妊娠20～30 d。因为此时各胎儿之间分隔最明显。妊娠后期,在腹壁外即可摸到胎儿。注意在触诊时手法不要过重,以免流产。

3. X 射线诊断

在妊娠 17 d 后，X 射线透视可见胚胎在子宫内形成一个个突起。X 光机的电压保持在 50 V，电流强度随猫的体积大小而调节，即对瘦弱的猫用 50 mA，个体较肥大的猫用 60 mA。拍片时，焦距调到 10 cm。妊娠 39～40 d，X 射线检查可看到胎儿骨化点。

4. 超声波诊断

妊娠 30 d 后，用多普勒超声波诊断仪探测脐动脉血流音、胎儿心音或子宫动脉血流音。如用 B 型超声波诊断仪在妊娠 19 d 即可做出诊断。

(二)孕猫的护理

1. 适度运动

在分娩前 2 周内要有足够的自由运动，以预防难产发生。捉抱猫时要特别注意腹部的保护，不能让猫做技巧性强或需要蹦跳的游戏，每天可将猫抱到室外去活动或晒太阳 30 min 左右。不能放猫外出，以免受到惊吓或因逃跑、剧烈运动而引起流产。

2. 注意卫生

搞好孕猫身体卫生，特别是乳房和阴部的卫生，以防产科病。在分娩前的 2～3 d 内，每天用温水擦洗乳房，长毛猫要剪去乳房周围被毛，便于幼仔吮乳。

3. 接生准备

临近预产期要经常观察孕猫的表现，分娩前要准备好灭菌纱布，消毒用药棉，消过毒的剪刀，以及碘酒、酒精、温开水、毛巾、卫生纸、催产药品等，以备助产时用。

(三)猫的产前准备

预产前 1 周，应为猫准备好产箱或产窝。产箱或产窝可用木板钉制，或直接用硬板纸箱和竹筐代替。产箱的大小因猫的个体而定，以猫能伸开四肢躺下并留有一定的空隙为好。产箱门要有 7～8 cm 高的门槛，防止仔猫跑出产箱。产箱或产窝底部铺垫棉絮、破衣服等，冬季要铺厚一点，以利保温，但铺设要平整，以防仔猫乱拱，钻入夹层而造成死亡，产箱顶部最好做活动盖子，能自由打开，以便随时观察到母猫或仔猫的动静。产箱放置在安静、稍暗、冬暖夏凉的地方，用砖头或木块适当垫高，以便通风和保持干燥。

在分娩前几天，应随时注意观察母猫的行为，及时发现临产前的各种征状，做好接产准备。分娩前数天母猫的活动量减少，并寻找安静、温暖之处准备分娩。分娩前母猫腹部明显膨大下垂，乳房膨胀增大，乳头变为深粉红色，有时会有乳汁流出。随着产期临近，母猫可能表现为不安，不停地变换姿势，或者蹲在地上，有的鸣叫。如有产箱，常进出产箱，有的待在窝内不愿意出来；有的侧身躺着，呼吸急促。临产前几小时，胎儿在腹内活动可引起母猫回顾腹部。黏液从阴户流出，子宫开始阵缩，精神更加紧张，说明猫马上就要分娩了。立即将其放到准备好的产箱内，轻轻地抚摸，使猫情绪安定下来，让其单独在产箱内自行分娩。

母猫临产时，工作人员要每天检查猫的阴部。长毛的品种，要剪掉屁股、阴部周围的毛，以便分娩及小猫吮吸乳汁。做好接产准备，随时应对可能发生的难产情况。

(四)猫的难产与救助

1. 猫难产的征兆

猫的难产以初产猫发生较多，征兆表现不尽相同。有的母猫不食或少食，频频排尿，次数多而尿量小，努责不安，或不断回头望腹，喜卧，从阴门流出污红色而腥臭的液体，污染尾和后肢；有的母猫常用舌舔其阴户，用后脚踢打腹部或频频在地上翻滚；有的母猫腹部明显收缩，但不见小猫产出。体温、呼吸、脉搏正常。在母猫腹壁双侧可触及胎儿。用消毒过的手指伸入阴道检查，可感到松弛、水肿或干燥，从开张的子宫颈口可摸到胎儿的嘴鼻、前肢或臀、后肢。有时 2 个胎儿已拥入阴道。

2. 救助方法的选择

(1)按摩腹部　对过肥，缺乏运动，胎儿数过多等原因导致子宫弛缓，阵缩微弱的难产母猫，用手掌随母猫腹部收缩的频率，由轻到重按压腹壁，促进收缩，产出胎儿。

(2)药物助产　在按摩腹壁 30 min 以上仍未使阵缩微弱难产母猫产出胎儿时，皮下注射催产素 5～10 IU 和乙烯雌酚 0.5～1 mg，以促进子宫平滑肌收缩，子宫颈口开张，胎儿顺利产出。

(3)牵引胎儿　对胎儿露出体外 5 min 以上仍未能产出者，应将母猫横卧，左手抵住猫肩部，右手握住胎儿先露部分轻轻送入骨盆腔内，再轻轻转动胎儿并向外拉出。

(4)死胎难产救助　用手指伸入产道触摸胎儿眼球不转动，伸入口内没有吸吮反射或伸入肛内无收缩，阴道内有污红色腥臭分泌物者，确诊为死胎。救助时将母猫横卧保定，用小指头粗的胶管经阴户送入子宫颈内，体外胶管接上漏斗或 100 mL 注射器，注入含食盐 2%～5%，洗必泰 0.2～0.5 g 的溶液 500～800 mL。溶液从母猫阴户流出 5 h 内，死胎能自行排出。高渗食盐水在猫子宫内形成高渗环境，阻止子宫内容物吸收，洗必泰杀菌，防治子宫内膜炎。大量溶液有润滑作用，并能促进子宫收缩，促使死胎排出。

(5)剖宫助产　遇子宫扭转、子宫颈口闭锁及母猫骨盆腔狭窄、畸形或子宫破裂等情况时胎儿不能产出，可用剖宫手术。将母猫仰卧保定，固定好头部及四肢。以最后第2乳头为中点，沿腹中线向前向后切口。用0.5%普鲁卡因15～20 mL在切口处浸润麻醉。切开皮肤及皮下组织、腹壁肌肉和腹膜，拉出一侧子宫角，在大弯处切开子宫4～6 cm，依次将胎儿连同胎衣一起拉出，然后拉出对侧子宫角，将胎儿连同胎衣拉出。缝合子宫、腹膜及腹壁各层。但对患有危重疾病而不能产出胎儿的母猫，不宜剖宫手术，应尽量用非手术法助产。

(五)产后护理

猫产后卵巢机能很快出现活动，产后第3～6周出现第1次发情。哺乳可抑制发情，故猫有泌乳乏情期。但有的猫在断乳之前出现产后发情。产后第5～6周为最适配种时间。

产后1～2 d，母猫一直在仔猫近旁守护，一刻也不离开，在此期间，应在母猫身旁放置一些食物和大小便容器，把食物调稀一些，增加蛋白质、脂肪、维生素和矿物质营养，如喂些鲜鱼汤、猪蹄汤、牛奶、豆浆、新鲜肉、骨粉等。产后7～8 d，母猫离开仔猫的时间逐渐增长。产后10～14 d，母猫常把仔猫衔到自己认为安全的地方哺乳。到20～21 d时，母仔开始主动相互接近。每天应观察母猫的身体状况，防止堵奶现象的发生。发现产后疾病，如子宫脱落、子宫炎、阴道炎等，及时送宠物医院诊治。

加强对新生仔猫的监护，给仔猫固定乳头哺乳，使整窝仔猫能均衡生长。

【本章小结】

犬和猫的繁殖是养好犬、猫的基础性工作。本章重点介绍了犬和猫的生殖生理和繁殖技术。要求熟悉犬、猫的生殖器官，了解各组成器官的生理功能；掌握犬、猫的性成熟与发情规律，做到适时适龄繁殖；掌握发情鉴定、辅助交配与人工授精的技能，采用重复配种，提高受胎率与产仔数；了解母犬、母猫的妊娠生理和分娩特点，掌握妊娠鉴定和分娩助产的方法，搞好母仔护理。

【复习思考题】

1. 简述犬、猫生殖器官在构造上的主要特点。
2. 犬、猫达到性成熟后，有哪些行为表现？

3. 犬的发情鉴定方法有哪些？怎样选择最佳配种时机？
4. 犬的配种方法有几种？简述人工辅助交配和人工授精的操作要领。
5. 怎样知道犬、猫怀孕了？妊娠期如何做好护理工作？
6. 遇到犬、猫难产，如何进行救助？
7. 怎样做好猫的产后护理工作？

第九章 动物生殖保健技术

知识目标

- 了解动物正常繁殖力及其评定方法；
- 掌握影响繁殖力的因素及提高繁殖力的措施；
- 掌握动物繁殖障碍发生的原因及治疗方法。

技能目标

- 能正确判断动物不孕的原因和类型，掌握动物常见不孕症的治疗措施；
- 运用所学知识和技能，能制定综合方案，提高动物的繁殖力。

第一节 动物正常繁殖力

动物的繁殖力涉及许多方面。对种畜来说，繁殖力就是生产力，繁殖力的高低直接影响动物数量的增加和质量的提高，同时影响到动物生产的发展和企业的经济效益。

一、繁殖力的概念

繁殖力是动物维持正常繁殖机能、生育后代的能力。动物繁殖力的高低受多种因素的影响，除繁殖方法、技术水平外，公、母畜本身的生理条件起着决定性的作用。因此，公、母畜的遗传性、公畜的精液品质、母畜的发情生理、排卵数目、卵子的受精能力、胚胎的发育情况等都是影响繁殖力的重要因素。在生产实践中，动物的繁殖力直接关系到畜牧业生产力的高低，特别是母畜的繁殖力，更为人们所重视。

动物的繁殖力是一个包括多方面内容的综合性概念。对于公畜，繁殖力决定于其所产精液的数量、质量、性欲及其与母畜的交配能力；对于母畜，繁殖力决定于性成熟的早晚、发情表现的强弱、排卵的多少、卵子的受精能力、妊娠时间的长短、哺乳仔畜的能力、使用年限等，这些都可作为动物繁殖力测定的内容。

二、评定繁殖力的指标

衡量不同动物繁殖力的方法因动物种类不同而存在差异，现将几种计算动物繁殖力的方法介绍如下。

（一）哺乳动物繁殖指标的统计

雌性动物的繁殖力是以繁殖率来表示的。达到适配年龄后一直到丧失繁殖能力的雌性动物称为适繁母畜。畜群繁殖率是指本年度内出生的仔畜数占上年度末存栏适繁母畜数的百分比。可以用下列公式表示：

$$\text{繁殖率}=\frac{\text{本年度出生仔畜数}}{\text{上年度末适繁母畜数}}\times 100\%$$

根据母畜繁殖过程的各个环节，繁殖率应该是受配率、受胎率、分娩率和产仔率等四个方面内容的综合反映。

1. 受配率

受配率指本年度内参加配种的母畜数占畜群内适繁母畜数的百分比。受配率主要反映畜群内适繁母畜发情配种的情况。

$$\text{受配率}=\frac{\text{配种母畜数}}{\text{适繁母畜数}}\times 100\%$$

2. 受胎率

受胎率指妊娠母畜数占参加配种母畜数的百分比。在受胎率统计中又分为总受胎率、情期受胎率和不返情率。

（1）总受胎率　总受胎率指本年度末受胎母畜数占本年度内参加配种母畜数的百分比。其大小主要反映畜群质量和全年配种技术水平的高低。

$$\text{总受胎率}=\frac{\text{本年度末受胎母畜数}}{\text{本年度内参加配种母畜数}}\times 100\%$$

（2）情期受胎率　情期受胎率是某一时段妊娠母畜头数占配种情期数的百分比。能及时反映畜群质量和配种水平，能较快的发现畜群的繁殖问题。就同一群体而言，情期受胎率通常总要低于总受胎率。

$$\text{情期受胎率}=\frac{\text{妊娠母畜头数}}{\text{配种情期数}}\times 100\%$$

情期受胎率又分为第一情期受胎率和总情期受胎率。

①第一情期受胎率 第一情期配种的受胎母畜数占第一情期配种母畜数的百分比。

$$第一情期受胎率=\frac{第一情期受胎母畜数}{第一情期配种母畜数}\times 100\%$$

②总情期受胎率 配种后最终妊娠母畜数占总配种母畜情期数(包括历次复配情期数)的百分比。

$$总情期受胎率=\frac{最终妊娠母畜数}{总配种母畜情期数}\times 100\%$$

(3)不返情率 不返情率指在一定时间内,配种后再未出现发情的母畜数占本期内参加配种母畜数的百分比。不返情率又可分为30、60、90和120 d不返情率。30～60 d的不返情率,一般大于实际受胎率7%左右。随着配种时间的延长,不返情率逐渐接近于实际受胎率。

$$X\ 天不返情率=\frac{配种后\ X\ 天未返情母畜数}{配种母畜数}\times 100\%$$

3. 分娩率

分娩率指本年度内分娩母畜数占妊娠母畜数的百分比。其大小反映母畜妊娠质量的高低和保胎效果。

$$分娩率=\frac{分娩母畜数}{妊娠母畜数}\times 100\%$$

4. 产仔率

产仔率指母畜的产仔(包括死胎)数占分娩母畜数的百分比。

$$产仔率=\frac{产出仔畜数}{分娩母畜数}\times 100\%$$

单胎动物如牛、马、驴、绵羊等,因1胎通常1次只产1头仔畜,产仔率一般不会超过100%,因此单胎动物的分娩率和产仔率可看作是同一概念,多使用分娩率,而不用产仔率。多胎动物如猪、山羊、犬、兔等1胎可产出多头仔畜,产仔率均会超过100%。因此,多胎动物母体的产仔率不能反映分娩母畜数,所以对于多胎动物应同时使用分娩率和产仔率这两个指标。

5. 仔畜成活率

仔畜成活率指本年度内断奶成活的仔畜数占本年度产出活仔畜数的百分比。其大小反映仔畜的培育情况。

$$仔畜成活率=\frac{成活仔畜数}{产出活仔畜数}\times 100\%$$

(二)家禽繁殖指标的统计

家禽为卵生动物,繁殖力的计算方法与哺乳动物不同。能反映家禽繁殖力的指标主要有产蛋量、受精率、孵化率、育雏率等。

1. 产蛋量

产蛋量指某群家禽1年里平均产蛋的枚数。

$$全年平均产蛋量(枚)=\frac{全年产蛋总数}{总饲养日/365}$$

2. 受精率

受精率指第一次照蛋淘汰未受精蛋后剩下的受精蛋数占总入孵蛋数的百分比。

$$受精率=\frac{受精总蛋数}{入孵蛋数}\times 100\%$$

3. 孵化率

孵化率分受精蛋的孵化率和入孵蛋的孵化率两种,分别指出雏数占受精蛋数和入孵蛋数的百分比。

$$受精蛋孵化率=\frac{出雏数}{受精蛋数}\times 100\%$$

$$入孵蛋孵化率=\frac{出雏数}{入孵蛋数}\times 100\%$$

4. 育雏率

育雏率指育雏期末成活雏禽数占入舍雏禽数的百分比。

$$育雏率=\frac{育雏期末成活雏禽数}{入舍雏禽数}\times 100\%$$

三、动物的正常繁殖力指标

(一)牛的正常繁殖力指标

由于不同地区的饲养管理条件、繁殖管理水平和环境气候差异等原因,繁殖力会有很大差异。我国奶牛的繁殖水平,一般成年母牛的情期受胎率为40%～60%,年总受胎率75%～95%,分娩率93%～97%,年繁殖率为70%～90%。母牛年产犊间隔为13～14个月,双胎率为3%～4%,我国奶牛繁殖年限一般为8～10年。其他牛的繁殖水平均低。黄牛的受配率一般在60%左右,受胎率为70%左右,母牛分娩及犊牛成活率均在90%左右,因此年繁殖率在35%～45%。

(二)猪的正常繁殖力指标

猪的繁殖力很高,中国猪种一般产仔10～12头。太湖猪平均产仔14～17头,个别可以产25头以上,年平均产仔窝数为1.8～2.2窝,是全世界已知猪种中产仔数最高的一个品种。引进品种窝产仔数为9～13头。母猪正常情期受胎率为75%～80%,总受胎率为85%～95%,繁殖年限8～10年。

一般情况下我国地方品种产仔数多,繁殖力强,我国引进的一些外来品种繁殖力较低。

(三)羊的正常繁殖力指标

在饲养条件较好的地区,绵羊多产双胎或多胎。其中湖羊的繁殖率最强,其次为小尾寒羊,除初产母羊产单羔较多外,平均每胎产羔2只以上,最多可达7～8只,2年可产3胎或年产2胎。山羊繁殖率比绵羊高,多为双羔和3羔。羊的受胎率均在90%以上,情期受胎率为70%,繁殖年限为8～10年。

(四)兔的正常繁殖力指标

兔的特点是性成熟早、妊娠期短、产仔数多,1年可繁殖3～5胎,繁殖年限3～4年。家兔一般四季都可繁殖,但受胎率受季节的影响很大,春季受胎率高达85%以上,7～8月份受胎率只有30%～40%。母兔1胎产仔6～8只,高的可达14～16只,断奶成活率为60%～80%。

(五)家禽的正常繁殖力指标

家禽的繁殖力一般以产蛋量和孵化成活率来表示,因品种不同差异较大。蛋用鸡的产蛋量最高,一般为250～300枚;肉用鸡的产蛋量最低,一般为150～180枚;蛋肉兼用鸡的产蛋量居于二者之间。蛋用鸭产蛋量为200～250枚,肉用鸭为100～150枚,鹅为30～90枚。

蛋的受精率一般在90%以上,受精蛋孵化率在80%以上,入孵蛋孵化率在65%以上。育雏率一般达到80%～90%。

第二节　动物繁殖障碍

动物的繁殖过程错综复杂,从生殖细胞发生,到配子运行、胚胎附植、妊娠,其中任何一个环节出现问题都会导致繁殖障碍的出现。公、母畜暂时或永久性丧失繁殖能力称为不育，不孕则是指母畜的繁殖障碍，可能是暂时的，经过改善饲养管理或采取相应的治疗措施，可以恢复正常的生殖能力，也可能是永久性不育。

一、雌性动物繁殖障碍

（一）先天性不育

1. 生殖器官幼稚

母畜到了初情期年龄后，一直无发情表现，有时虽出现发情，但屡配不孕。生殖器官幼稚主要表现在子宫角纤细，阴道和阴门狭小，卵巢发育不良。通过激素、物理疗法处理后，仍不能正常发情的母畜应及时淘汰。

2. 雌雄间性

雌雄间性分为真雌雄间性和假雌雄间性。真雌雄间性是同时具有两种性腺——卵巢和睾丸，常见于猪、牛和山羊。假雌雄间性性腺可能是卵巢或睾丸，而外生殖器官则属另一性别。雌雄间性的动物不能繁殖后代。

3. 异性孪生

异性孪生不育主要发生于牛。母牛产异性双胎时，其中的母犊约有 94% 不育，公犊正常。异性孪生的母犊性成熟后，仍无发情表现，阴门狭小，阴道短，阴蒂长，子宫发育不良或畸形，子宫角如细绳，卵巢如黄豆粒或玉米粒大小，貌似公牛，乳房几乎不发育。

4. 种间杂交的后代

动物中，一些亲缘关系较近的种间杂交虽能产生后代，但由于生物学上的某种缺陷或遗传因素，多无繁殖能力。马和驴的杂交后代为骡（母马与公驴的后代为马骡，即常说的骡子；公马与母驴的杂种为驴骡）。骡虽有生育的报道，但为数极少。骡子体细胞的染色体为 63 条，不能形成正常的性细胞。

（二）营养性不育

由于饲养管理不当，引起母畜营养缺乏或过剩，出现繁殖障碍。营养性繁殖障碍在生产中较为常见，程度有所不同，容易被忽视。日粮中的能量水平对卵巢活动有显著作用。能量不足，可使泌乳牛及断奶后的母猪卵巢出现静止而不发情。蛋白质不足，母畜瘦弱，可表现不发情，卵泡发育停止。矿物质和维生素不足可引起不发情或发育受阻。牛和绵羊缺磷会使卵巢机能失调，性成熟晚，发情表现不明显。缺锰可造成母牛和青年猪卵巢机能障碍。缺乏维生素 A 或维生素 E 可造成发情周期紊乱，流产率和胚胎死亡率增加。

饲料营养过剩，会引起母畜肥胖，过度肥胖的母畜内脏器官包括生殖器官有大量脂肪沉积和浸润，卵泡上皮变性，影响卵子的发生及排出，致使卵巢静止。另外，过度肥胖还会引起妊娠母畜胎盘变性，流产率、死胎率和难产率等明显增加。

(三)环境气候性不育

母畜的生殖机能与日照、气温、环境、饲料成分等外界因素的变化有密切关系。环境气候对季节性繁殖的动物影响较为显著，如母马在早春和炎热季节卵泡发育较迟缓，而5～6月份发育速度较快，排卵也正常。在早春遇到寒流时，排卵时间会明显延长；在炎热的夏季遇雨和气温下降会诱发排卵。配种时要依据这些变化，适时输精。高寒及高原地区在气温较低的月份，牛、猪安静发情较多见。

在应激情况下，如高温、高密度饲养条件下，牛、绵羊、猪的发情受到抑制，受精出现障碍。从外地引进的种畜，由于运输应激及饲养管理的突然变化，会出现暂时性的繁殖抑制。

(四)管理利用性不育

母畜妊娠期间过度使役，可造成生殖机能减退，容易诱发流产及产道感染。运动不足会影响动物健康，生殖能力下降，发情征状不明显。由于长期运动不足，动物肌肉紧张性降低，分娩时易发生难产，造成胎衣不下、子宫不能复原等现象。在泌乳期间如果动物的泌乳量高或仔畜哺乳期长，由于激素的作用导致母畜出现乏情。另外，在人工授精工作实施中，技术员的技术水平低，不能适时输精，精液品质差，消毒不严格等，都会引起母畜的繁殖障碍。

(五)卵巢机能性不育

1. 卵巢机能性障碍

(1)卵巢发育不全、萎缩及硬化　卵巢发育不全是指卵巢由于营养、激素等原因发育过小，导致母畜生殖器官发育不良，不能正常发情、排卵和受胎。卵巢萎缩及硬化是指发生卵巢机能减退之后，由于卵巢机能受到干扰，处于静止状态，如卵巢机能衰退久而不能恢复，即可引起卵巢组织的萎缩、硬化。母畜卵巢萎缩硬化后，不能形成卵泡，出现不育。

(2)持久黄体　持久黄体是指母畜发情或分娩后，卵巢上黄体长期存在而不消失。母畜饲养管理不当、饲料单一、缺乏矿物质和维生素、长期舍饲、运动不足、体内激素分泌失调等，均可引起持久黄体。同时持久黄体也常继发于子宫内膜炎、子宫积水、子宫积脓、胎衣滞留之后。

母畜患持久黄体时，表现为长期不发情，阴道检查发现阴道黏膜苍白、干涩、子宫颈关闭；直肠检查感到一侧或双侧卵巢上有黄体存在，黄体略突出于卵巢表面，呈蘑菇状，触之粗糙而坚硬，隔几日检查，症状如初，即可确诊。

(3)卵巢囊肿　卵巢囊肿在牛、猪、马中较多见，可分为卵泡囊肿和黄体囊肿两类。

母牛卵泡囊肿时，表现为长期发情，出现所谓“慕雄狂”。病牛精神极度不安，大声咆哮，食欲明显减退或废绝，爬跨或追逐其他母牛。病程长时，母牛明显消瘦，体力严重下降，常在尾根与肛门之间出现明显塌陷，久而不治可衰竭致死。直肠检查时可感到母牛卵巢明显增大，囊肿直径达 3～5 cm，如乒乓球大小。用指肚触压，紧张而似又有波动。稍用力按压囊肿部位，母牛表现为回头观望、后肢踏地或移动不定，说明痛感明显，隔 2～3 d 检查，症状如初可确诊。马卵泡囊肿时，囊肿直径可达 7～10 cm，发情表现明显。

黄体囊肿，由于能分泌孕酮，所以卵巢上无卵泡发育，因此母畜表现为长期不发情。直肠检查时，发现黄体肿大，壁厚而软，紧张性弱，如不治疗，可持续数月甚至 1 年不消退。

2. 卵巢机能障碍的治疗

(1)加强饲养管理　多喂一些富含矿物质和维生素的饲料，注意饲料的搭配。对适繁母畜特别是孕畜合理使役，每天安排一定的运动时间。

(2)物理疗法

子宫热浴：大动物可用生理盐水、1%～2%的碳酸氢钠溶液等，加温至 40～45℃，向子宫内灌注，停留 10～20 min 后排出。通过热浴，可促进子宫和卵巢的血液循环，加快代谢，改善营养。对卵巢发育不全、萎缩及硬化较适用。

卵巢按摩：适于牛、马等大动物。将手伸入直肠内，隔肠壁按摩卵巢，以激发卵巢的机能。适于卵巢发育不全、萎缩及硬化，此法连日或隔日进行，每次持续 3～5 min。

激光治疗：应用氦氖激光治疗仪进行穴位照射。通常照射地户穴和交巢穴，根据治疗仪的功率及型号调整光斑直径和照射距离，每次 10～30 min，每天 1 次，连续 7～10 次为 1 个疗程。对卵巢发育不全、卵巢囊肿效果较好。

(3)激素疗法　应用外源激素调整和恢复卵巢的机能，促进卵泡正常发育、排卵。安静发情、卵巢发育不全、萎缩或硬化，可用促卵泡素、促黄体素、人绒毛膜促性腺激素等调整。如促卵泡素，大动物一次肌肉注射 200～400 IU，配合使用促黄体素 200 IU。

持久黄体和黄体囊肿：首选前列腺素 $PGF_{2\alpha}$ 及其类似物，一般牛、马 2～8 mg，猪、羊 1～2 mg。如持久黄体和黄体囊肿由子宫炎等继发，应先治疗原发病，再使用激素，方能达到预期的效果。

卵泡囊肿：先促进囊肿黄体化再进行溶解黄体。可用促黄体素肌肉注射，大动物 1 次 200 IU，隔 2～3 d 再注射 1 次即可。孕激素治疗卵泡囊肿效果也较理想，大动物 1 次肌肉注射 50～150 mg，连日或隔日进行，连续 7 次为 1 个疗程。除此之外，还可以使用促性腺激素配合前列腺素类药物治疗，效果较好。

(六)生殖道疾病性不育

在动物繁殖障碍中，以生殖器官疾病所占比例最大，常见的主要有子宫内膜炎和子宫积水、积脓等。

1. 子宫内膜炎

(1)症状及诊断　子宫内膜炎在各种动物中均有发生，以牛、猪、马为多见，根据临床症状及病理变化可分为卡他性子宫内膜炎和脓性子宫内膜炎。引起子宫内膜炎的原因，主要是人工授精时不遵守技术操作程序及消毒不严，精液污染时也可能引起。此外，在正常分娩的助产或难产手术受到感染时也可能发生，也往往继发于胎衣不下、阴道脱、子宫脱、子宫颈炎及子宫弛缓等。本交时，公畜生殖器官的炎症也能传染给母畜而发生子宫内膜炎。

卡他性子宫内膜炎：属子宫黏膜的浅层炎症，病理变化较轻，一般无全身症状。母畜发情周期多正常，发情持续期延长。发情时外部表现较明显，黏液流出量较正常多，常混有絮状物，特别是在趴卧时流出量更大，屡配不孕。直肠检查感到子宫角略肥大，松软、弹性减弱、收缩反应不敏感。

脓性子宫内膜炎：病理变化较深，有轻度的全身反应，如体温升高、精神不振、食欲减退等。发情周期紊乱，可见灰白色、黄褐色的脓性分泌物由阴门流出，附于尾根、坐骨结节及臀部形成结痂。阴道检查发现阴道黏膜充血，子宫颈口开张，有脓汁蓄积或流出，如无脓汁流出，可用输精枪或金属棒插入子宫内探查。直肠检查感觉子宫角肿大、下沉，角壁肥厚且不平整，触压有波动，收缩反应消失。

(2)治疗　临床上治疗子宫内膜炎多采用子宫冲洗结合灌注抗生素的方法。

卡他性子宫内膜炎：可用无刺激药物即生理盐水、5%的葡萄糖溶液冲洗子宫。一般用量牛为 1 000 mL 左右，马为 1 500～2 000 mL，加热至 40℃，边注入边排出。冲洗液充分排净后，向子宫注入抗生素。

脓性子宫内膜炎：一般选用 5%盐水、0.1%的高锰酸钾、0.05%呋喃西林、0.5%来苏儿等药物冲洗子宫，药液排尽后再用生理盐水冲洗，直至回流液清亮，取青霉素 100 万 IU，链霉素 200 万 IU 溶解后灌入子宫内。也可在子宫内放置复方制剂如宫炎康、宫炎消、洁尔阴等。

2. 子宫积水、积脓

（1）病因　子宫积水和积脓由子宫内膜炎继发，如子宫颈黏膜肿胀或其他原因使子宫颈阻塞或闭合，子宫内的分泌物不能排出，逐渐积累，最终可形成子宫积水或子宫积脓。子宫积水发生于卡他性子宫内膜炎之后，由于治疗不及时，炎性分泌物蓄积而致。子宫积脓常发生于脓性子宫内膜炎之后，牛较多见。

（2）症状及诊断　患畜长期不发情，定期排出分泌物。阴道检查可见子宫颈外口脓肿、开张、有分泌物附着或流出。直肠检查发现子宫显著增大，与妊娠 2～3 个月的状态相似，收缩反应消失，但摸不到子叶，隔数日复查，症状如初可确诊。

（3）治疗　首先应尽力排出子宫内的蓄积物，注射前列腺素类、催产素、雌激素等药物促进子宫颈开张、子宫收缩，然后按脓性子宫内膜炎的治疗方法处置。

子宫疾患的防治首先应从改善饲养管理入手，以提高母畜机体的抵抗力。治疗时，应恢复子宫的张力，增加子宫的血液供给，促进子宫内容物的外流和抑制或消除子宫的再感染。

二、雄性动物繁殖障碍

（一）生精机能障碍

1. 隐睾

凡隐睾的公畜均不能作为种公畜使用。

2. 睾丸炎

睾丸炎是由布氏杆菌、结核杆菌及放线菌、乙型脑炎等感染所致，还可能因外伤等引起。公畜患睾丸炎后常表现睾丸肿胀、发热或充血，影响精子生成，精液品质下降，严重时会出现生精障碍。发生睾丸炎后，应及时采取冷敷、封闭、注射抗生素或磺胺药物等方法治疗，病症严重久治不愈者应淘汰。

3. 睾丸发育不全

睾丸发育不全是指公畜一侧或双侧睾丸的全部或部分曲精细管上皮不完全发育或缺乏生精上皮，间质组织可能维持基本正常。

多数由隐性基因引起的遗传疾病或是由于非遗传性的染色体组型异常所致。发生本病的公畜出生后生长发育、第二性征、性欲和交配能力也近正常，但睾丸小、质地软、缺乏弹性，精液呈水样、无精或少精，精子活力低，畸形精子比例高。睾丸发育不全的公畜不应作为种公畜使用。

(二)副性腺机能障碍

精囊腺炎是公畜常患的副性腺疾患之一，多由布氏杆菌感染所致。病症较轻时，临床表现不明显，重症者会出现发烧、弓背，不爱走动，排粪或排精时有痛感。牛患精囊腺炎时可见精液中混有絮状物，常伴有出血现象。精囊腺炎可用大量抗生素治疗，如具有传染性，则应立即淘汰。

(三)其他繁殖障碍

1. 性欲不强

性欲不强是公畜常见的繁殖障碍，可能是遗传、神经、内分泌失调及环境等因素造成的。公畜表现为性欲不旺盛、采精时阴茎不能勃起、性反应冷淡等。马和猪较为常见。

实践证明，环境的突然改变、饲养场所和饲养员的更换、饲料中严重缺乏蛋白质和维生素、采精技术不佳、对公畜粗暴或鞭打、过于肥胖等，都会引起性欲不强。

2. 精液品质不良

公畜的精液达不到输精要求，视为品质不良。主要表现为无精、少精、畸形精子超标、精子活力过低、精液中混有异物(如血、尿、脓汁)等。造成精液品质不良的因素很多，如饲养管理不当、饲料中缺乏蛋白质和维生素、运动不足、性腺及副性器官疾病、采精技术不佳、采精频率过大等。

3. 包皮炎

包皮炎，马常是由于包皮垢、猪则是由包皮憩室的分泌物引起的；牛、羊多由于包皮腔中的分泌物腐败分解造成。其临床表现为包皮及阴茎的游离部水肿，疼痛，发生溃疡甚至坏死。包皮炎虽然对精液本身无影响，但严重影响交配及采精。

第三节 提高动物的繁殖力

动物的繁殖力首先决定于它本身的繁殖潜力，其次是人类采用有效的措施充分发挥其繁殖潜力。我们只有正确掌握其繁殖规律，采取先进的技术措施，才能提高其繁殖力。

一、影响繁殖力的因素

动物的繁殖力受遗传、环境和管理等因素影响，其中环境和管理因素包括季节、光照、温度、营养、配种技术等。做好种畜的选育工作和创造良好的饲养管理条件是保证正常繁殖力的重要前提。

（一）遗传的影响

遗传因素对动物繁殖力的影响在多胎动物中表现比较明显，如有些中国地方猪种的繁殖性能明显高于外国猪种，特别是太湖猪，性成熟早、排卵多、产仔多，引起了许多国家对太湖猪浓厚的兴趣，并引种以提高其本国猪的繁殖力。

遗传因素对单胎动物繁殖力的影响也较明显，如牛虽为单胎动物，但双胞胎个体的后代产双胎的可能性明显大于独生个体的后代，需要说明的是，乳牛业中不提倡选留双胞胎个体，因为异性孪生母犊大多数没有生育能力。

（二）季节的影响

野生动物为了使其后代在出生后有良好的生长发育条件，其繁殖活动常呈现出季节性。经过人类长期的驯养，有些家畜的繁殖季节性已不明显，如牛、猪等。而另外一些动物如羊、马等仍保留着季节性繁殖。季节性繁殖动物只在繁殖季节发情配种，而非季节性繁殖动物全年都可以发情配种。

高温和严寒对动物的繁殖有不良的影响。一般认为，动物在热应激下垂体前叶释放促肾上腺皮质激素的量增多，进而刺激肾上腺皮质分泌可的松等糖皮质激素。糖皮质激素有抑制促黄体素分泌的作用，因此母畜的排卵和公畜性欲都会受影响。另外，动物在高温高湿环境下散热困难，体温上升，使睾丸生精能力下降，精子获能和受精卵的卵裂也受影响；胚胎在高温影响下不能正确调控前列腺素的合成，使黄体功能难以维持。在生产实践中，严寒的影响相对较小，不过严寒对初生仔畜的威胁较大，应予以重视。

（三）营养的影响

营养水平对维持内分泌系统的正常机能是必要的。能量水平不足时，母牛安静发情和不发情的比例增加，排卵率和受胎率降低，即使妊娠也可能造成胚胎早期死亡、死胎或出生时重量小、死亡率高。当能量水平过高时，可使母畜体内脂肪沉积过多，造成卵巢周围脂肪浸润，阻碍卵泡的正常发育，影响受精和着床。营养水平过高，可使种公畜过肥，性欲减退，交配困难。

蛋白质是动物繁殖必需的营养物质，蛋白质不足将影响青年公畜生殖器官的发育和精液品质，可使精子活力降低、密度下降，配种能力降低。蛋白质不足可造成青年母畜卵巢和子宫幼稚型，初情期推迟，不发情或发情不明显。

脂肪与动物的繁殖也有密切的关系。如果日粮中严重缺乏脂肪，也会影响精子的形成。脂肪是脂溶性维生素的溶剂，如果日粮中含量不足就会影响脂溶性维生素的吸收和利用，从而对繁殖产生不良的影响。

维生素对动物的健康、生长、繁殖都有重要作用。胡萝卜素对家畜繁殖机能有特殊的作用。日粮中胡萝卜素缺乏，可导致公畜繁殖力降低、性欲缺乏、精子密度下降、异常精子增多、精子存活力弱。胡萝卜素与卵巢黄体的正常机能有密切的关系。维生素 A、维生素 E 与家畜繁殖密切相关，当日粮中维生素 E 和硒缺乏，能量和蛋白质又不足时，则母畜受胎率将明显下降，公畜的精液品质也将下降。

矿物质缺乏或过量时可影响动物的繁殖。当日粮中缺乏钙、磷，或两者比例不当时，可导致母畜卵巢萎缩、性周期紊乱、不发情或屡配不孕，还可能造成胚胎发育停滞、畸形和流产，或产出的幼畜生活力弱。钙、磷比例大于 4∶1 时，母畜繁殖性能下降，发生阴道和子宫脱垂、子宫内膜炎、乳房炎等疾病的概率增大。实践证明钙、磷比例以(1.5～2)∶1 为适宜。

某些微量元素在动物繁殖中也不可忽视，其中特别要注意铁、铜、钴、锰、锌和硒等。

(四)配种时间和技术的影响

不同品种及不同个体的母畜在发情周期中排卵的时间各不相同，而精子和卵子在生殖道内维持受精能力的时间非常有限，因此，配种是否适时，直接影响到母畜的受胎率及多胎动物的产仔数。

在开展人工授精时，人工授精的技术水平对母畜的受胎率等繁殖力指标有很大影响。据北京 37 个乳牛场 1984—1988 年统计材料表明，平均年受胎率 95.01%，平均情期受胎率 56.01%，平均年空怀率 4.92%，平均 1 次配种受胎率 62.22%，平均繁殖率 90.47%。场间的差异很大，最高与最低之间总受胎率相差 18.38%～28.40%，情期受胎率相差 31.40%～44.88%、空怀率相差 7.31%～15.13%，1 次配种受胎率相差 22.53%～35.66%，繁殖率相差 18.94%～33.42%。

(五)年龄和健康状况的影响

公畜精液的质量、数量和与配母畜的受胎率均受年龄的影响，青年公畜随着年龄增长其精液的质量逐渐提高，到了一定年龄后精液品质又逐渐下降。种公牛

5～6岁后繁殖机能开始下降，一般公牛可使用到7～10岁，随着年龄的进一步增大，公牛出现性欲减退、睾丸变性、精液质量明显下降，有些公牛出现脊椎和四肢疾病，使爬跨交配困难而无法采精。

母畜的繁殖力也随年龄而变化。多胎的家兔和猪一般第一胎产仔数少，以后随胎次而增多。太湖猪初产母猪平均产仔(12.11±0.13)头，经产母猪平均(15.30±0.15)头，在一生中以第3～7胎产仔数最多，第8胎后产仔数减少，同时产死胎数有所增加。

二、提高繁殖力的措施

(一)加强选种选育，选择繁殖力高的公、母畜做种畜

繁殖力受遗传因素影响很大，不同品种和不同个体的繁殖性能也有差异，尤其是种公畜，其品质对后代群体的影响更大。因此，每年要做好畜群的更新，对老、弱、病、残的母畜应有计划的淘汰，同时提高适繁母畜的比例。

同一品种内各个体之间的繁殖力有较大的差异，因此必须选择繁殖力高的公、母畜作种畜。选择公畜时，应参考其祖先的生产能力，然后对其本身的生殖系统，如睾丸的外形、硬度、弹性、阴茎勃起时能否伸出包皮、性反应时间、射精量、精子密度和活力等进行检查。经上述检查合格者可用于试配，然后根据试配结果再作选择。

在选择母畜时应注意性成熟的早晚、发情排卵的情况和受精能力的大小。多胎动物应选留排卵数多，产仔数多，哺育能力强的母畜的后代作种畜。需要指出的是，有些繁殖力指标不应过分追求，如产仔数特别多的母猪往往产出的仔猪个体较小，这种仔猪的抗病能力弱，生长缓慢，不利于企业提高经济效益。有些研究者把初生窝重和断奶窝重作为选择多胎家畜各种畜的繁殖力指标，这种做法有较大的实际意义。

(二)科学的饲养管理

加强种畜的饲养管理是保证种畜正常繁殖机能的基础。营养缺乏会使母畜瘦弱，内分泌活动受到影响，性腺机能减退，生殖机能紊乱，常出现不发情、安静发情、发情不排卵、多胎动物排卵少、产仔数减少等；种公畜表现精液品质差、性欲下降等。

高温季节要做好通风降温工作，严寒季节要做好防冻保暖工作。对于非季节性繁殖动物，适当避开在高温季节配种可以提高母畜的受胎率和多胎动物的窝产

仔数,在高温季节采出的精液一般品质较差,生产中(特别是在乳牛业生产中)应予以注意。适量的运动对提高公畜的精液品质,维持公畜旺盛的性欲有较大的作用,应给予公畜一定的运动场地。饲养管理人员对动物的态度对其繁殖力也有影响,各种可产生疼痛、惊恐的因素均可引起肾上腺素分泌增加,促黄体素分泌减少,催产素释放和转运受阻,进而影响动物的正常繁殖。要注意防治各种影响动物繁殖力的疾病,及时淘汰那些繁殖力低又无治疗意义的病畜。

(三)保证优良的精液品质

优良品质的精液是保证得到理想繁殖力的重要条件。因此,首先饲养好公畜,保证全价营养,同时还必须合理利用,配种不宜过频,加强公畜运动,定期检查精液品质。

为了获得品质优良的精液,在选种时就应注意选择精液质量好的种畜的后代作种用,还要注意种公畜的饲养管理。

对人工授精使用的精液,要严格地进行质量检查,不合格的精液禁止用于配种。

(四)做好发情鉴定和适时配种

准确判断母畜发情的阶段,掌握好配种时机,将合格的精液输入母畜生殖道的适宜部位,是人工授精成功的关键(在第四章有详述)。

(五)遵守操作规程,推广繁殖新技术

严格遵守家畜人工授精、冷冻精液的操作规范、充分运用胚胎移植和繁殖调控等繁殖新技术,能挖掘动物的繁殖潜力,提高动物的繁殖能力。

(六)推广早期妊娠诊断技术、减少胚胎死亡和防止流产

配种后,如能尽早进行妊娠诊断,对于保胎、减少空怀、增加畜产品和提高繁殖力是很重要的。经过妊娠检查,确定已妊娠时,要按孕畜对待,加强饲养管理,对役畜小心使役,维持母畜健康,避免流产。如果没有妊娠而又不发情,应根据具体情况及早进行治疗。对妊娠后期的母畜,要注意防止相互挤斗及滑倒,役畜要减少使役时间,防止流产。

(七)做好繁殖组织和管理工作

提高动物的繁殖力,不单纯是技术问题,必须有严密的组织措施相配合。

1. 建立一支有事业心的技术队伍

从事繁殖工作的人员既要有技术，又要有责任心，更要乐意从事本项工作，认真钻研业务，才能搞好工作。

2. 定期培训，及时交流经验

要组织有计划的业务培训，不断提高理论水平，以指导生产实践，还应组织经验交流，相互学习，推广先进技术，不断提高技术水平。

3. 做好各种繁殖记录

对公畜的采精时间、精液质量，母畜的发情、配种、分娩、流产等情况，都应进行详细的记录，及时分析、整理有关资料，以便发现问题，及时解决。

【本章小结】

本章主要讲述了动物正常繁殖力、动物繁殖障碍和提高繁殖力的措施。动物正常繁殖力主要介绍了繁殖力的概念、评定繁殖力的主要指标和各种动物正常的繁殖力。动物繁殖力包括公畜的繁殖力和母畜的繁殖力，尤其是母畜的繁殖力更为重要。

动物繁殖障碍包括雄性动物繁殖障碍和雌性动物繁殖障碍。该部分讲述了造成动物繁殖障碍的原因和防治方法，其中卵巢机能性障碍、子宫内膜炎、子宫积水和子宫积脓是生产中较常见的繁殖障碍，也是动物繁殖疾病防治的重点。

繁殖力是畜牧生产中重要的经济指标，与遗传、季节、营养水平、饲养管理、疾病防治等关系十分密切，因此了解影响繁殖力的因素，对于采取相应的措施提高动物繁殖力，进而提高畜牧生产的经济效益具有十分重要的意义。

【复习思考题】

1. 什么是动物繁殖力？评定繁殖力的指标主要有哪些？
2. 简要说明哺乳动物、禽类的正常繁殖力。
3. 母畜的繁殖障碍有哪些类型？
4. 叙述卵泡囊肿、持久黄体的临床症状和诊断方法，如何治疗？
5. 怎样计算猪的窝产仔数和产仔窝数？我国猪种在繁殖方面有哪些优势？
6. 影响繁殖力的指标有哪些？
7. 提高动物繁殖力应采取哪些综合措施？

实 训 指 导

实训一 雌性动物生殖器官观察

一、目的要求

通过观察雌性动物生殖器官的大小和形态结构，了解各种雌性动物生殖器官的组成，掌握它们的形态、位置和结构特点，为将来学习动物繁殖技术奠定良好基础。

二、材料用品

(1)各种未孕雌性动物生殖器官标本、模型、挂图、投影仪及幻灯机。

(2)解剖刀、解剖剪、镊子、探针和搪瓷盘等。

三、方法步骤

(1)卵巢的形态观察　注意观察各种雌性动物卵巢的形态、大小及位置，观察未孕母畜发情周期中各时期卵巢上卵泡和黄体的情况。

(2)输卵管的观察　注意观察输卵管与卵巢和子宫的关系。认识输卵管的漏斗部、壶腹部和峡部，特别要找到输卵管的腹腔口和子宫口。

(3)子宫的观察　观察各种动物子宫角和子宫体的形态、粗细、长度及黏膜上的特点；观察子宫颈的粗细、长度及其结构特点。

(4)阴道的观察　观察阴道穹隆情况。

(5)外生殖器官的观察　注意观察不同动物尿生殖前庭、阴唇及阴蒂的情况。

四、注意事项

(1)实训时,以观察卵巢和子宫为重点。

(2)观察子宫时,注意比较区别牛、羊的对分子宫,猪、马的双角子宫以及兔的双子宫类型及特点,注意比较以上动物子宫颈的构造特点。

(3)分组进行或轮流观察,并分析生殖器官的结构与其生理机能的关系。

五、实训作业

根据标本、模型或挂图,绘出各种雌性动物的卵巢和子宫简图,并比较说明它们的构造特点。

实训二 发情鉴定技术

一、目的要求

通过对母畜发情鉴定技能的实训,培养学生实际动手操作能力,使学生熟悉各种家畜发情的外观表现,掌握母畜发情的特点及发情鉴定的主要方法,并能正确判断母畜排卵时间及配种时机。

二、材料用品

1. 实训动物 母牛、母羊、母猪、试情用公羊等。

2. 实训场所 实训基地、家畜改良站、畜牧场等。

3. 实训用材料 新洁尔灭、纸巾、六柱保定架、开膣器、试情栏、试情布、肥皂或石蜡油、毛巾、指甲钳、长臂手套、发情记录本等。

三、方法步骤

1. 采用外部观察法进行发情鉴定

(1)通过对母畜发情鉴定的理论讲授,要求学生熟记牛、羊、猪发情的外部表现,为外部观察法进行发情鉴定做好准备。

(2)组织学生到实习牧场或附近的畜牧场进行现场观察母畜发情时的外部征状,并做好记录,从而使学生熟悉如何区别发情母畜和不发情母畜。

(3)选择发情母畜作为实验动物,使学生进行实际观察判断。也可以对不发情的母畜利用激素催情或诱导发情,然后观察其发情表现。

(4)实习过程中,根据实际条件,也可观看有关发情鉴定的影视或录像。

2. 采用试情法进行发情鉴定

(1)教师讲解母牛、母羊、母猪的试情方法。

(2)利用实训母畜与试情公畜进行现场试情,让学生进行实际观察,并判断母畜是否发情及发情程度。

3. 采用阴道检查法进行母牛的发情鉴定

(1)检查前的准备　教师讲解阴道检查前的准备工作,包括母牛的保定、清洁、消毒,阴道开张器的准备,检查人员的准备等。阴道检查前,先将母牛保定在保定栏内,并将其尾巴拉向一侧,清洁消毒外阴部,并用消毒毛巾擦干。

(2)检查方法　检查人员洗净并消毒双手,将消毒好的阴道开张器加温至38℃左右,并涂上适量的润滑剂。检查时,检查人员站在牛的侧后方,用手将牛的阴唇分开,另一手持阴道开张器,斜向上缓慢插入阴道内适当深度,向下转把柄并打开阴道开张器加以固定,然后借助光源观察阴道内的状态进行判断。

(3)教师示范　教师讲解阴道检查的操作过程及方法,并进行示范性操作。

(4)学生操作训练　教师组织学生亲自进行阴道检查的操作训练,并指导学生观察要点,同时提醒学生操作注意事项。

4. 采用直肠检查法进行母牛的发情鉴定

(1)检查前的准备　将母牛保定在保定栏内,并将牛尾拉向一侧。检查者将指甲剪短磨光,戴上长臂手套,并涂抹少量的润滑剂。检查者站在母牛的后方。

(2)检查方法　检查者先将直肠内宿粪清出。用手掌向骨盆腔底部下压找到子宫颈,手轻握子宫颈向前滑动到角间沟。从角间沟用食指与中指跨在左侧子宫角向前滑动,找到左侧卵巢并将卵巢轻轻地拿在手里,触摸卵巢质地和卵泡的大小及质地。检查右侧卵巢时,应沿子宫角向回退至角间沟处,再向右侧探查右侧卵巢。触到卵巢上的卵泡后,根据卵泡的发育阶段及母牛的征状,判断母牛发情阶段。

(3)教师示范　教师进行示范性操作。

(4)学生操作训练　学生分成若干小组,进行直肠检查的操作训练,教师现场指导。

四、注意事项

(1)要选择好实训动物　应尽量选择发情明显的母畜作为实训动物,对没有发情的母畜,可采用诱导发情的方法使母畜发情。

(2)实训过程要确保人畜安全　要求学生实习时,一定要在老师的指导下,按照操作规程认真进行操作，确保人畜安全。

(3)分组实训　一般情况是学生相对较多，实训动物偏少，可将学生分成几个小组，分期分批地进行实训。

(4)阴道检查时应注意　①伸入开膣器要缓慢，取出时不要完全关闭，以防夹伤阴道黏膜；②开膣器的温度要和家畜的体温接近；③每次检查时间不要过长，不要频繁插入和取出，以免物理刺激而影响观察效果；④严格遵守消毒制度，每检查完1头母畜，要消毒后再检查另1头母畜，以防疾病的传播。

(5)直肠检查时应注意　①直肠检查时操作人数一次不能过多，如直肠出血或强烈努责应停止操作；②手臂有外伤者不能做直肠检查。

(6)充分利用实训条件　为了更好地掌握发情鉴定技术，要经常性地组织学生利用课余时间参与母畜的发情鉴定实践，以补充课内实训时间的不足。

五、实训作业

(1)怎样用外部观察法和试情法鉴定牛、羊、猪的发情？

(2)简述直肠检查的操作要点。

(3)发情鉴定时应注意哪些问题？

实训三　假阴道的安装

一、目的要求

认识各种家畜的假阴道，熟悉假阴道的组成和构造，能够独立完成假阴道的安装和调试。

二、材料用品

牛、羊、马假阴道外壳、内胎、集精杯、固定皮圈、气阀、75%和95%的酒精棉球、长臂钳、镊子、大瓷盘、橱柜、中性洗涤剂、毛刷、玻璃棒、1 000 mL烧杯、500 mL烧杯、温度计、热水、玻璃漏斗、基础液、医用凡士林或红霉素软膏、双连球、保温套等。

三、方法步骤

将学生分组，反复训练各种假阴道内胎的安装，并熟悉假阴道安装的全部流程。

(一)假阴道各部件的选择与要求

1. 外壳　牛的假阴道外壳用硬橡胶制成，羊的假阴道外壳用硬塑料制成，马的假阴道外壳用白铁皮或不锈钢制成。外壳的内、外壁应光滑，无毛刺，无裂缝。

2. 内胎　一般用弹性好的橡胶或乳胶制成，内胎应具有耐拉，弹力适当，容易安装的特点。安装前应先将内胎的两端部分拉伸以便检查内胎是否有“针眼”和裂缝。

3. 集精杯　牛用假阴道集精杯为一刻度试管，用一个乳胶漏斗将假阴道与集精杯相连。羊用假阴道的集精杯是一个塑料瓶内套一支集精管。马假阴道的集精杯用带刻度的塑料瓶与内套塑料膜相连，或是一个橡胶杯。

4. 气阀　安装在假阴道外壳的注水孔上，用于向内胎与外壳之间的夹壁内充气，并调节气压。气阀密封要好，阀门转动灵活。

5. 固定皮圈　用橡胶制成，用于使内胎固定在外壳上。

6. 保护套　安装好集精杯后，用保护套将集精杯固定在外壳上。

7. 保温套　用保温材料(如真空棉)制作一个假阴道的外套，起到对集精杯及假阴道的保温作用。

(二)用品拆卸及清洗

假阴道每次使用之后，应尽快将内胎等部件拆开并进行清洗，内胎长期套在外壳上容易老化失去弹性。

内胎用中性洗涤剂、软毛刷、温水或清水洗涤正反两面，洗去内胎表面的润滑剂。再用蒸馏水冲洗 3～5 遍，用 2 个吊在橱柜顶部的夹子对称夹住内胎的一端，光滑面向内，使内胎垂直悬挂在橱柜内晾干。不得在阳光下曝晒或在干燥箱中高温干燥。不宜将内胎平放在盒内或袋内。内胎应挂在橱柜内，直到下次使用时取出。

将集精杯的集精管内、外壁的表面清洗干净，用蒸馏水冲洗 3～5 遍。用牛皮纸包裹后放入干燥箱内用 100～150℃温度干燥 1 h，不耐高温的塑料集精杯或橡胶杯可晾干后，用 75%酒精消毒。

(三)假阴道的安装

1. 清点与检查　确认部件齐全，完整，无裂缝及针眼；将经过清洗消毒的各部件放在消毒过的大瓷盘中，将安装、消毒、润洗假阴道的用品准备齐。

2. 安装内胎与调试

(1)安装内胎 将内胎的光滑面向里,放入外壳内,使两端露出部分长度相当。将一端折叠后放入外壳内,将另一端内胎的一部分翻贴在外壳上,调整周正后,双手向上推卷,使内胎卷起,使其脱离外壳,并使卷起的长度与原来露出的长度相当或略长,再将内胎套在外壳上,调整周正。另一端用同样方法,将其翻贴在外壳上。

(2)调试 将气阀安上,充气,检查内胎是否安装周正。安装周正的内胎充气后两端均略呈内陷的"Y"形(图实 3-1)。如果符合要求,将气放掉进行下一步,如果不正,应重新安装调正。如果有丰富操作经验,可省掉充气检查。

图实 3-1 安装好的羊用假阴道

(引自:权凯.牛羊人工授精图解.北京:金盾出版社,2009)

(3)固定 用固定皮圈将内胎固定在外壳上。

3. 消毒 用长柄钳(羊假阴道消毒用 25 cm 镊子)夹取 75%的酒精棉球,从内向外消毒内腔,最后消毒内胎翻向外壳的翻边。用镊子另取 1 个 75%酒精棉球挤去多余酒精后消毒集精杯的集精管。用 95%酒精棉球,同样方法进行第二次擦拭,以促进酒精挥发。

4. 注入热水 在 1 000 mL 大烧杯中,将水温调至 50(夏)~60℃(冬),用漏斗将温水注入内胎与外壳的夹壁内,注满后,来回摇动几次,将水倒出一半。羊用假阴道集精杯需先在塑料瓶中装入半瓶 35℃的温水,再将集精管装在塑料瓶中,然后旋上无盖顶的瓶盖。

5. 润洗 用基础液将内胎和集精杯润洗 2 遍。

6. 涂润滑剂 用玻璃棒蘸取少量凡士林或红霉素软膏,均匀涂布于假阴道外口到深 1/3~1/2 处。

7. 充气调压 用双连球向假阴道夹壁内充气至压力合适(用玻璃棒插入略有阻力)。

8. 测温 用温度计测量假阴道内的温度。温度应为 38~40℃。如果温度不合适,应重新调温注水。

四、注意事项

(1)在将内胎调整周正时,应避免用指甲撕扯,以防造成撕裂或"针眼",应反复向上卷起,再向下卷贴。

(2)安装另一端时,应防止内胎扭转。

(3)适当使内胎在拉伸状态下安装在外壳上,这样更容易达到要求。

(4)润滑剂涂布量要适当,防止润滑剂流入集精杯中污染精液。

五、实训作业

(1)简述假阴道的构成和安装需要的用品。

(2)简述假阴道的安装流程及安装内胎的技巧。

(3)安装好的假阴道应符合哪些条件?

实训四　公猪的调教与采精

一、目的要求

能够正确调教小公猪爬跨假母猪,能独立完成公猪的采精,熟悉采精过程中防止精液污染的措施。

二、材料用品

1. 实验用品　恒温箱、玻璃棒、食品袋、保温杯、过滤网、PE 手套、消毒纸巾、剪刀。

2. 采精室用品　假母猪、防滑垫、防护栏、硬刷、小凳。

3. 实验动物　7～8 月龄公猪、成年公猪。

三、方法步骤

将学生分成几个小组,一次进入采精室的学生不宜过多,严格保持采精室的安静,以免分散公猪注意力,造成调教和采精困难。如果有条件,应用玻璃墙分出观察区和采精区。

(一)小公猪的调教

1. 调教年龄　纯种公猪7～8月龄,杂交公猪6～7月龄开始调教。

2. 调教方法　每天将待调教的后备公猪赶进采精室,关上栅栏门,防止公猪逃跑。用以下几种方法诱导公猪爬跨假母猪:

(1)采精员站在假母猪头部一侧,敲击假母猪,并发出"嗬……嗬……"的叫声以引起公猪注意。反复引导公猪接近假母猪。

(2)将发情母猪尿液或分泌物涂在假母猪的后部,也可涂上其他公猪的精液,然后让待调教公猪嗅闻、接触、熟悉假母猪,待其爬跨后从后侧上前采精。

(3)对性欲较差的小公猪可先让其与发情旺盛的经产母猪本交2～3次,以激发其性欲,然后再调教其爬跨假母猪。

(4)把被调教的公猪放在采精室内的一个限位栏内,让其可以看到对调教成功的公猪的采精过程,以激发其性欲,模仿调教成功的公猪的行为,达到调教的目的。

3. 注意事项

(1)每次调教时间不超过20 min,以防公猪产生厌烦。

(2)不可强行驱赶、恫吓、鞭打公猪,以防造成性抑制和调教困难。

(3)一旦公猪爬跨上假母猪,必须立即正确采精,确保一次采精成功。学生训练操作前,应用公猪阴茎模型让学生掌握拳握的操作要领后再进入采精室实际操作。

(4)调教成功的公猪应在第2和第3天同一时间采精,使公猪建立良好的条件反射。

(二)公猪的采精

1. 采精前的准备　采精前在恒温箱中预热集精杯,然后安装好集精杯,擦净假母猪,采精员右手戴上双层PE手套。

2. 采精过程

(1)将公猪赶入采精室,关上栅栏门,刷拭公猪体侧和下腹部,如果阴毛太长应剪短,然后诱导公猪爬跨假母猪。

(2)公猪爬跨上假母猪后,采精员坐在公猪左侧,挤净包皮液,并用纸巾擦干包皮,脱去外层手套。当公猪阴茎完全勃起时,用3个手指锁定公猪龟头。

(3)当公猪射出部分清亮液体后,用纸巾擦净龟头及右手,将集精杯口向上,收集含精子的精液。

(4)当公猪开始环顾周围,龟头变软后,松开右手,看着公猪跳下假母猪。

(5)将过滤网去掉,采精袋束口,盖上集精杯盖子,送入检精室。

(6)将公猪赶回猪舍。

3. 注意事项

(1)适当抬高公猪龟头部,防止未挤净的包皮液滴入集精杯。

(2)不要过早终止采精,以防公猪不适。

(3)不要收集前一段和最后一段精液,以防精液污染或过稀。

四、实训作业

(1)如何调教小公猪爬跨假母猪?应注意哪些事项?

(2)公猪射精过程有什么特点?精液收集时应注意什么事项?

(3)如何防止采精过程中的精液污染?

实训五 精液品质检查

一、目的要求

熟悉精液直观检查的方法;掌握精子活力检查的方法和评级方法;熟悉精子的正常形态,掌握精子畸形率的测定方法;掌握用血球计数板进行精子密度测定的方法。

二、材料用品

1. 器械和药品 恒温水浴锅、1 000 mL烧杯、温度计、微量移液器、搪瓷盘、显微镜、载玻片、显微镜恒温板、盖玻片、纸巾、擦镜纸、一次性小试管、试管架、95%酒精、滴管、生理盐水、3%氯化钠溶液、美蓝或纯蓝墨水、废液缸、染色架、洗瓶、血球计数板、计数器。

2. 牛、羊、猪精液

三、方法步骤

(一)精液直观检查

观察不同畜种精液在外观色泽上的差异。将装精液的试管放入装有35℃温水的烧杯中,观察精液翻腾滚动的云雾状态,并将云雾状评分记入表内。正常牛、羊的新鲜精液应很容易看到云雾状，即应在“＋＋”以上。仔细观察猪精液是否有云雾状并做记录。

（二）精子的活力评定

新鲜精液的精子活力评定应在采精后立即进行，实验室应保持在20～25℃。将1张干净的载玻片放在恒温加热板上预温5～10 min。

1. *原精液直接进行活力评估*　分别取20 μL牛、羊、猪原精液放在载玻片左中右3个位置上。取样时，每一个样品用一支吸嘴，做好位置记录，压上盖玻片。在100倍下，依次观察3种家畜精子的整体运动状态和精子密度差异。用五级制评出活力值并记录结果。

2. *原精液稀释后按十级一分制进行活力评估*　将盛生理盐水的试管和一空试管放入盛有30℃温水的烧杯中，1 min后，按表4-4的稀释比例取样稀释原精液，再分别取样观察活力。用400倍显微镜观察前进运动精子占视野中总精子数的比例。应注意1次可观察1个区域大约10个精子的运动情况，根据多个视野的观察情况，进行综合估计来确定精子活力。

按照十级一分制对精子活力进行评分，每个样品重复做3次。

3. *血球计数板法活力评估*　将干净的血球计数板放在显微镜的恒温载物台上。

用微量移液器，每一个精液样品分别用20℃ 0.9%氯化钠和3%氯化钠稀释，牛、羊、猪精液分别按1∶200，1∶400，1∶40稀释。混合均匀后，依次取0.9%氯化钠稀释后精液和3%氯化钠稀释后的精液20 μL，分别注入计数板上的前后2个计数室内。每次取样均应更换吸嘴。

将计数板推入样本夹内固定好，在37℃下，用400倍显微镜观察。先计数前面的计数室中心大方格的全部不能前进运动的总精子数；然后计数后面的计数室中心大方格中的5个中方格总精子数，得到的数值乘以5，就得到后面计数室的总精子数。

精子活力＝（后计数室总精子数－前计数室全部不能前进运动的总精子数）÷后计数室总精子数

（三）血球计数板法精子密度测定

1. *精液稀释*　按表4-5推荐的比例，用3%氯化钠稀释原精液。

2. *制作精液计数样片*　将干净的计数板放在载物台上，盖上专用盖玻片。用微量移液器吸取稀释后精液20 μL从盖玻片与计数板的接缝处注入计数室中。

3. 计数精子　将计数板固定在显微镜的样本夹内，用 400 倍找到计数室中心大方格中的第一个中方格。然后依次计数斜对角线的 5 个中方格的总精子数。

4. 计算精子密度　精子密度＝5 个中方格总精子数×50 000×稀释倍数。

1 个精液样品的精子密度测定最少要做 2 次，如果 2 次测定的结果误差超过 10％，则需要进行第三次测定。2 次正常测定的密度值平均作为测定结果。

5. 记录　将 3 个样本的精子密度值记录在精液质量登记表中。

四、注意事项

(1)活力检查在压片时应避免产生气泡；评估速度要快；如果活力不合格应进行第二次检查。

(2)抹片时，不可来回抹，以免人为造成畸形精子。

(3)密度测定时，有条件的实验室可用精子密度计测定精子密度，并用血球计数板验证其精确性。

五、实训作业

(1)将测定结果填入下表。

精液质量指标记录表

项目	样品 1(畜号：　)			样品 2(畜号：　)			样品 3(畜号：　)		
	1	2	平均	1	2	平均	1	2	平均
色泽									
云雾状									
五级制活力评分									
十级一分制活力评分									
血球计数板测定活力									
畸形率									
精子密度									
质量判定结果									

(2)结果分析：测定的结果是否在正常值范围内，与其他组的结果比较，分析不在范围内或与其他组结果相差较大的原因。

(3)简述精子活力检查时应注意的事项。

实训六 精液稀释液配制及精液稀释

一、目的要求

掌握不同精液稀释液配制的一般程序；掌握精液稀释的方法；掌握液态精液的保存方法。

二、材料用品

1. 器械用品 250 mL三角瓶、250 mL烧杯、100 mL量筒、感量为0.1 g的天平或电子天平、感量为1/10 000 g的电子天平、100和250 mL输液瓶、玻璃漏斗、电炉、石棉网、玻璃棒、定性滤纸、消毒纸巾、硫酸纸、牛皮纸、橡皮筋、10 mL一次性注射器、1 mL一次性注射器、5 mL一次性注射器、鲜鸡蛋、75%酒精棉球、高压灭菌锅、洗瓶、电子秤。

2. 药品 葡萄糖、柠檬酸钠、EDTA、甘油、青霉素、链霉素。

三、方法步骤

(一)稀释液的配制

1. 稀释液配方及要求

(1)牛的冷冻精液稀释液的配制——蔗-卵-甘液

基础液	蔗糖 蒸馏水	12 g 100 mL	共100 mL
第一液	基础液 卵黄 青霉素 链霉素	80 mL 20 mL 60 mg 100 mg	共100 mL
第二液	第一液 甘油	43 mL 7 mL	共50 mL

(2)山羊低温保存稀释液

基础液	葡萄糖 柠檬酸钠 蒸馏水	3 g 1.5 g 100 mL	共 100 mL
低温保存稀释液	基础液 卵黄 青霉素 链霉素	80 mL 20 mL 100 mg 100 mg	共 100 mL

(3)猪的常温保存稀释液

葡萄糖	50 g
柠檬酸钠	3 g
EDTA	1 g
青霉素	0.6 g
链霉素	1 g
双蒸馏水	1 000 mL

猪的常温保存稀释液配制比较简单，由于总量较大，一般不进行过滤和消毒，为了使用方便一般将商品稀释粉直接溶解后使用。

2. 稀释液配制过程　以牛冷冻精液稀释液为例，介绍稀释液配制的基本方法。

(1)玻璃用品的清洗与消毒　新的玻璃容器用 1%盐酸浸泡 24 h。将所有玻璃用品用洗涤剂洗净，用自来水冲洗干净后，用蒸馏水冲洗 4 遍，控干水分，用牛皮纸将容器口包好，放入干燥箱中 120℃干燥 1 h，放凉备用。如果采用滤菌器过滤，应将滤菌器清洗后，用蒸馏水冲净，把滤膜固定在滤菌器内，用注射器测试是否安装周正(不漏气)。然后将滤菌器用牛皮纸包好，放入高压灭菌锅中高压灭菌 30 min。

(2)天平校准　调整电子天平下面的支撑使其保持水平，打开电源预热 10 min 以上。

(3)称量药品　分别称取配方需要量的药品(除青霉素、链霉素外)，并放入大烧杯中。

(4)溶解　用量筒量取蒸馏水 100 mL 加入放药品的烧杯中。或将烧杯放在电子天平上，清零后，称取蒸馏水 100 g，再将称量好的药品加入烧杯中。用磁力搅拌器或玻璃棒搅拌使其溶解。

(5)过滤　用一层定性滤纸过滤溶液至三角瓶中。

(6)制成基础液　在三角瓶上加牛皮纸盖并用橡皮筋固定，放在加有石棉网的电炉上加热至沸腾，迅速将其取下，放凉，制成基础液。

(7)吸取卵黄　新鲜鸡蛋用75%的酒精棉球消毒外壳，待其完全挥发后，将鸡蛋磕开，分离蛋清、蛋黄和系带，将蛋黄盛于鸡蛋壳小头的半个蛋壳内，并小心地将蛋黄倒在四层对折(8层)的消毒纸巾上。小心地使蛋黄在纸巾上滚动，使其表面的稀蛋清被纸巾吸附。最好用称量的方法将一定量的卵黄加入基础液中。也可用去掉针头的一次性注射器吸取一定体积的卵黄加入基础液中。

(8)卵黄与基础液混合　取80 mL(或83.2 g，12%蔗糖比重为1.04)放凉的基础液，加入灭菌的三角瓶中，并放在电子天平上，清零后，将卵黄移至纸巾的边缘，用针头将卵黄膜挑一小口，使卵黄液流入三角瓶中，直到重量达到20.6 g(卵黄液比重为1.03)。

(9)加入抗生素　用电子天平称取0.06 g的青霉素和0.1 g的链霉素加入基础液与卵黄的混合液中摇匀完全溶解。

(10)第二液的制作　用量筒量取第一液43 mL加入三角瓶中，用注射器吸取7 mL甘油加入第一液中。

(11)标记　将剩余的基础液(用于润洗假阴道)、配制好的第一液、第二液分别放在3个灭菌的玻璃瓶中，做好标记。

(二)精液的稀释

1. 牛冷冻精液制作前的稀释　根据原精液质量指标计算原精液制作冷冻精液的最终稀释倍数。

如果最终稀释倍数为7倍，则第一次1∶3稀释，测出采集精液的体积或重量，将装精液的三角瓶或专用玻璃瓶放入30～33℃的水浴中，然后取精液量3倍的第一液加入三角瓶中，放入同一水浴中。5 min后，将第一液沿三角瓶内壁缓慢加入原精液中，轻轻摇动混匀。5 min后，取20 μL稀释后精液在37℃下检查活力，活力应与稀释前相同。将装第一次稀释后精液的容器包4～6层纱布装入塑料袋中，与第二液一起放入2～5℃冰箱中降温。1～1.5 h后，用第二液按1∶1作第二次稀释，并放入冰箱平衡2～4 h。再检查活力，活力应与原精液接近。

2. 羊精液的稀释　按稀释倍数将装原精液的试管和装稀释液的试管一起放在30～33℃温水中，3～5 min后，将稀释液缓慢加入精液中轻轻摇匀。5 min后，取样检查活力，要求活力没有明显降低，将装精液的试管包6～8层纱布，装入塑料袋中，放入2～5℃冰箱中降温并保存。

3. 猪精液的稀释　先将稀释液放入水浴锅中升温至36～38℃(与原精液温度相同或略低)，并将1个大烧杯放入水浴中预热。然后采精。精液送入实验室后，将采精袋放入水浴中的大烧杯中，测定精子活力和密度，计算出稀释后精液的体积。再将水浴中的大烧杯放在电子天平上，将采精袋提出烧杯，清零后，再将采精袋放入烧杯中，然后将稀释液缓慢加入精液中，直到达到稀释后精液的总重量，轻轻摇匀精液。5 min 后检查活力。按每份精液的体积(一般为 100 mL)分装于每个输精瓶或输精袋中，排出空气后旋紧瓶盖或用封口机将输精袋封口。将分装后的精液集中在疫苗箱中在室内(室温 20～25℃)降温 10 min 左右，放入 17℃ 冰箱中保存。

四、注意事项

(1)卵黄、抗生素都应在基础液降至 40℃以下时再加入。

(2)所有接触稀释液、蒸馏水和精液的容器都必须经过清洗干燥消毒，以防受到生化污染。

(3)基础液煮沸后应立即停止加热，防止过度蒸发造成渗透压升高。

(4)应将与精液等温的稀释液缓慢加入精液中而不能相反，混合时应避免强烈振荡。

(5)精液稀释后，不论是低温保存还是常温保存，降温速度都不宜过快，保存过程中应避免温度继续下降或回升。

五、实训作业

(1)简述基础液、低温保存稀释液、冷冻保存稀释液的制作方法。

(2) 简述精液的稀释方法，评价精液保存的效果。

实训七　牛冷冻精液制作及冻精解冻

一、目的要求

熟悉牛冷冻精液制作的基本流程，掌握冻精保存和转移的方法。

二、材料用品

液氮罐、液氮、液氮槽、带孔的铝盒、氟板或其他冷冻板、胶头滴管、细管、疫苗箱、冰块、纱布袋、镊子、止血钳、漏勺、平底试管、玻璃试管、250 mL 烧杯、热水、温度计、不锈钢匙子、平衡后的精液、解冻液、微量移液器、冰瓶(250 mL)。

三、方法步骤

(一)冷冻精液的制作

1. 冷冻前精液质量检查　将准备冷冻的平衡后的精液取样检查精子的活力，精子活力不低于0.6，把精液放在冷水浴中或在有碎冰块的冰瓶(2～5℃)中。将用于滴冻的滴管放在消毒干燥的试管中，并将试管放在与平衡后精液同一个冷水浴中。

2. 冷冻板温度控制　在液氮槽内加入液氮，将放冷冻板的铝盒和冷冻板浸入液氮中，至液氮不再大量蒸发，将冷冻板高度调整到液氮面上1.5 cm高处，并在精液冷冻过程中，保持液氮面与冷冻板的距离在1.5～3 cm之间。

3. 颗粒冻精制作

(1)滴冻　冷冻面预冷5 min后，用滴管吸取平衡后的精液，分别滴在铝板上或氟板上的凹陷处，直径如黄豆大小，约为0.1 mL[每1 mL滴冻(10±1)个颗粒]。滴精液的过程应平稳，速度一致，轻快。每滴一个颗粒应抬高一次滴管。

(2)熏蒸　滴满一板后，待所有颗粒变色发亮后，在液氮槽上加盖，用液氮蒸汽熏蒸颗粒。熏蒸5 min后，将氟板浸入液氮。翻转氟板，用匙子轻敲氟板使颗粒冻精脱离氟板。

(3)收集　每冻一板颗粒冻精，就在放氟板的铝盒中收集，也可每冻完一板，先把颗粒冻精倒入液氮中，待全部冻完后再集中收集。把塑料漏斗插在浸在液氮的纱布袋中，用漏勺收集的颗粒冻精从漏斗倒入纱布袋中，束紧袋口，在袋口的线上作上标记。

(4)转移　将提筒提至液氮罐口处，迅速将装冻精的纱布袋放入提筒内，将标记留在提筒的外边，然后将提筒放回液氮罐内。最后在提筒的手柄上用一小纸牌或胶布作上标记。

4. 细管冻精制作　细管灌装一般要用灌装机灌装和封口，在实验室可用手工方法灌装。把装平衡后的精液的试管或精液瓶放在装有碎冰块的疫苗箱中，在疫苗箱上，用250 μL微量移液器的吸嘴连接细管的棉塞端，另一端插入精液中吸取精液，然后翻转细管使封口端向上，用在酒精灯上加热后的止血钳封口。冷冻时，先将细管表面的水分擦干，将细管排放在细铜网上，然后放在离液氮面1～2 cm高处，冷冻10 min，浸入液氮中。将冻好的细管分装在纱布袋中做好标记，放于液氮罐中保存。

(二)冷冻精液的解冻

1. 颗粒冻精的解冻　颗粒冻精的解冻方法有干解冻和湿解冻之分。

(1)解冻液　牛羊冻精常用 2.9% 柠檬酸钠溶液或维生素 B_{12} 注射液作解冻液。

(2)湿解冻　牛的颗粒冻精多采用湿解冻。先将解冻液 0.5～2 mL 注入无菌试管中，放入 38～40℃水浴中预热 1 min，用在液氮中预冷过的镊子夹取 1～2 粒颗粒冻精，投入试管中。轻轻摇动，当融化 1/2～2/3 时取出，轻轻摇动至全部融化。

(3)干解冻　羊颗粒冻精多采用干解冻。将无菌平底试管放入 38～40℃的水浴中预热 1 min，将冻精颗粒投入到试管中，至溶解 1/2 左右时，从水浴中取出注入 20℃的解冻液，轻轻摇动至全部融化。

(4)解冻后的温度　5～8℃。

(5)解冻后精液的保存　冻精解冻后保存时间不超过 3 h。解冻后的精液应保存在冰水浴中，以免升温。

2. 细管冻精解冻

图实 7-1　从液氮罐中夹取细管冻精

(引自：权凯. 牛羊人工授精图解. 北京：金盾出版社，2009)

(1)解冻方法　将水温调至 40℃，将液氮罐的提筒提至罐口下便于取出细管的高度(图实 7-1)，确认细管的品种、牛号后，用镊子夹取细管封口端，迅速将细管放入温水中，3～4 s 后细管变色，取出用手搓至完全融化。

(2)解冻后检查　在生产冷冻精液时，每一批待冷冻的平衡后精液，都应先试冻一部分，解冻后检查质量；保存中的冷冻精液应定期检查解冻后精液的质量；在购买冷冻精液时，应先取样解冻检查质量。一般情况下，只需要检查精子的活力即可。

四、实训作业

(1)将每组制作的冷冻精液解冻后,检查精子活力,并分析解冻后活力高低与冷冻过程操作的关系。

(2)写出冷冻精液制作的基本流程,简述冻精保存和解冻过程中应注意的事项。

实训八 输精技术

一、目的要求

掌握各种家畜输精的基本操作步骤及注意事项,能够独立完成畜牧场内的配种工作。

二、材料用品

1. 器械和药品 0.1%高锰酸钾溶液、改良型输精枪套管、改良型输精枪、猪用一次性输精管、羊用输精器、开膣器、牛保定架、液氮罐、纸巾、广口保温杯、温度计、镊子、毛巾、肥皂、75%酒精棉球、液体石蜡(或红霉素软膏)、2.9%柠檬酸钠、精液运输箱、输精记录簿等。

2. 各种家畜精液 牛细管冻精、羊颗粒冻精或低温保存精液、猪常温保存精液。

3. 发情母牛、母羊、母猪

三、方法步骤

(一)牛直肠把握子宫颈输精

1. 配种时机的掌握 母牛发情开始约18 h后,接近发情结束或已经结束时为最佳配种时机。

2. 母牛的保定 将母牛保定在六柱保定架内或奶牛的畜床上。

3. 精液的准备 将细管冻精解冻后,用专用细管钳剪去细管封口端(精液柱顶端与细管钳左侧齐,以保留1~2 mm气柱,见图实8-1)。把改良型输精枪捅针向后拉15 cm左右,将细管封口端向外装入输精枪的前端,将外套管与输精枪套在一起旋(卡)紧。

4. 外阴部的消毒 助手将母牛的尾巴拉向左侧,配种员站在母牛的正后方。

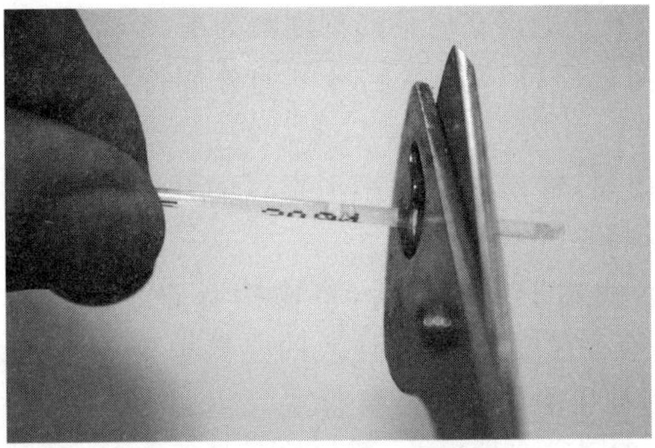
图实 8-1 剪去细管气柱的方法

用 0.1% 高锰酸钾冲洗母牛的外阴、肛门，并用毛巾将水分吸干，最后用消毒纸巾将外阴部及唇裂擦拭干净。

5. 插入输精枪 输精员左臂戴长臂手套，蘸少量肥皂水或石蜡油，湿润肛门周围，然后手呈楔形插入直肠，将直肠中宿粪清除，后退至只有手腕位于肛门内，下压使阴门张开，右手将输精枪呈向上 45°角插入阴门内。

6. 直肠内的操作 左手向前伸，探至直肠狭窄部，然后左手后移使直肠扒向后侧，在骨盆腔内找到子宫颈，手握子宫颈最后一段，并使子宫颈呈水平，将其向前推送。

7. 输精 右手将输精枪向前推送，使输精枪前端到达子宫颈阴道部，右手固定住输精枪并使其从塑料膜中穿出，使塑料膜向后退约 15 cm。双手配合，使输精枪插入子宫颈口，直到输精枪前端进入子宫体。将输精枪捅针缓缓向前推，将精液送入子宫体内。

注意事项：输精枪向前推送时，切忌用蛮力，应不断调整方向，使输精枪轻松通过子宫颈管。如果输精枪无法到达子宫颈阴道部，应将子宫颈向前推送，使阴道壁伸直。如果担心插入过深，可在输精枪前端在子宫颈管内通过 4～5 个皱褶后，将精液输入。输精时应缓慢，以防倒流。

8. 输精次数 一般情况下，发情母牛只需输精 1 次即可，但如果输精后 8 h 内母牛仍有明显的发情征状，应在第一次输精后 8～10 h 进行第二次输精。

(二)母羊的输精

1. 输精时机 第一次配种为母羊开始接受公羊爬跨时，间隔 8～12 h 进行第二次输精。用开膣器打开阴道可看到阴道底部有黏稠的如豆腐渣样的黏液为最佳输精时机。

2. 保定 助手将母羊的两后肢提起，使前肢着地，母羊呈倒立状态，也可保定在输精架内。

3. 精液及输精器的准备 从牛皮纸包裹内取出消毒后的输精枪（必须降至常

温）。用 1 mL 一次性注射器吸取稀释液或生理盐水润洗输精器，然后吸少量空气后，再吸取鲜精或解冻后的精液，吸取量以活塞后移的刻度数为准。

4. 外阴部消毒　用 0.1% 的高锰酸钾棉球擦拭母羊的外阴部，然后用纸巾擦干。

5. 插入开膣器　压开母羊阴门裂，输精员左手用消毒过的开膣器，涂上润滑剂，插入母羊阴道内张开开膣器，保持撑开状态。

6. 输精　借助光源或自然光，找到子宫颈口后，将输精器插入子宫颈管内 0.5～1 cm，缓缓将精液输入，输精量不宜过大，最后注入的空气量要少，以避免精液从子宫颈管流入阴道内。输完后抽出输精器和开膣器。

7. 注意事项　开膣器张开后，直到完全抽出前，要始终保持开张状态，避免因松手使开膣器夹伤阴道黏膜。如果最终不能找到子宫颈口，可将精液输入到黏膜颜色较深的地方。处女羊无法插入开膣器，可将输精器直接插入到母羊的阴道内进行输精，输精量（总有效精子数）应加倍。

（三）母猪的输精

1. 输精时机　一般在试情时母猪出现静立反射后 12～18 h 进行第一次输精配种；12 h 后第二次输精。

2. 精液准备　常温保存的精液活力不低于 0.5，轻轻摇动精液使其沉淀的精子与上清液混合均匀。

3. 母猪发情鉴定　将试情公猪赶至待配母猪栏之前，使母猪在输精时与公猪头对头接触，并按压母猪背部检查是否有静立反射。按摩刺激母猪的敏感部位。

4. 外阴部消毒　用消毒纸巾将母猪的外阴部擦干净，应特别注意阴门裂内的清洁。如果母猪后躯污垢太多，可喷少量 0.1% 高锰酸钾溶液浸润后，再用纸巾擦干。

5. 涂抹润滑剂　从包装袋中取出一次性输精管，注意手不要接触输精管的前 2/3 部分，在海绵头前端上涂上专用润滑剂，注意不要将输精器前端的小孔堵塞。

6. 插入输精管　掰断输精瓶上的蝶形头，与输精管连接。双手分开母猪阴门，左手使阴门保持张开，将输精管呈向上 45°角插入母猪生殖道内，当感到有阻力时，向左旋转并用力将输精管海绵头插入母猪子宫颈管内，直到感觉输精管海绵头被锁定（轻轻回拉拉不动）。

7. 输精　将输精瓶（袋）后端提起，开始输精。在输精过程中，应不断按摩母猪的乳房、侧腹部以刺激母猪，使其子宫收缩产生负压，将精液吸纳。输精时除非输精开始时精液不下，勿将精液挤入母猪的生殖道内，以防精液倒流。

8. 防止精液倒流　用控制输精瓶(袋)高低的方法来调节精液流出的速度，输精持续时间一般在 4～10 min。输完后，把输精管后端一小段折起，用输精袋上的圆孔或瓶口固定，使输精管的海绵头滞留在生殖道内 5～7 min。取出时应较快地将输精管向斜下方抽出，以促进子宫颈口收缩，防止精液倒流。输精结束后 10 min 内应防止母猪卧下。

四、实训作业

(1)记录输精过程，分析输精中存在的问题，并提出解决的办法。

(2)简述提高输精受胎率的措施。

实训九　妊娠诊断技术

一、目的要求

掌握母畜妊娠诊断的外部检查法、阴道检查法、直肠检查法的基本技术，熟悉各种家畜妊娠诊断的要点，并能通过对母畜妊娠后阴道内的变化和妊娠各月份生殖器官的变化，确定母畜是否妊娠及妊娠期。

二、材料用品

1. 实训动物　妊娠后期的母马、母牛及妊娠 2.5 个月以上的母羊、母猪若干头。

2. 器械用品　保定器械、听诊器、保定架、绳索、鼻捻棒、尾绷带、开膣器、额灯或手电筒、热水、脸盆、肥皂、毛巾、石蜡油、酒精棉球、细竹捧(长约 40 cm)、消毒棉花、滴管、95%酒精、姬姆萨染色剂、蒸馏水、显微镜、石蕊试纸和制成的膣垢抹片。

三、方法步骤

(一)外部检查法

1. 视诊　怀孕家畜，可以看到腹围增大，肷部凹陷，乳房增大，出现胎动。但不到怀孕末期，通常难以得到确诊。

(1)牛　由于母牛左后腹腔被瘤胃占据，所以，站于妊娠母牛后侧观察时，可发现右腹壁突出。

(2)羊　同牛，在妊娠后半期右腹壁表现下垂而突出。

(3)马　由后侧观看时，已妊娠母马的左侧腹壁较右侧腹壁膨大，肷窝亦较充满，在妊娠末期其左下腹壁较右侧下垂。

(4)猪　妊娠后半期，腹部显著增大下垂(在胎儿很少时，则不明显)，乳房皮肤发红，逐渐增大，乳头也增大。

2. 触诊　在怀孕后期，可以从外部触知胎儿。

(1)牛　早晨饲喂之前，用手掌在右膝襞之前方，肷部之下方，压触以诱发胎儿运动，亦可用拳头在肷部往返抵动，以触知胎儿，但此方法不可过于猛烈，以免引起流产。能触知的时间一般须在怀孕 6 个月以后。如果从右侧触诊不到可在左侧试验。

(2)羊　检查者在羊体右侧并列而立，或两腿夹于羊之颈部，以左手从左侧围住腹部，而右手从右侧抱之，如此用两手在腰椎下方压缩腹壁，然后用力压左侧腹壁，即可将子宫转向右腹壁，而右手则施以微弱压力进行触摸，胎儿是硬的，好像漂浮于腹腔中，营养较差被毛较少的母羊有时可以摸到子宫，甚至可以摸到胎盘。

(3)马　在乳房稍前方的腹壁上，用手掌多次抵压来进行触摸，能触到胎儿的时间：瘦马在 7 个月以后，肥马在 8 个月以后。

(4)猪　触诊时，使母猪向左侧卧下，然后细心地触摸腹壁，在妊娠 3 个月时，在乳腺的上方与最后两乳头平行处触摸可发现胎儿，有坚硬的质地。

3. 听诊　听取母体内胎儿的心音，胎儿心音均比母畜快 2 倍以上。

(1)牛　在怀孕第 6 个月以后，可在安静场所由右肷腹下方或膝襞内侧听取胎儿的心音。

(2)马　可在乳房与脐之间或后腹部下方听取，能听到的时间在怀孕第 8 个月以后，但往往由于受肠蠕动音的影响而不易听到。

(二)阴道检查法

1. 保定　将被检母畜保定在保定架中，并将其尾缠绷带后扎于一侧。如无保定架也可用三角绊控制。

2. 消毒　检查用具，如脸盆、镜子、开膣器等，先用清水洗净后，再以火焰消毒，或用消毒液浸泡消毒。但其后必须再用开水或蒸馏水，将消毒液冲净。母畜阴唇及肛门附近先用温水洗净，最后用酒精棉球涂擦。如需将手伸入阴道进行检查时，消毒手的方法与手术前手的准备相同，但最后必须用温开水或蒸馏水将残留于手上的消毒液冲净。

3. 操作　检查者站于母畜左后侧，右手持开膣器，左手拇、食二指将阴唇分开，将开膣器合拢并呈侧向，并使其前端略微向上缓缓送入，待完全进入后，轻轻转动开膣器，使其两片成扁平状态，最后压紧两柄使其完全张开，进行观察。母畜妊娠时阴道黏膜及子宫颈之变化为：

(1)妊娠时阴道黏膜变为苍白、干燥、无光泽(妊娠末期除外)至妊娠后半期，感觉阴道肥厚。

(2)子宫颈的位置改变，向前移(随时间不同而异)，而且往往偏于一侧，子宫颈口紧闭，外有浓稠黏液，在妊娠后半期黏液量逐渐增加，非常黏稠(牛在妊娠末期则变得滑润)。

(3)附着于开膣器上的黏液成条纹状或块状，灰白色，在马妊娠后半期稍带红色，以石蕊试纸检查呈酸性反应。

(三)直肠检查法

此方法适用于大家畜(牛、马、驴)的早期妊娠诊断，检查方法和步骤如下：

(1)检查者站立于母畜后一侧，以涂有润滑剂的手抚摸肛门，然后手指合拢成锥状，缓缓地以旋转动作插入肛门逐渐伸入直肠。

(2)直肠如有宿粪，应分次少量的掏完。

(3)将手指合拢成锥状，伸入直肠狭窄部前之小结肠内，将手尽可能地向前推进，以期在肠道比较活动的部分，能够使手臂自由地在各个方向探摸。

(4)寻找卵巢和子宫。

(5)注意触摸以下几个项目。

①牛：子宫角的大小、形状、对称程度、质地、位置；子宫体、子宫角可否摸到胎盘，胎盘的大小；有无漂浮的胎儿及胎儿活动状况；子宫内液体的性状；子宫动脉的粗细及妊娠脉搏有无。

②马(驴)：子宫角的大小、形状、质地、位置以及子宫底的形状；胚泡的大小和位置；有无漂浮的胎儿及胎儿活动状况；子宫内液体的性状；子宫动脉的粗细及妊娠脉搏有无。

(四)超声波诊断法

1. 牛

(1)保定　受检母牛保定于保定栏内。

(2)探查部位和方法　用阴道开张器打开阴道，以多普勒妊娠诊断仪长柄探头蘸取石蜡油插入阴道内，在距子宫颈阴道部约 2 cm 处的阴道穹窿部位，按顺序探查一圈。同时听取或录制多普勒信号音，即妊娠母牛的子宫脉管血流音。

(3)判定标准　未孕母牛子宫脉管血流音为“呼……呼……”声；妊娠后即变成

“阿呼……阿呼……”声和蝉鸣声，其频率和母体脉搏相同；母牛妊娠 30～40 d 后在阴道穹窿右上方可探到“阿呼”声；部分孕牛在 40～50 d 出现“阿呼”声的同时，还可探到蝉鸣音；50～70 d 时有一半孕牛可出现蝉鸣音；80～90 d 时有 2/3 的孕牛可探测到蝉鸣音。

2. 猪

(1)待查姿势　母猪不需保定，令其安静地呈卧状或站立状态。

(2)探查部位　先需洗刷掉欲探测部位的污泥、粪迹，然后涂抹石蜡油，由母猪下腹部左右胁部前的乳房两侧探查。从最后一对乳房后上方开始，随着妊娠日龄的增长逐渐向前移动，直抵达胸骨后端进行探查，亦可沿着两侧乳房中间的腹白线处探查。

(3)探查方法　使多普勒妊娠诊断仪的探头紧贴腹壁，对妊娠初期的母猪应将探头朝向耻骨前缘方向或呈 45°角斜向对侧上方，探头要上下前后移动，并不断地变换探测方向。

(4)判定标准　母体动脉的血流音是呈现有节律的“啪嗒”声或蝉鸣声。其频率与母体心音一致。胎儿心音为有节律的“咚、咚”声或“扑通”声，其频率在 200 次/min 左右，胎儿的心音一般要比母体心音快 1 倍多。胎儿的动脉血流音和脐带脉管血流音似高调的蝉鸣声，其频率与胎儿心音相同。胎动音却好似犬吠声，无规律性。母猪在妊娠中期的胎动音最为明显。

四、注意事项

(1)外部观察时要注意母畜妊娠后的腹围变化位置，牛、羊在腹壁右侧，马、驴在腹壁左侧，猪腹部下垂。

(2)阴道检查时，要给已消毒过的开膣器前端约 5 cm 处向后涂以滑润剂(石蜡油等)，检查完毕，将开膣器恢复如送入时状态，然后再缓慢抽出，抽出时切忌将开膣器闭合，否则易于损伤阴道黏膜。之后将开膣器进行消毒，再用消毒纱布覆盖，以免灰尘沾污。

(3)直肠检查时，术者的指甲要剪平磨光，在寻找和触摸卵巢时动作要轻柔，切忌用力过猛和乱抠乱抓。触摸时宜用手指的指肚，否则会造成肠壁破裂，如发现手臂上带有血丝，则肠壁已损伤，应立即停止检查。

(4)手臂伸入直肠后，如遇母畜强烈努责，应耐心等待，至肠弛缓时，再继续检查，否则容易损伤肠壁。

(5)检查完一头母畜后，如再检查另一头母畜，必须将手和臂充分洗涤消毒后再进行检查，防止传染病感染。

五、实训作业

(1)简述妊娠母畜的外部变化。

(2)将直肠检查的情况记录于实验报告单上,并简述直肠检查的动作要点。

实训十 超数排卵技术

一、目的要求

通过实验使学生掌握超数排卵的原理、方法和实验步骤,了解 PMSG 和 HCG 的生物学作用、卵巢反应、排卵点、卵泡发育和胚胎发育状况。

二、材料用品

1. 动物选择 供体母兔及受体母兔(也可以利用其他实验动物)

2. 药品 FSH、PMSG、LH、HCG、$PGF_{2\alpha}$;2%普鲁卡因、静松灵、利多卡因;生理盐水、75%酒精、2%碘酊、青霉素。

3. 器械 10 mL 注射器、1 mL 注射器、手术刀、剪刀、镊子、止血钳、创布、缝合针、缝合线及手术台。

三、方法步骤

1. 注射激素 将 25 只实验兔随机分为 5 组,按每千克体重肌肉注射不同的 PMSG 30、40、50 和 60 IU/kg。

2. 发情配种 与第一次注射间隔 48～56 h,用公兔交配或耳静脉注射 HCG 90 IU/kg。

3. 手术采卵 配种后 48～52 h 手术冲卵。

(1)将实验兔背位固定在兔用手术台上。

(2)肌肉注射 20 mg 静松灵,进行全身麻醉。

(3)术部剪毛,碘酒棉球常规消毒,然后用 75%酒精脱碘。2%盐酸普鲁卡因术部浸润性麻醉。

(4)手术刀在腹部正中线切口,依次为皮肤层、肌肉和腹膜。

(5)切开腹壁后,沿两侧找到卵巢。观察排卵点(火山口样)、黄体及未成熟卵泡,做好详细记录。

(6)从伞部连接导卵管并固定,用 5 mL 注射器于宫管接合部上行式冲卵。

(7)回收冲卵液,在实体显微镜下检卵。

4. 冲卵后创口缝合　采用三层缝合法,腹膜为连续缝合,肌肉为断续缝合,皮肤为结节缝合,每缝合一层撒入适量抗菌药物。

四、注意事项

(1)选用药物效价是否准确。

(2)药物溶解是否完全,剂量是否准确。

(3)注射时间、注射部位要准确。

五、实训作业

认真完成实验报告,写出实验过程和所观察的实验结果并加以分析。

实训十一　胚胎移植技术

一、目的要求

通过应用激素对牛、羊进行超数排卵及同期发情处理,以及胚胎移植全过程的观察,了解动物胚胎移植的程序,主要技术环节及操作要领。

二、材料用品

1. 实验动物　选择健康、营养良好、无繁殖疾病、生殖功能正常的母牛或母羊,做供体和受体。

2. 药品　PMSG、FSH、LH、$PGF_{2\alpha}$、静松灵注射液、普鲁卡因注射液、PBS、抗生素等。

3. 器械　子宫扩张棒、二路冲卵器、注射器、输卵器、卡苏枪、解剖镜、腹腔镜、集卵瓶、检卵杯、吸卵管、羊手术台(2 个)、手术刀、剪刀、镊子、创布、缝合针等两套。

三、方法步骤

(一)牛的非手术法胚胎移植操作

1. 同期发情与超数排卵处理　受体牛胚胎移植前第 6 天注射 PMSG 500～

800 IU，移植前 3～4 d 注射 $PGF_{2\alpha}$ 1～2 mg(子宫灌注法)。

供体牛性周期的第 11 天，肌肉注射 PMSG 3 000～4 000 IU，或用 FSH 在供体发情周期的第 11～14 d 每日上午 8 时下午 5 时各肌肉注射 FSH 50 IU，总剂量 400 IU。第 13 天肌肉注射 $PGF_{2\alpha}$ 20～30 mg，促使黄体退化，第 15 天供体牛发情(此天为 0 天)间隔 8～12 h 第一次输精，同时注射 LH 160 IU，以后每隔 8 h 输精 1 次，一般输精 3 次。第 7 天收集胚胎。

2. 胚胎的收集(采卵)

(1)供体牛在保定架内保定，用绳缠尾拉向一侧，排出直肠内的宿粪，清洗阴户周围。

(2)肌肉注射静松灵 3～5 mL 作镇静。

(3)2%普鲁卡因注射液 4 mL 作尾椎硬膜外局部麻醉，以松弛子宫颈环肌。

(4)组装冲卵集卵的装置，准备 1 000 mL 冲卵液加温到 38℃备用。

(5)使用子宫扩张棒扩张子宫颈口。

(6)将带有钢芯的采卵管插入子宫角。

(7)充气约 20 mL，使冲卵管固定于子宫基部。

(8)用 100 mL 注射器吸取 38℃的冲卵液 40～60 mL，注入子宫角，再回收冲卵液，反复冲洗，一侧子宫角总计用冲卵液 500 mL，一侧子宫角冲完，以同样方法冲洗另一侧子宫角，两侧冲完，向子宫内注入抗菌药物。

3. 胚胎的检查(检卵)

(1)将盛有冲卵回收液的集卵管静置 10～20 min，然后从集卵管下端放液于检卵杯，置于解剖镜下观察，以 10～40 倍仔细将胚胎检出，放入盛有移卵液的凹面培养皿内，仔细观察胚胎的形态和发育情况。

(2)收集外形整齐，大小一致，卵裂球分裂均匀，外膜完整的清晰明亮的桑葚胚或适宜胚期的胚胎，吸入塑料细管内(用五段法：移卵液—空气—含有移卵液的胚胎—空气—移卵液)，再将细管放入输卵器中。

4. 胚胎的移植(授卵)

(1)选择同期发情处理的与供体牛相一致的母牛做受体。

(2)按常规输精法，将输卵器插入宫颈，并深入黄体侧子宫角，将胚胎移入。

(二)羊的手术法胚胎移植操作

1. 同期发情与超数排卵处理　受体羊于胚胎移植前 7 d 注射 $PGF_{2\alpha}$ 2 mg，移植前 6 d 注射 FSH 50 IU，每天试情并记载发情开始及结束时间。

供体羊在发情周期第 16 天开始注射 FSH 100 IU，每天 1 次，共 3 次，并在第

17 天注射 $PGF_{2\alpha}$ 2 mg，供体羊发情结束配种，并注射 LH 150 IU，配种 2～3 次，每天上午、下午试情配种，配种后第 4 天手术冲胚。

2. 胚胎收集　手术前可用腹腔镜技术检查供体和受体的卵巢和子宫，弃除那些不适宜手术的羊只，卵巢上有正常黄体者，手术时直接将胚胎移植于该侧子宫角，不需再检查卵巢，这样不仅可缩短手术过程，减少手术创口污染的机会，更重要的是可避免牵拉及检查卵巢时可能造成的卵巢及黄体的机械损伤，提高成功率。

将供体羊麻醉后，在腹中线或腹侧作一切口，先将一侧输卵管及子宫角移出腹腔，用注射器吸取冲卵液注入子宫角尖端，在输卵管的伞部接取冲卵液。

3. 胚胎检查　同牛的胚胎检查。

4. 胚胎的移植

(1)麻醉手术法同供体。

(2)用输卵滴管吸取正常胚胎(带少量液体)，注入输卵管的腹腔孔。

(3)用 1 mL 注射器及封闭长针头吸取胚胎，注入子宫角内。

四、注意事项

(1)胚胎体积很小，在检查完胚胎进行分装、移植操作过程中极容易丢失，因此在向移胚管或塑料细管内分装胚胎时应特别注意。

(2)吸入胚胎的细管须在实体显微镜下检查是否确实有胚胎装入，胚胎移植前，亦须经实体显微镜检验。

五、实训作业

总结手术法和非手术法胚胎移植的程序和主要技术环节。

实训十二　鸡的人工授精技术

一、目的要求

通过训练，要求学生学会公鸡的采精训练与采精技术，了解精液品质检查和精液保存，掌握鸡的输精方法。

二、材料用品

经训练能采出精液的和未经训练的种公鸡若干只，经产母鸡若干只。生理盐水、刻度集精杯、保温杯、消毒盒、温度计、显微镜、输精器、电炉、毛巾、脸盆和试管刷等。

三、方法步骤

1. 公鸡的训练与采精　公鸡提前 3～5 d 隔离饲养，剪去公鸡泄殖腔周围的羽毛，以避免采精时污染精液。未采过精的公鸡，每天 1～2 次用手按摩公鸡的腰荐部数次，进行采精训练，以建立条件反射。训练 3～4 d，大部分公鸡能采出精液。对一些虽经多次训练、仍无射精或精液量少的公鸡应及早淘汰。新购买的集精用具要先用肥皂水浸泡洗刷，再用清水冲洗干净，再用蒸馏水冲洗干净，烘干备用。每次使用后的集精用具应及时浸泡在清水中，然后用毛刷细心刷洗，冲洗干净、烘干，以备下次使用。

采精时，助手用双手握鸡的两腿并连同两翅主翼羽一同握住。鸡双腿以自然站立宽度分开，鸡身保持水平状态，把颈部轻轻夹于右腋下，使公鸡呈自然交配状态。采精员右手的中指和无名指夹住集精杯的柄(杯口向下藏于手心内)，四指并拢与拇指分开，轻轻扶在紧挨耻骨下缘的腹部。左手也四指并拢与拇指分开，手心朝下，稍用力从颈后翅膀基部沿背部向尾根区域推滑，并且用拇指和另外四指捏的动作刺激尾根 3～4 次，频率要高。当公鸡泄殖腔外翻时，左手立即从背部绕到鸡尾后面，用中指、无名指及小指挡住尾羽，拇指和食指的指尖放在肛门稍上缘的两侧，做好挤压泄殖腔的准备。右手随之以较高的频率抖动腹部，直到泄殖腔全部外翻为止。此时右手食指、拇指立即捏住外翻的泄殖腔基部，使乳头突全部露出；右手随即停止抖动，手心迅速上翻，将集精杯口放在泄殖腔开口下缘接取精液。全部动作要迅速连贯，一般采 1 只公鸡的精液只需 10～20 s，最快的仅需 5～8 s。

2. 精液品质检查　采精后 30 min 内要进行精子活力检查。取精液和生理盐水各 1 滴，置于载玻片上混匀，盖上盖玻片，精液不宜过多，以布满载玻片不溢出为宜。在 37℃条件，用放大 400 倍显微镜检查，观察精子的外观形状、活力、密度。异常精液有粉红色(混有血液)、酪絮状(混有尿酸盐)、胶状溶剂状(混有透明液)、灰褐色(混有粪便)，这些均不可使用。

3. 精液的稀释与保存　公鸡精液一般现采现用。大规模人工授精可对采集的精液暂时保存。常温保存时，新鲜精液在 18～20℃范围内，保存不能超过 1 h，用于输精时，可用生理盐水稀释，比例为 1∶1；低温保存时，一般在稀释之后进行，降温时速度要慢，一般每分钟下降 0.2～0.5℃。

4. 输精操作　输精一般在下午 4 时后进行。助手用左手大拇指与食指、小指与无名指分别捏住母鸡的两腿，掌心紧贴鸡的胸部，随之将手直立，使母鸡背部紧贴自己的胸部，鸡头部向下，然后再将右手拇指和其余手指分开呈"八"字形，横跨于泄殖腔两侧柔软部分，轻轻地向下一压，同时用支撑母鸡胸部的左手向上一推，即可使开口于泄殖腔的输卵管翻出（位于鸡体左侧）。输精者用吸有 0.025～0.05 mL 精液的输精器，插入输卵管开口处 2～3 cm 深，将精液输入，在输精的瞬间，助手压迫腹腔的手要稍微放松，使阴道部自然缩回泄殖腔内。

笼养鸡输精可用左手握住母鸡的双腿，顺势以右手向前挤压母鸡左侧腹部，即可将输卵管开口翻出，进行输精。

四、注意事项

(1)采精时，从鸡笼抓出公鸡要立即采精，否则时间越长，动作越迟缓，越会导致采不出精液或采精量少。

(2)采出精液后要及时用吸管导入集精杯内，并及时把精液中的血、尿、屎等杂物清除，以免精液被污染而影响精液品质。

(3)精液存放的时间越长，精子活力越低，受精率也越低。因此如果是原精液输精，必须在采出精液后半小时内输完。如果稀释精液短期保存后输精，应于采精 15 min 内稀释，在 5℃下保存。用稀释液进行 1∶2 稀释。

(4)输精时，先将母鸡输卵管翻出，才能将精液输入。输精适宜深度为 2.5～3 cm。

(5)输精量，一般情况下，原精液输精 0.025～0.03 mL，稀释 1∶1 的输入量为 0.04～0.06 mL。输精最好在下午 3～4 时产完蛋后进行。

(6)在 44 周龄后，有些母鸡的输卵管难以翻出。用正确的手势很难翻出输卵管的母鸡，大多数是不产蛋的，对于这些母鸡应予以淘汰。

(7)输精过程中，往往有极少数的母鸡输卵管内有待产蛋，这时应将这种鸡挑出，待产下蛋后再输精。

五、实训作业

(1)总结鸡的采精与输精的操作要领。

(2)在采精和输精过程中，如何防止精液被污染？

实训十三　犬的配种与妊娠诊断技术

一、目的要求

通过训练，掌握犬的配种技术和妊娠鉴定的方法。

二、材料用品

1. 实验动物　发情母犬与妊娠母犬若干只。

2. 器械　保定栏、开膣器、口笼、输精器械、听诊器、多普勒妊娠诊断仪、手电筒、脸盆、毛巾、75%酒精棉球、肥皂、消毒液等。

三、方法步骤

(一)确定配种适期

1. 滴血确定法　在发情期间，母犬阴户往往滴血。从第一次见到发情母犬阴户滴血算起，初产母犬一般在其后的第11～13天首次配种较为合适；经产母犬在其后的第9～11天首次配种较为合适。母犬的年龄每增加2岁或胎次每增加4窝，其首次配种的时间就应提前1 d。总之，绝大多数母犬的最佳配种期是在母犬阴户滴血后的第9～13天。但也有极少数经产母犬在多次产仔后，发情5～6 d阴户即停止滴血，在随后的1～2 d内配种也可受孕。

2. 外阴确定法　在母犬发情期间如没能掌握母犬阴户滴血的确切日期，可根据母犬阴道分泌物的颜色变化和外阴肿胀程度来确定其最佳配种期。母犬阴道分泌物的最初颜色为红色，当其颜色由红色转为稻草黄色后2～3 d配种效果最佳；当发情母犬的阴户水肿明显减轻并开始变软时配种也较为合适。也可用手打开母犬的阴户观察，当阴道内黏膜由深红色变成浅红色或桃红色时配种较为合适。

3. 公犬试情法　在生产过程中，有少数母犬在发情期不出现阴户滴血现象，也有的老龄母犬发情时阴户肿胀不明显、阴户分泌物少。此时宜采用公犬试情法来确定其最佳配种期，以防漏配。一般母犬在愿意接受公犬爬跨后的2～3 d为最佳配种期。为提高母犬的产仔率，防止母犬空怀，应采用复配方法，即每隔24 h配种1次，连配2～3次，以确保母犬受孕，提高养犬的经济效益。

(二)配种方法

1. 自然交配　观察犬的自然交配过程。对公犬来说,自然交配包括勃起、交配、射精、锁结、交配结束等过程。

2. 人工辅助交配　母犬虽已到交配期,但由于公犬缺乏“性经验”,或公、母犬体型大小悬殊等原因而不能完成交配时,有关人员可辅助公犬将阴茎插入母犬阴道,或抓紧母犬脖圈,协助固定,托住腹部,使其保持站立姿势,迫使母犬接受交配。

3. 人工授精　将符合标准的精液,适时而准确地用输精器械输入到发情母犬的子宫内。整个操作过程均应做到慢插、适深、轻注、缓出。每次输入精液的标准为:精子活力不低于 0.35,输精量 0.25 mL,含有效精子数不低于 2×10^7 个。

(三)妊娠诊断

1. 外部观察法

(1)行为的变化　妊娠初期无行为变化。妊娠中期母犬行动迟缓而谨慎,有时震颤。喜欢温暖场所。妊娠后半期,母犬易疲劳,频繁排尿,接近分娩时有做窝行为。

(2)体重的变化　妊娠母犬体重的增加与食欲的变化相平衡。排卵后到第 30 天时的体重比排卵时体重略有增加,但幅度不大;在此之后到妊娠第 55 天母犬的体重迅速增加;妊娠 55 d 到分娩体重的增加不明显。胎儿数越多,体重增加的越快。

(3)乳腺的变化　妊娠初期乳腺的变化不明显,妊娠 1 个月以后乳腺开始发育,腺体增大,临近分娩时,有些母犬的乳头可以挤出乳汁。

(4)外生殖器的变化　母犬发情结束后,其外阴仍然肿胀,非妊娠犬经过 3 周左右逐渐消退,妊娠犬在整个妊娠期外阴部持续肿胀。妊娠犬肿胀的外阴部常呈粉红色的湿润状态。分娩前 2～3 d,肿胀更加显著,外阴部变得松弛而柔软。阴道分泌大量的黄色黏稠不透明的黏液,以后不管妊娠与否,仍然间断性地分泌,但妊娠母犬分泌的黏液变为白色稍黏稠而不透明的水样液。临近分娩时(前数小时),子宫颈管扩张,分泌 1～3 mL 非常黏稠的黄色不透明黏液。

外部观察法可以早期诊断妊娠,但是其准确率较低,更无法分辨妊娠与假妊娠。

2. 触诊法　是指隔着母体腹壁触诊胎儿及胎动的方法。凡触及胎儿均可诊断为妊娠,但触不到胎儿时不能否定妊娠。此法可用于妊娠前期。

3. 多普勒超声法　通过子宫动脉音、胎儿心音和胎盘血流音来判断是否妊娠。在交配后第23天后，让母犬自然站立，腹部最好剪毛，把探头触到稍偏离左右乳房的两侧，子宫动脉音在未妊娠时为单一的搏动音，妊娠时为连续性的搏动音。胎儿心音比母犬心音快得多，似蒸汽机的声音。

四、注意事项

(1)尽量选择发情明显的母犬做实训动物，必要时采用诱导发情的方法使母犬发情。

(2)要求按操作规程进行操作，检查过程中要确保人犬安全。

(3)辅助交配或输精前对咬公犬或咬人的母犬应戴上口笼。防止母犬坐倒，避免挫伤公犬阴茎或损伤母犬阴道。

(4)在妊娠诊断中注意动作要轻，以防流产。整个操作过程要做到严格消毒，以防术后感染。

五、实训作业

(1)如何根据犬的特征表现确定最佳配种时机？

(2)如何对犬进行妊娠诊断？

实训十四　母牛不孕症的诊治

一、目的要求

了解母牛不孕的原因，掌握卵巢囊肿、持久黄体、子宫内膜炎的临床表现及诊断方法，能制订治疗方案，熟悉治疗措施。

二、材料用品

各类不孕母牛若干头；阴道开张器、手电筒、手术剪刀、镊子、输精枪及外套、乳胶管、子宫冲洗器、注射器等；各类外用消毒药、子宫冲洗液、抗生素、碘甘油、相关生殖激素等。

三、方法步骤

对所选实训牛进行全面系统的检查，确定不孕的类别，根据病因、临床症状等进行综合治疗。

(一)卵巢疾病的诊治

1. 持久黄体　主要通过发情记录和既往病史和检查黄体的大小、位置及质地,子宫的变化等作出诊断。

治疗时采用前列腺素($PGF_{2\alpha}$)及其类似物、促卵泡素(FSH)、孕激素等。

2. 卵泡囊肿　主要通过发情持续时间、发情表现强度、行为及多次直肠检查作出诊断。

治疗卵泡囊肿除加强饲养管理外,主要采取激素调整的方法。

(1)促黄体素　取促黄体素约 200 IU 肌肉注射,隔日 1 次,连用 2 次可治愈。

(2)孕激素　每天肌肉注射黄体酮 100～150 mg,连日或隔日进行,7～8 d 为一疗程。与此同时,配合使用氦氖激光治疗仪进行穴位照射,通常照射地户穴或交巢穴,根据治疗仪的功率及型号调整光斑直径和照射距离,每次 10～30 min,每天 1 次,连续 7～10 次为 1 个疗程。

(二)子宫内膜炎

子宫内膜炎为奶牛常发不孕症,临床上可分为卡他性和化脓性两类。可根据发情周期状况、配种与返情记录、阴道检查、黏液状况、直肠触诊子宫作出诊断。

卡他性子宫内膜炎可用无刺激药物即生理盐水、5%的葡萄糖溶液冲洗子宫。一般用量牛为 1 000 mL 左右,加温至 40℃,边注入边排出。冲洗液充分排净后,向子宫注入抗生素或中成药合剂保留。

脓性子宫内膜炎一般选用 5%盐水、0.1%的高锰酸钾、0.05%呋喃西林、0.5%来苏儿等药物冲洗子宫,药液排尽后再用生理盐水二度冲洗,直至回液清亮。取青霉素 400 万～600 万 IU、链霉素 100 万～300 万 IU,用蒸馏水或生理盐水溶解后灌入子宫内保留。也可在注入药液后 30 min,向子宫注入碘甘油 30 mL,效果更好。

四、注意事项

(1)如没有典型的患牛,可深入养牛场进行实训。

(2)诊断要根据临床症状综合进行,切忌凭一两个典型症状轻易下结论。

(3)对牛进行子宫冲洗时,要注意进入子宫药液的量和温度,防止子宫受伤。

五、实训作业

(1)利用实训母牛诊断、分析母牛卵泡囊肿、持久黄体,总结治疗措施和效果。

(2)总结子宫内膜炎的临床症状及治疗方案。

参考文献

[1] 杨利国. 动物繁殖学. 北京:中国农业出版社,2003.
[2] 张周. 家畜繁殖. 北京:中国农业出版社,2001.
[3] 许美解,李刚. 动物繁殖技术. 北京:化学工业出版社,2009.
[4] 李青旺. 畜禽繁殖与改良. 北京:高等教育出版社,2002.
[5] 王锦锋.宠物饲养技术. 北京:高等教育出版社,2009.
[6] 张忠诚. 家畜繁殖学. 第4版. 北京:中国农业出版社,2004.
[7] 李清宏,任有蛇. 家畜人工授精技术. 北京:金盾出版社,2004.
[8] 叶俊华.犬繁育技术大全.沈阳:辽宁科学技术出版社,2003.
[9] 秦豪荣,吉俊玲. 宠物饲养. 北京:中国农业大学出版社,2008.
[10] 侯放亮. 牛繁殖与改良新技术. 北京:中国农业出版社,2005.
[11] 徐相亭. 猪的繁育技术指南. 北京:中国农业大学出版社,2003.
[12] 张家骅.家畜生殖内分泌学.北京:高等教育出版社,2009.
[13] 桑润滋. 实用畜禽繁殖技术. 北京:金盾出版社,2008.
[14] 赵兴绪.猪的繁殖调控.北京:中国农业出版社,2007.
[15] 周新民,陈桂银. 鸭高效生产技术手册. 上海:上海科学技术出版社,2002.
[16] 潘和平,杨具田. 现代繁殖技术. 北京:民族出版社,2004.
[17] 岳文斌,张建红. 动物繁殖及营养调控. 北京:中国农业出版社,2004.
[18] 张长兴. 猪人工授精技术图解. 北京:金盾出版社,2010.
[19] 黄仁录. 动物养殖学. 北京:中国农业科学技术出版社,2006.
[20] 李厚达. 实验动物学. 北京:中国农业出版社,2003.
[21] 梁书文,张卫宪. 宠物繁殖. 北京:中国农业科学技术出版社,2008.
[22] 高建民. 动物繁殖学. 北京:中国广播电视大学出版社,2003.
[23] 徐相亭,秦豪荣. 动物繁殖. 北京:中国农业大学出版社,2008.
[24] 桑润滋. 动物繁殖生物技术. 北京:中国农业出版社,2002.
[25] 耿明杰. 畜禽繁殖与改良. 北京:中国农业出版社,2006.
[26] 张长兴. 猪繁殖障碍病防治关键技术. 郑州:中原农民出版社,2007.
[27] 权凯. 牛羊人工授精技术图解. 北京:金盾出版社,2009.